図説生物学30講
環境編 3

動物の多様性
30講

■ 馬渡峻輔 [著]

朝倉書店

まえがき

　本書を読まれる読者にあらかじめ以下の8点をお断りしておく．

　第一に，本書名「動物の多様性30講」にある「動物」は後生動物 Metazoa，つまり多細胞動物 multicellular animal を指し，いわゆる単細胞の'原生動物'は本書の対象ではない．1866年にヘッケルが生物を植物界 Plantae，原生生物界 Protista，動物界 Animalia の3界に分けて以来，生物の体系に関して様々な説が登場したが，一般には，細菌類などの原核生物は別として，真核生物 eucaryote は単細胞か多細胞を問わず，独立栄養 autotrophy の植物と従属栄養 heterotrophy の動物 animal に二分する方法が普及した．しかし，光合成を行うけれど餌もとる，独立＋従属栄養の単細胞生物が見つかった．自然は明確な線を引いて分けられるような対象ではなく，必ずといってよいほど例外がある．しかし，どこかで線を引かなければならない．現在では，後生動物は単系統であるとの多くの分子系統解析の結果を踏まえ，従来の後生動物，すなわち多細胞動物を動物とよぶのがおおかたの合意点である．

　第二に，本書の目的は本書名にあるとおり'多様性 diversity'の記述であり，'系統発生 phylogeny'の探求ではない．かといって，多様な動物たちが互いにどのような系統関係にあるかを考えずに多様性は語れない．すべての生物が基本的に同じ標準遺伝暗号を用いていることから，現在の生物のルーツをたどれば一つの生命に行き着くと信じられている．とすれば，多様性が出現した道筋，つまり系統を無視するわけにはいかない．しかし，タイムマシンをもたない我々にとって，系統はあくまで推定できるだけである．しかも，どんなに洗練された分子系統解析で推定したとしても，その系統関係の生物学的な意味は形質と照らし合わせなければわからないのである．系統のみならず，進化についても記述は最小限に留めた．祖先がどのような動物であったかも推測しかできず，様々な説が将来も栄枯盛衰を繰り返すと考えられるからである．

　第三に，動物界にいくつ動物門 phylum を認めるか諸説ある中，本書は34動物門とする立場をとる．既存の門からはみ出す奇妙な動物が発見されると新門が創設されるのが通例である．ところが，どのくらいはみ出せば新門に値するか，研究者の意見は必ずしも一致しない．上述のとおり，自然は明確に分けられる対象ではない．しかも，その自然の一部である生物多様性は完全解明されているわけではなく，研究途上にある．だから未だに種 species のみならず門まで新たに見つかるのである．動物門の数は分類学の歴史と共に変遷してきた（第27講 Tea Time 参照）．事実，

顎口動物，平板動物，胴甲動物，有輪動物の4動物門は20世紀後半になって発見・報告されている．このことは，研究の発展によって，今後も未知の動物が発見される可能性があることを物語っている．さらに，多様性の程度はどの形質に着目するかで大きく変わる．したがって，門だけでなく，その他の分類階級の設定においても完全に意見が一致しているわけではない．門内の種数が多ければ必然的にたくさんの綱 class，目 order，科 family，属 genus が設定される．

　第四に，門の掲載順序を一般的な教科書とは逆にし，ヒト *Homo sapiens* が属する脊索動物門から始まり，海綿動物と平板動物に終わる構成を採用した．動物界の中で脊索動物門に属する我々ヒトこそが動物界の多様性を比較する原点であり，'ヒトと比べてどうなのか'との問が理解を深める．したがって，その原点から記述を始めることは理にかなっている．さらに，海綿・平板動物を最後にもってくることで，「進化は前進的であって下等から高等へ向かう」というこれまでの一般的な考えを排除する意図を込めた．各動物群内の分類体系においても分類群の掲載順序をこれまでとは逆にしてあるので，ご注意いただきたい．

　第五に，これまで門とされてきたが，分子系統解析結果によって別の動物門の系統の中に含まれると推定された動物群に紙数を割いた．たとえば，有髪動物は環形動物多毛綱ケヤリムシ目クダヒゲ科に分類されるが，科の階級の扱いを超え，記述にほぼ2ページを費やした．形態と機能においてユニークな動物群は系統がどうあれ，本書の目的である多様性の理解に欠かせないからである．

　第六に，本書では主に現生の動物群を扱った．化石種は進化を考える上で重要であるが，あまりにも種類が多く，十分に記述して考察するには紙数が足りないためである．分類体系の表においても化石群は抜いてある．

　第七に，各動物門の分類体系は『生物学辞典』（東京化学同人，2010）の生物分類表に準じ，基本的には目まで掲載した．

　第八に，動物門の名称はほとんどこれまでの慣例に従ったが，菱形動物門は二胚虫類にちなんで二胚動物門とした．

　本書の草稿を読んでいただき，間違いの指摘や，助言を寄せてくれたイリノイ大学の大野克嗣氏，新潟大学の酒泉満氏，東邦大学の西川輝昭氏，国立科学博物館の藤田敏彦氏，筑波大学の伊藤希氏，北海道大学の柁原宏氏に深く感謝申し上げる．さらに，私のわがままを逐一聞き入れながら苦労して本書のイラストを描いていただいた安富佐織さんに厚く御礼申し上げる．

2013年4月

馬渡峻輔

目　　次

第 1 講　動物の多様性とは何か？ ………………………………………………… 1
第 2 講　脊索動物門 (1)：脊椎動物亜門 ………………………………………… 6
第 3 講　脊索動物門 (2)：尾索動物亜門と頭索動物亜門 …………………… 15
第 4 講　棘皮動物門 ………………………………………………………………… 20
第 5 講　半索動物門と珍無腸形動物門 ………………………………………… 26
第 6 講　毛顎動物門 ………………………………………………………………… 31
第 7 講　節足動物門 (1)：六脚亜門 …………………………………………… 34
第 8 講　節足動物門 (2)：甲殻亜門と舌形動物 ……………………………… 40
第 9 講　節足動物門 (3)：多足亜門と鋏角亜門 ……………………………… 46
第 10 講　有爪動物門と緩歩動物門：側節足動物 ……………………………… 52
第 11 講　鰓曳動物門，胴甲動物門，動吻動物門 ……………………………… 58
第 12 講　線形動物門と類線形動物門 …………………………………………… 64
第 13 講　曲形動物門と有輪動物門 ……………………………………………… 70
第 14 講　環形動物門 (1)：貧毛綱とヒル綱 …………………………………… 75
第 15 講　環形動物門 (2)：多毛綱，有鬚動物，ユムシ動物 ………………… 81
第 16 講　星口動物門 ……………………………………………………………… 91
第 17 講　軟体動物門 ……………………………………………………………… 95
第 18 講　紐形動物門 ……………………………………………………………… 105
第 19 講　腕足動物門と箒虫動物門 ……………………………………………… 108
第 20 講　苔虫動物門 ……………………………………………………………… 114

第 21 講　腹毛動物門 …………………………………………… 118
第 22 講　微顎動物門 …………………………………………… 122
第 23 講　鉤頭動物門 …………………………………………… 125
第 24 講　輪形動物門 …………………………………………… 129
第 25 講　顎口動物門 …………………………………………… 134
第 26 講　扁形動物門 …………………………………………… 138
第 27 講　二胚動物門と直泳動物門 …………………………… 145
第 28 講　刺胞動物門とミクソゾア動物 ……………………… 150
第 29 講　有櫛動物門 …………………………………………… 159
第 30 講　海綿動物門と平板動物門 …………………………… 163

参考図書 ………………………………………………………… 171
引用文献 ………………………………………………………… 172
索　引 …………………………………………………………… 177

第1講

動物の多様性とは何か？

キーワード：34動物門　一様性　普遍性　相同　相似　収斂　種　門　進化　退化

　多様性は一様性あるいは普遍性の対語で，一様ではないこと，普遍的ではないことである．いろいろなものがたくさんあることを意味する．これはもちろん人間の認識である．主体としての人間が外界を見回したとき，そこにいろいろなものがたくさんあると認識するのである．たとえば，我々の周囲にはいろいろな人間があふれている．Aさん，Bさん，Cさん，……は生まれも育ちも顔かたちも背丈も考え方も違う．これは人間の個体レベルにみられる多様性である．人間の体は細胞の集まりでできている．筋肉細胞，神経細胞，上皮細胞など，細胞レベルにも多様性がみられる．しかし，本書で扱うべきは種レベル以上にみられる多様性である．たとえばヒトとハネコケムシ *Plumatella repens* は違う．この違いは我々の目でみる限りにおいて，AさんとBさん，あるいは筋肉細胞と神経細胞の違いより大きく，このような種が現在180万種以上知られている．この種レベルの多様性を理解するために分類学がある．詳細は「動物分類学30講」に譲るとして，分類学は，動物に対して動物界という大枠を設け，その中に門，綱，目，科，属，種の基本階級を定め，似ている種を近くに，似ていない種を遠くに配することに基づき，多様性を階層的に整理する体系を作った．したがって，動物界の中での最上級の基本階級である「門」を比較すれば，動物界の多様性の全貌を把握できる．本書で扱う34動物門を表1.1に示す．

形質を比較する：相同と相似

　では，いったい「何」を比較するべきか．「特徴」すなわち「形質」である．上述のとおり，生まれ，育ち，顔かたち，背丈，考え方，……等々の「特徴」を比較すれば，AさんとBさんが区別でき，個体レベルの多様性が明らかになる．それと同じ比較の方法を用いれば種レベルの多様性も明らかになる．

表 1.1　本書で扱う 34 動物門

	門	Phylum	含まれるかつての門	上門
1	脊索動物門	Chordata		新口動物
2	棘皮動物門	Echinodermata		
3	半索動物門	Hemichordata		
4	珍無腸動物門	Xenacoelomorpha		
5	毛顎動物門	Chaetognatha		?
6	節足動物門	Arthropoda	舌形動物を含む	脱皮動物
7	有爪動物門	Onychophora		
8	緩歩動物門	Tardigrada		
9	動吻動物門	Kinorhyncha		
10	胴甲動物門	Loricifera		
11	鰓曳動物門	Priapurida		
12	線形動物門	Nematoda		
13	類線形動物門	Nematomorpha		
14	曲形動物門	Kamptozoa		冠輪動物
15	有輪動物門	Cycliophora		
16	環形動物門	Annelida	有鬚動物，ユムシ動物を含む	
17	星口動物門	Sipuncula		
18	軟体動物門	Mollusca		
19	紐形動物門	Nemertea		
20	腕足動物門	Brachiopoda		
21	箒虫動物門	Phoronida		
22	苔虫動物門	Bryozoa		
23	腹毛動物門	Gastrotricha		
24	微顎動物門	Micrognathozoa		
25	鉤頭動物門	Acanthocephara		
26	輪形動物門	Rotifera		
27	顎口動物門	Gnathostomulida		
28	扁形動物門	Platyhelminthes		
29	二胚動物門	Rhombozoa		
30	直泳動物門	Orthonectida		
31	刺胞動物門	Cnidaria	ミクソゾア動物を含む	?
32	有櫛動物門	Ctenophora		
33	海綿動物門	Porifera		
34	平板動物門	Placozoa		

　ある動物は足が長いが別の動物は足が短い，と記述できるのは，足という対象が比較できることが前提となる．比較の一つの前提は，形質どうしが同じ起源をもつこと，相同 homology という概念である．よく知られているように，ヒトの手と足はウマの前足と後足に相同で，これらは魚類の胸鰭と腹鰭に起源をもつ．相同形質は，必ずしも互いに似ていなくても，形態と機能を比べることで系統的な進化を推

測できる．たとえば，脊椎動物が陸上へ進出することで魚類の鰭 fin は陸上脊椎動物の手足となり，再度海中へ戻った鯨類では退化して小さな骨を残すのみとなり，一方で空中へ進出したコウモリ類では空を飛ぶための翼となったと考えられるのである．以上は形態形質における相同の例であるが，遺伝子レベルで相同を考えるとかなり様子が異なってくる．たとえば，deep homology という概念がある．広範囲の生物種にまたがって保存されている特定の塩基配列を伴う"相同"遺伝子が，成長過程や分化過程などの遺伝的機構を支配している場合，それらの"相同"遺伝子に支配された形質は"相同"と見なせる．たとえば，後生動物のホメオボックス遺伝子（*Hox* 遺伝子）は発生過程で身体の前後軸を決め，*Pax* 遺伝子（特に *PAX6*）は目やその他の感覚器官の分化を制御する．

　相同と対をなすのが，共通の祖先に由来しないが形態や機能は似ている相似 analogy という概念である．昆虫の翅とコウモリの翼は形態と機能は似ているが系統的には異なる由来をもつため相同ではなく，相似である．異なる由来の器官が同じ機能をもつように非系統的に進化することを収斂 convergence, convergent evolution とよぶ．相似器官の構造や機能を比較することに系統的な意味を見いだすことはできないが，進化のありさまを知り，その原因を探る役に立つ．したがって，相似構造の比較は多様性を理解するために必要なのである．相同でも相似でもないものは比較できず，比較しても意味がなく，多様性の理解にもつながらない．たとえば，脊椎動物の目と軟体動物の殻は比較できないことは明らかである．

人間の価値観と比較

　比較を行う主体はヒトである故，そこには人間の価値観が持ち込まれる．人間を離れたニュートラルな比較は難しい．たとえば，海綿動物と脊椎動物を比べると，海綿動物は体が小さく，細胞数は少なく，細胞間の結びつきは緩く，いわゆる組織も器官ももたず，いわば単細胞動物の群体と見なすことができ，……，一方，脊椎動物は体が大きく，たくさんの細胞が互いに密着結合，接着結合，ギャップ結合などの結合様式でしっかりとつながって組織化され，様々な器官が分化し，……等々と記される．このような比較が行き着く先は，脊椎動物は高等で海綿動物は下等だという評価である．この評価には人間の価値観が含まれている．海綿動物は脊椎動物につながる系統から早く分岐し，その後体制をあまり変えずに今日に至るが，脊椎動物はその祖先が海綿動物と分岐した系統の延長上で大きく体制を変化させたわけで，どっちがよいとか悪い，あるいは高等とか下等という評価はそぐわない．さらに，もし退化が起こっているなら，下等とも高等ともいえない．退化は進化の一面である．たとえばシーラカンスは「進化に取り残された」とされるが，彼らの生息環境では体制を変えずとも生き続けられたにすぎない．珍無腸動物は脊索動物の

祖先から分岐して以後，退化し，脊索動物の祖先がもつていた特徴のほとんどを失っている（第5講）．ダーウィンが使った modification という語が evolution に変えられて以来，進歩，あるいは前進という意味を込めて進化という語が使われるようになった．しかし，分子系統解析の成果を信じれば，高等とされる脊索動物の中には下等な動物に匹敵するまで体制の退化した仲間が含まれ，動物の進化は進歩や前進とイコールではない「なんでもあり」の出来事なのである．

人間の価値観を持ち込まず，できるだけ公平にみなければ多様性は理解できない．といっても学問が人間主体であることは避けられない．このわかりきった制約の中で，高等・下等，上・下，進歩・退行ではない，ニュートラルな比較に基づく多様性の記述が必要なのである．

多様性はどのようにして生じるのか

動物の基本的な要求は，餌を食べることと，他の動物から食べられないことであり，そのために自分専用の空間を確保して生き延びた結果，子孫を残す．この基本要求を満たし，様々な暮らしを送る様々な形の動物が，既知で150万種以上，推測で500万から数千万種も，地球上にあふれかえっている．この多様性の理由は，地球上の生息環境が多種多様だからである．深海に潜む動物と，陸上を這いまわる動物が，生命要求を満たす方法は大きく異なる．たとえば前者は高水圧と冷水温に耐え，太陽光の届かぬ真っ暗な世界で餌を捕らえ，食べ，海水中から酸素を得，敵から身を守り，子を産む．一方，後者は，太陽光が燦々とふりそそぐ1気圧の空気に満ちた陸上世界で，紫外線に曝されながら，体の水分の蒸発を押さえ，餌を探し，敵から身を守り，子を産むのである．この2種類の動物が同じボディプランをもつわけがない．一つの系統から生じた生物の系統が二つに分かれ，それぞれの暮らしを始めれば，種類も大きさも異なった環境からの圧力に曝され，長い時間を経たあとには全く異なった生物へと進化しているはずだ．こうして現在の地球上の生物多様性がもたらされたのである．したがって現在の生物多様性を知ることは，生物は時間軸と空間軸においてどのくらい変化しうるものなのか，その可能性を探ることに他ならない．

━━━━━━━━━━ Tea Time ━━━━━━━━━━

新口動物と旧口動物

第1講表1.1では，上門として新口動物，脱皮動物，そして冠輪動物の名を記した．ここでは新口動物を説明する．脱皮動物と冠輪動物は第12講の Tea Time で説

明する．新口動物 Deuterostomia（別名：後口動物）は旧口動物 Protostomia（前口動物）の対語で，個体発生における口 mouth や肛門 anus のでき方の違いに着目して 20 世紀初頭に提唱された左右相称動物の二大別分類体系に基づく．口が二次的に新生されることから新口動物，原口 blastopore がそのまま口となることから旧口動物の名がある．一般には，脊索，半索，棘皮の 3 動物門が新口動物に含められ，その他は旧口動物とされる．近年の珍渦虫の遺伝子解析の結果は，珍無腸動物門の創設のみならず，この新動物門が新口動物に含まれることを示唆した．

前口動物と後口動物は，胚の原口が成体の口となるか否かに加えて，卵割 cleavage の様式はらせん型 spiral cleavage かそれとも放射型 radial cleavage か，体腔 coelom が裂体腔 schizocoel か腸体腔 enterocoel か，さらには中枢神経系の配置などの点で明瞭に異なるとされた．しかし，卵割様式あるいは口や体腔のでき方などの初期発生過程は動物の生活様式の影響を受けて様々な変更を被る場合が多く，例外が散見される．さらに，近年の分類学は，単系統群のみを分類群とするため一義的に分類群が決まる分岐学の考え方を取り入れるようになった．以下に図示する系統概念に従って分子系統解析結果を解釈すれば，新口動物は単系統群 monophyletic group であるが，旧口動物は側系統群 paraphyletic group となる．以上の 2 点により，これまで影響力を維持してきたこの二分体系のうち，新口動物の名だけが残り，旧口動物という対語は階級名としては使われなくなりつつある．

分岐学 cladistics に対する筆者の立場（馬渡, 1994）はここでは繰り返さないが，本書では，爬虫綱を残し，偶蹄目と鯨目をまとめて鯨偶蹄目とすることを避けているように，動物門内の分類体系には側系統群を排除していないことをお断りしておく．

新口動物の内部でもその定義形質に例外がある．たとえば脊椎動物は新口動物であるにもかかわらず，胚の体腔は腸体腔ではなく裂体腔，すなわち旧口動物的である．しかしこれは，同じ裂体腔という発生学的形質が，前口動物および後口動物の一部で独立に進化したものと解釈できる．

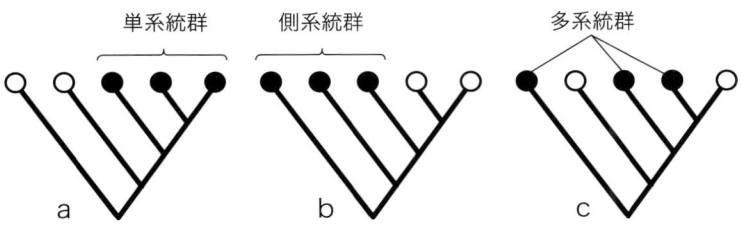

図 1.1　3 種類の系統群

第2講

脊索動物門（1）
脊椎動物亜門

キーワード：脊索　　神経索　　鰓裂　　肛後尾

　学問は人間の所作である故に人間中心であることは免れ得ない．学問の一分野である科学も例外ではなく，人間が自然を計測し解釈する限りにおいて人間主体である．その人間は動物の一員であるとすれば，動物の多様性を理解するにあたって，当人である人間が原点となり，人間と比べてどうであるか，との問から始まるのは必然であろう．人間は分類学的にはヒトとよばれ，34動物門のうちの一つ，脊索動物門 Chordata の一員である．まずは脊索動物の理解から始めよう．

脊索動物門 Phylum CHORDATA

　脊索動物の学名 Chordata は，線，絃，ひもを意味するラテン語の chorda に由来し，脊索 notocord をもつことから名づけられた．chorda は英語の cord の語源で，日本語でも，'電源コード'などとそのままカタカナ表記で使われる．脊索動物の発生初期の胚は，その脊索，神経索 nerve funicules，nerve cord，鰓裂 gill slit（＝咽頭裂 pharyngeal slit），内柱 endostyle，そして肛後尾 postanal tail の5つを基本的特徴として備える．脊索は脊索動物以外にはみられない柔軟な棒状の構造体で，腸の背側を縦走し，内部骨格として体を支える．脊索の背側には管状の背側神経索が形成される．神経索とは神経繊維の束で，節足動物（第7〜9講）と環形動物（第14，15講）にもみられるが，それらは腹側を走る中実の構造である点において対照的である．鰓裂は第5講で紹介する半索動物との共有形質である．この構造は水中の懸濁物を餌とする際，口から取り入れた水流の出口として機能する．内柱，あるいはその派生器官である甲状腺 thyroid gland は，脊索動物以外の動物には存在しない．内柱は，咽頭 pharynx の底に位置し，小さな食物粒を捕らえて咽頭腔へ運ぶための粘液を分泌する．尾索動物，およびナメクジウオの幼生に存在する内柱の一部の細胞はヨードタンパク質を分泌する．これらの細胞は，ナメクジウオの成体と脊椎動物に存在し，ヨードホルモンを分泌する甲状腺と相同である．脊索動物の祖先において，内柱と鰓裂のある咽頭とが一緒になって小さな粒子状の餌を集める効

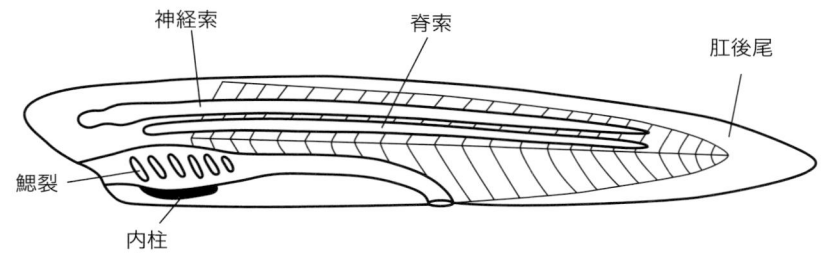

図 2.1　ナメクジウオを例にした脊索動物の五つの共有形質（Hickman, 2009 より改変）

率的な濾過食器官を作り上げたと想像される．しかし，脊索動物においては，魚類で顕著なように鰓裂を縁どる壁が発達して呼吸の役割を果たすようになる．すなわち，採餌機能に呼吸機能が二次的に加わったのである．脊椎動物において呼吸器官と消化管が結びついているのはこうした進化史的理由による．空気呼吸をする陸生脊索動物の鰓裂は囊状で外側に開口せず，発生完了以前に閉じられ，機能を果たすことはない．肛後尾とは肛門より後ろに伸びた尾のことである．ほぼすべての他の動物群は身体の末端に肛門が開口する点において脊索動物と区別される．図2.1に脊索動物の一般的体制を示す．

　脊索動物の卵割は放射型で基本的には全等割であるが卵黄の多い卵では部分割となる．原腸形成期には外胚葉 ectoderm，中胚葉 mesoderm，内胚葉 endoderm の3つの胚葉 germ layer が形成され，原口が閉じられた反対側に新しく口が開口する．身体は左右相称で体腔は腸体腔に由来する真体腔である．

　脊索動物門内の分類体系は，脊椎動物亜門，尾索動物亜門，頭索動物亜門の3亜門からなる．3亜門は外形や内部構造，そして生活型も互いに大きく異なる．脊椎を備え，陸上への進出を果たした脊椎動物に比べ，尾索動物＋頭索動物は脊椎を生じず，終生海で暮らす無脊椎動物である．

脊椎動物亜門 Subphylum VERTEBRATA

　まずは我々ヒトが属し，脊索動物の中で最も複雑な体制をもつ脊椎動物を説明する（図2.2）．脊椎動物以外の他のすべての動物，すなわち無脊椎動物は，脊椎動物と比較することで理解できる．ヒトが主体である以上，動物界の多様性は脊椎動物を原点において語られることになる．

　脊椎動物の学名 Vertebrata は，合わせ目，接合箇所，を意味するラテン語 vertebra に由来する．脊椎の「脊」は背に通じ，「椎」はもともと「しい」と読み，常緑樹のシイ（椎の木）を指す．椎の木は硬く，物を打つ道具である「槌（つち）」の材料となったため，転じて椎を「つち」と読むようになった．つまり脊椎とは，背中にある槌の形をしたものという意味である．その他の脊索動物のみならず，脊

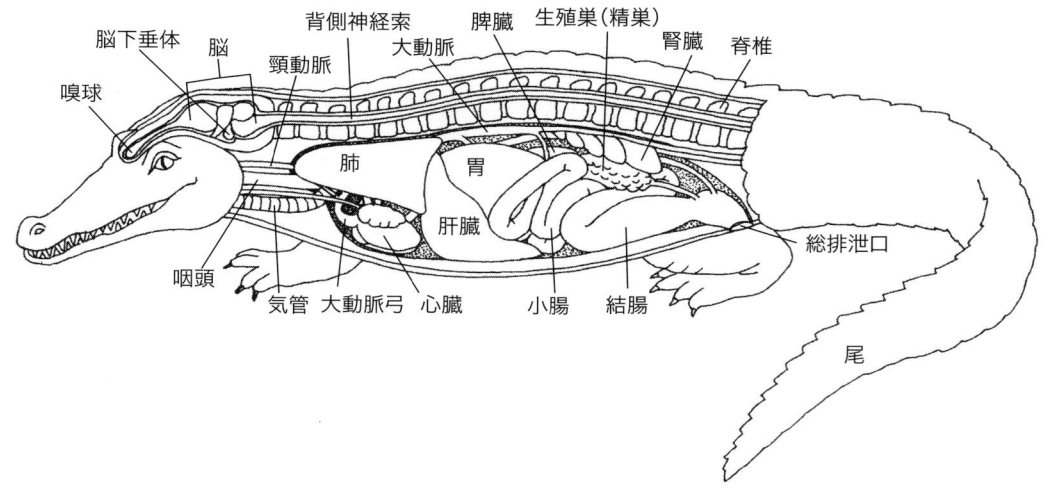

図2.2 ワニを例にした脊椎動物の一般的体内構造（Hickman, 2009 より改変）

椎動物以外のすべての動物が無脊椎動物 invertebrate とよばれているとおり，脊椎（骨）はその他どんな動物ももたない脊椎動物のアイデンティティである．胚の時期に形成される脊索は，成体において軟骨質あるいは骨質の脊椎骨が縦に並んだ脊柱へと発達する．脊柱は強度と柔軟性を兼ね備えた内骨格 endoskeleton として筋肉の付着場所を提供する．安定した付着場を得た筋肉はよく発達し，様々な運動を可能にする．内骨格はさらに身体の大型化をもたらした．事実，脊索動物の成体は平均して他のどの動物より大きく，たとえば，シロナガスクジラはこれまで地球上に存在した脊椎動物の中で最大で，どの恐竜よりも大きく，最大で体長 30 m，体重 100 t を超える．このことは，第7講で述べるように，外骨格 exoskeleton の発達した節足動物門が大型化できなかったことと対照的である．

　一般に2対具わる付属肢 appendage は移動や摂食など様々な活動に役立つ．骨格，筋肉，そして神経系において体節性が明らかである．

　脊索動物の第二の基本的特徴である神経索は，脊椎動物においては脊椎の発生に伴って脊柱の中に取り込まれ，その前端はふくれて脳へと分化し，頭蓋の中に収まる．頭蓋もまた脊椎動物特有の形質である．頭蓋に包まれた脳を中枢として神経系が高度に発達し，目，鼻，耳など，外界からの信号を感知する多種多様な感覚器を備える．

　脊椎動物の身体は表皮の表層部がケラチン化した外皮で外界から守られる．体腔は一般に2〜3部分に分割されて発達し，それぞれに様々な臓器が収まる．消化管は口から肛門へと続き，胃や腸に加えて肝臓や膵臓などの付属器官が分化する．口は前方腹側に位置する．一般に，顎 jaw や歯 tooth などを備えた口を用いて大型の餌

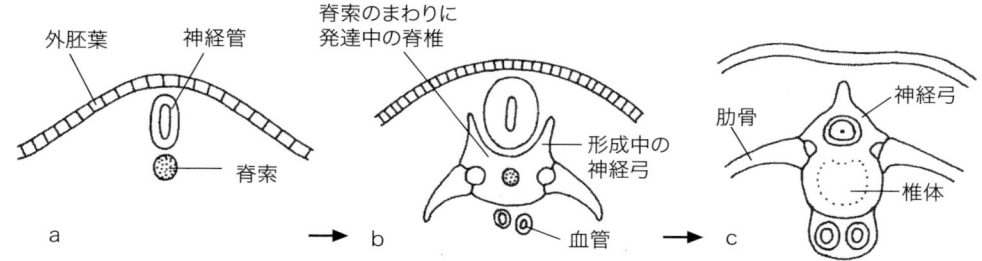

図 2.3 脊椎骨の形成過程（Raven *et al.*, 2005 より改変）
(a) 独立した構造の脊索は，(b) 軟骨性あるいは硬骨性の皮膜に覆われ，(c) 最終的には，椎体のアーチである神経弓で神経管が取り囲まれる．

を咀嚼する．濾過食性はヒゲクジラ類のみである．循環系は閉鎖型で腹側に心臓を備える．咽頭とつながった鰓または肺が呼吸器官．ネフロン nephron を単位とする腎臓が含窒素排出物の排出および浸透圧調整のための余分な水分の排出を担う．内分泌系が発達し，様々なホルモンが中枢神経系と協調して身体機能を調節する．生殖は一般に有性生殖で，受精は体外と体内両方がみられる．雌雄異体．

脊椎動物亜門内の多様性

脊椎動物亜門は大きく有顎上綱と無顎上綱に分かれる．

有顎上綱はその名のとおり顎をもつ脊椎動物からなり，哺乳，鳥，爬虫，両生，軟骨魚，条鰭，肉鰭の 7 綱に分類される．そのうち，哺乳，鳥，爬虫，両生の 4 綱は四肢動物とよばれるように四肢で身体を支えて陸上を歩くことができる．哺乳，鳥，爬虫の 3 綱は卵に羊膜を進化させていることから羊膜類にまとめられる．また，鰓をもたないことから無鰓類ともよばれる．羊膜類の胚は羊膜腔中の羊水に浮かぶことで外界の環境変動から守られる．哺乳類と鳥類は内温動物であり，外界の温度が変動しても体温を一定に保つことで体内の様々な生命維持活動を安定して進行させることができる．哺乳綱は体毛と乳腺をもち，胎生．産み落とされた子は乳腺からの分泌物で育つ．鳥綱は羽毛をもった唯一の動物で，卵生．産み落とされた卵の最外層は石灰質を含む堅い卵殻で保護され，乾燥した陸地でも水分の蒸発を防げる．爬虫綱は卵殻つきの卵を鳥類に先んじてもった動物群で，体表の鱗 scale と共に，乾燥した陸地への進出を可能にした．

両生綱はカエル，サンショウウオ，アシナシイモリの仲間で，皮膚は粘液で覆われ，多くの分泌腺をもつ．生涯水中生活を送るサンショウウオの仲間を別にして，ほとんどが淡水中で幼生時代を過ごし，成体になると陸上生活を送る．しかし，陸上とはいっても湿り気のある土地に限られる．両生綱は水生の肉鰭綱と陸生の爬虫類とを結ぶ分類群である．条鰭綱はシーラカンスとハイギョ以外の，真の骨ででき

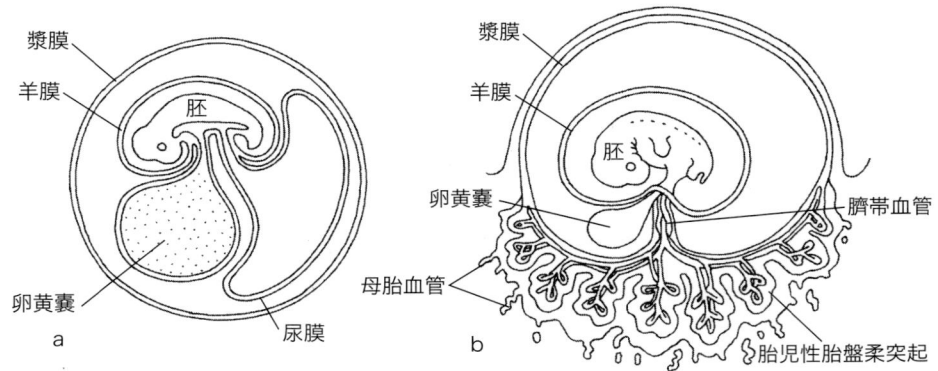

図 2.4 脊椎動物の胚の特徴（Raven *et al.*, 2005 より改変）
(a) ニワトリの胚．尿膜は卵殻下で漿膜と融合するまで成長し続け，ガス交換にかかわる．(b) 哺乳類の胚．尿膜の血管は絨毛膜の中に入り，胎盤の形成を促す．

た骨格をもついわゆる硬骨魚である．対をなす胸鰭と腹鰭，鱗をもち，水中で繁栄を誇る．軟骨魚綱は軟骨骨格，対をなす胸鰭と腹鰭，鱗をもつ．肉鰭綱は肉質の鰭をもつ．四肢動物の四肢は肉鰭と相同と考えられるため，四肢動物は肉鰭綱の祖先から進化したと考えられている．

　無顎上綱はヌタウナギ綱と頭甲綱（ヤツメウナギ）からなり，口に顎を欠き，皮膚は粘液に覆われ鱗をもたない．現生種数は少なく，前者で 40，後者で 80 種ほど．外形的には条鰭綱のいわゆる魚類と無脊椎動物のナメクジウオとを仲立ちし，身体は円筒形でナメクジウオの尾と相同な尾鰭など，対にならない鰭をもつが，魚類の胸鰭や腹鰭などの対になる鰭を欠く．頭甲綱は軟骨性の骨格をもつ．淡水・海水域に棲み，口のまわりにある吸盤で獲物に吸い付いて体液を吸う．ヌタウナギ綱は深海に棲み，腐肉食性で口に吸盤を欠くかわりに口ひげを 3～4 対もつ．ヌタウナギ綱は脊椎をもたないため脊椎動物に含めない分類体系もある．この場合，ヌタウナギ＋脊椎動物は有頭動物 Craniata とよばれる．

表 2.1 脊椎動物の分類体系と主な種

有顎上綱 Gnathostomata
　哺乳綱 Mammalia
　　真獣亜綱 Theria
　　　正獣下綱 Eutheria（真獣下綱 Theria）
　　　　ローラシア獣上目 Laurasiatheria
　　　　　無盲腸目 Eulipotyphla（ハリネズミ，トガリネズミ，モグラなど 387 種）
　　　　　有鱗目 Pholidota（センザンコウなど 7 種）
　　　　　翼手目 Chiroptera（コウモリなど 977 種）
　　　　　食肉目 Carnivora（ネコ，イヌ，クマ，アザラシ，イタチ，アライグマなど 46 種）
　　　　　奇蹄目 Perissodactyla（ウマ，バク，サイなど 17 種）
　　　　　偶蹄目 Artiodactyla（ラクダ，イノシシ，ウシ，カバなど 185 種）
　　　　　鯨目 Cetacea（マイルカ，ナガスクジラなど 83 種）

真主齧上目 Euarchontoglires
　　霊長目 Primates（サル，ヒトなど279種）
　　皮翼目 Dermoptera（ヒヨケザルなど2種）
　　登攀目 Scandentia（ツパイなど16種）
　　兎目 Lagomorpha（81種）
　　齧歯目 Rodentia（リス，ビーバー，ネズミ，ヤマアラシなど2052種）
異節上目 Xenarthra
　　有毛目 Pilosa（フタユビナマケモノ，ミユビナマケモノ，アリクイなど9種）
　　被甲目 Cingulata（アルマジロなど20種）
アフリカ獣上目 Afrotheria
　　岩狸目 Hyracoidea（7種）
　　海牛目 Sirenia（ジュゴン，マナティーなど5種）
　　長鼻目 Proboscidea（ゾウ2種）
　　管歯目 Tubulidentata（ツチブタ1種）
　　マクロスケリデス目 Macroscelidea（15種）
　　アフリカトガリネズミ目 Afrosoricida（キンモグラ，テンレックなど153種）
後獣下綱 Metatheria（有袋下綱 Marsupialia）
　　双前歯目 Diprotodontia（クスクス，カンガルー，コアラ，ウォンバットなど131種）
　　ノトリクテス形目 Notoryctemorphia（フクロモグラ1種）
　　ペラメレス形目 Peramelemorphia（バンディクートなど22種）
　　ダシウルス形目 Dasyuromorphia（フクロネコ，フクロオオカミ，など64種）
　　ミクロビオテリウム目 Microbiotheria（1種）
　　ケノレステス目 Paucituberculata（7種）
　　ディデルフィス目 Didelphida（オポッサムなど66種）
原獣亜綱 Prototheria
　　単孔目（カモノハシ，ハリモグラを含む）

鳥綱 Aves
　真鳥亜綱 Omithurae（＝Pygostylia）
　　新鳥下綱 Neomithes（＝Omithuromorpha）
　　　新蓋上目 Neognathae
　　　　スズメ目 Passeriformes（5205種）（スズメ，ヒバリなどの鳴禽類とタイランチョウを含む）
　　　　キツツキ目 Piciformes（378種）（オオハシ，キツツキを含む）
　　　　ブッポウソウ目 Coraciiformes（193種）（カワセミ，ブッポウソウ，サイチョウを含む）
　　　　キヌバネドリ目 Trogoniformes（37種）
　　　　ネズミドリ目 Coliiformes（6種）
　　　　ハチドリ目 Trochiliformes（315種）
　　　　アマツバメ目 Apodiformes（74種）
　　　　ヨタカ目 Caprimulgiformes（98種）
　　　　フクロウ目 Strigiformes（133種）
　　　　カッコウ目 Cuculiformes（127種）
　　　　エボシドリ目 Musophagiformes（23種）
　　　　オウム目 Psittaciformes（328種）
　　　　サケイ目 Pterocliformes（16種）
　　　　ハト目 Columbiformes（284種）（絶滅したドードーを含む）
　　　　チドリ目 Charadriiformes（319種）（チドリ，ヒレアシシギ，カモメ，ウミスズメを含む）
　　　　ツル目 Gruiformes（191種）（ツル，クイナ，ヒレアシ，ノガンを含む）
　　　　ツメバケイ目 Opisthocomiformes（1種）
　　　　キジ目 Ganiformes（262種）
　　　　タカ目 Falconiformes（286種）
　　　　カモ目 Anseriformes（152種）
　　　　フラミンゴ目 Phoenicopteriformes（4種）
　　　　ペンギン目 Sphenisciformes（16種）
　　　　コウノトリ目 Ciconiiformes（110種）（サギ，シュモクドリ，コウノトリ，トキを含む）
　　　　ペリカン目 Pelecaniformes（57種）（ネッタイチョウ，ペリカン，カツオドリ，ウを含む）

　　　　　　　ミズナギドリ目 Procellariiformes（92種）（アホウドリ，ミズナギドリ，ウミツバメを含む）
　　　　　　　カイツブリ目 Podicipediformes（20種）
　　　　　　　アビ目 Gaviiformes（4種）
　　　　　古顎上目 Palaeognathae
　　　　　　　シギダチョウ目 Tinamiformes（49種）
　　　　　　　キーウィ目 Apterygiformes（3種）
　　　　　　　ヒクイドリ目 Casuariiformes（4種）
　　　　　　　レア目 Rheiformes（2種）
　　　　　　　ダチョウ目 Struthioniformes（1種）

爬虫綱 Reptilia
　　双弓亜綱 Diapsida
　　　　カメ下綱 Testudinata
　　　　　　カメ目 Testudines
　　　　主竜形下綱 Archosauromorpha
　　　　　　主竜上目 Archosauria
　　　　　　　ワニ目 Crocodilia
　　　　鱗竜形下綱 Lepidosauromorpha
　　　　　　鱗竜上目 Lepidosauria
　　　　　　　ムカシトカゲ目 Sphenodontia
　　　　　　　有鱗目 Squamata

両生綱 Amphibia
　　平滑亜綱 Lissamphibia
　　　　無足目 Gymnophiona
　　　　有尾目 Caudata/Urodela
　　　　無尾目 Anura

条鰭綱 Actinopterygii
　　新鰭亜綱 Neopterygii
　　　　ハレコストム区 Halecostomi
　　　　　　真骨亜区 Teleostei
　　　　　　　正真骨下区 Euteleostei
　　　　　　　　棘鰭上目 Acanthopterygii
　　　　　　　　　ボラ系 Mugilomorpha
　　　　　　　　　　ボラ目 Mugiliformes
　　　　　　　　　トウゴロイワシ系 Atherinomorpha
　　　　　　　　　　トウゴロイワシ目 Atheriniformes
　　　　　　　　　　ダツ目 Beloniformes
　　　　　　　　　　カダヤシ目 Cyprinodontiformes
　　　　　　　　　スズキ系 Percomorpha
　　　　　　　　　　マトウダイ目 Zeiformes
　　　　　　　　　　キンメダイ目 Beryciformes
　　　　　　　　　　他7目
　　　　　　　　側棘鰭上目 Paracanthopterygii
　　　　　　　　　サケスズキ目 Percopsiformes
　　　　　　　　　タラ目 Gadiformes
　　　　　　　　　アンコウ目 Lophiiformes
　　　　　　　　　他2目
　　　　　　　　ギンメダイ上目 Polymixiomorpha
　　　　　　　　　ギンメダイ目 Polymixiiformes
　　　　　　　　アカマンボウ上目 Lampridiomorpha
　　　　　　　　　アカマンボウ目 Lampriformes
　　　　　　　　ハダカイワシ上目 Scopelomorpha
　　　　　　　　　ハダカイワシ目 Myctophiformes

　　　　　　　　円鱗上目 Cyclosquamata
　　　　　　　　　ヒメ目 Aulopiformes
　　　　　　　シャチブリ上目 Ateleopodomorpha
　　　　　　　　　シャチブリ目 Ateleopodiformes
　　　　　　　狭鰭上目 Stenopterygii
　　　　　　　　　ワニトカゲギス目 Stomiiformes
　　　　　　　原棘鰭上目 Protacanthopterygii
　　　　　　　　　ニギス目 Argentiniformes
　　　　　　　　　サケ目 Salmoniformes
　　　　　　　　　カワカマス目 Esociformes
　　　　　　ニシン・骨鰾下区 Otocephala
　　　　　　　ニシン上目 Clupeomorpha
　　　　　　　　　ニシン目 Clupeiformes
　　　　　　　骨鰾上目 Ostariophysi
　　　　　　　　　ネズミギス目 Gonorynchiformes
　　　　　　　　　コイ目 Cypriniformes
　　　　　　　　　カラシン目 Characiformes
　　　　　　　　　ナマズ目 Siluriformes
　　　　　　　　　デンキウナギ目 Gymnotiformes
　　　　　　カライワシ下区 Elopomorpha
　　　　　　　　　カライワシ目 Elopiformes
　　　　　　　　　ソトイワシ目 Albuliformes
　　　　　　　　　ウナギ目 Anguilliformes
　　　　　　　　　フウセンウナギ目 Saccopharyngiformes
　　　　　　アロワナ下区 Osteoglossomorpha
　　　　　　　　　アロワナ目 Osteoglossiformes
　　　　　　　　　ヒオドン目 Hiodontiformes
　　　　　ハレコモルフ亜区 Halecomorphi
　　　　　　　　アミア目 Amiiformes
　　　　鱗骨区 Ginglymodi
　　　　　　　　ガー目 Lepisosteiformes
　　　軟質亜綱 Chondrostei
　　　　　　　チョウザメ目 Acipenseriformes
　　　腕鰭亜綱 Branchiopterygii（Cladistia）
　　　　　　　ポリプテルス目 Polypteriformes

肉鰭綱 Sarcopterygii
　　四肢動物亜綱 Tetrapoda（分岐分類体系ではここに陸生脊椎動物がすべて入る）
　　シーラカンス亜綱 Coelacanthimorpha（Actinistia）
　　　　シーラカンス目 Coelacanthiformes
　　　ハイギョ目 Dipteriformes

軟骨魚綱 Chondrichthyes
　　板鰓亜綱 Elasmobranchii
　　　新サメ区 Neoselachii
　　　　エイ亜区 Batoidea
　　　　　シビレエイ目 Torpediniformes
　　　　　ノコギリエイ目 Pristiformes
　　　　　エイ目 Rajiformes
　　　　　トビエイ目 Myliobatiformes
　　　　サメ亜区 Selachii
　　　　　ネズミザメ・メジロザメ上目 Galeomorphi
　　　　　ネコザメ目 Heterodontiformes
　　　　　メジロザメ目 Carcharhiniformes
　　　　　ネズミザメ目 Lamniformes

					メジロザメ目 Carcharhiniformes
				ツノザメ上目 Squalomorphi
					ツノザメ目 Squaliformes
					カスザメ目 Squatiniformes
					ノコギリザメ目 Pristiophoriformes
					キクザメ目 Echinorhiniformes
					カグラザメ目 Hexanchiformes
			全頭亜綱 Holocephalii
					ギンザメ目 Chimaeriformes

	無顎上綱 Agnatha
		頭甲綱 Cephalaspidomorphi
			ヤツメウナギ目 Petromyzontiformes
		ヌタウナギ綱 Myxini
			ヌタウナギ目 Myxiniformes

━━━ Tea Time ━━━

 **例外**

　分類群はその特徴を羅列することで理解することができる．たとえば，「乳腺をもち，胎生で，産み落とされた子は乳腺からの分泌物で育つ」と記せば哺乳綱とはどんな動物群か理解できる．ところが，カモノハシは哺乳類に分類されているのに「乳腺をもち，子を乳で育てるが，卵生である」．カモノハシは例外ではあるが，まぎれもなく哺乳類である．このような齟齬が起こるのは，カモノハシが典型的な哺乳類への進化段階にある哺乳類であることに一つの理由がある．

　もう一つの理由は，階級が上がれば上がるほど，その動物群は多様性を増すからである．たとえばヒトという種を定義するにはヒトと近縁なサルの種と比較し，かなり厳密に定義できる．しかし，ヒト，クジラ，ネズミ，…などを含む哺乳綱を定義する場合，そこには分化程度のみならず，様々な方向へ進化を果たした，いわば進化ベクトルの異なった群が含まれる．ゆえに，含まれるすべての動物群に共通な形質は見つからないという事態が起こる．動物群の特徴には必ずといっていいほど例外が存在するのである．

　リンネ式分類体系上の階級に配置される動物群はそれぞれすでに多様である．しかし，多様な動物群を多様だと記述していてはその動物群の概要がつかめない．例外を含むがその中の多くの動物群でみられる「主要な」あるいは「一般的な」特徴をあげると，その動物群がどんなものか，概要がつかめてくる．さらに，本書ではいちいち「〜の例外を除いて」と記述していない．煩わしいからである．「概要をつかむ」ことを第一の目的としてそれぞれの動物群を主要な特徴を羅列して記述している．このことはわれわれが使う「言葉の体系」そのものに属することでもある．椅子といえば4本脚を思い浮かべるが，3本脚あるいは6本脚の椅子もある．この場合，「椅子は一般に4本の脚を備え，…」と記述することになる．

第3講

脊索動物門（2）
尾索動物亜門と頭索動物亜門

キーワード：無脊椎動物　ホヤ　ナメクジウオ　被嚢　鰓嚢　濾過食性

　物事を二分する場合に，Aとnot Aに分ける分け方がある．たとえば，日本国をAとすれば，日本以外の国はnot Aである．動物界は様々に二分できる．Aを脊椎動物とすれば，not Aは脊椎をもたない動物，すなわち無脊椎動物である．脊索動物門は前章で述べた脊椎動物亜門の他に，尾索動物亜門と頭索動物亜門を含む．分類学的には脊索動物門という一つの門の仲間でありながら，脊椎動物亜門は脊椎動物，尾索動物亜門と頭索動物亜門は無脊椎動物で構成される．

尾索動物亜門 Subphylum UROCHORDATA

　食用にするマボヤ *Halocynthia roretzi* が属することで人間生活とのかかわりをもつ動物門．ホヤの成体は脊索動物の他2亜門と外観上似たところがほとんどない．学名 Urochordata は，ラテン語 chordata（＝脊索動物）に前綴 uro（＝尻尾のある）をつけた合成語で和名はその直訳．筋膜 mantle が分泌したセルロースを含む丈夫な被嚢 tunic，test で身体全体が覆われるので被嚢類 Tunicata ともよばれる．

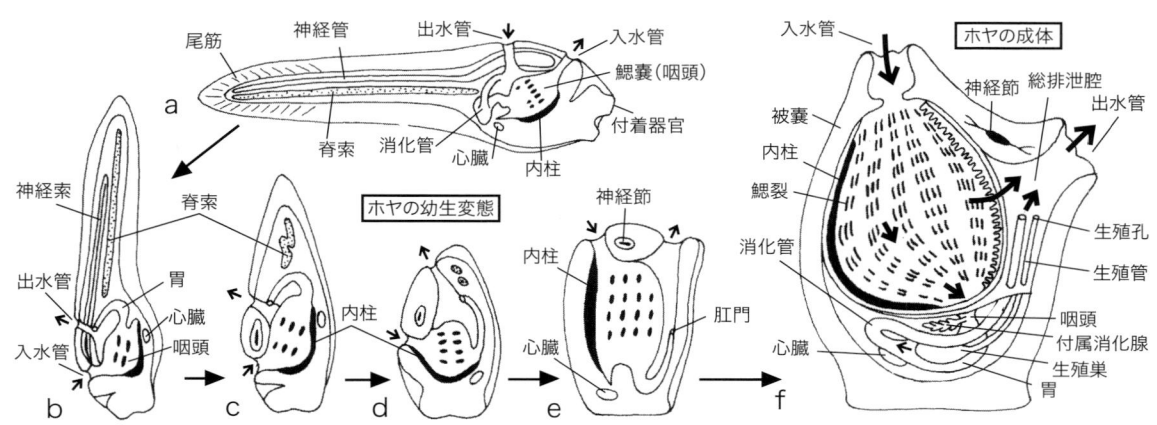

図 3.1　尾索動物亜門 3 綱の体制（Brusca & Brusca, 2003 より改変）
（a）ホヤのオタマジャクシ型幼生．（b）〜（f）オタマジャクシ型幼生の付着から成体への変態過程．（f）ホヤの成体．

脊椎動物と異なり，骨格をもたない無脊椎動物であることに加え，体節分化を示さず，付属肢もなく，陸産種は皆無で，海中で浮遊または固着生活を送る．しかし，生涯の少なくともある時期に脊索，神経索，鰓裂，内柱，そして肛後尾といった脊索動物としての条件を具える．群体 colony を作るものもある．濾過食性で，口から入った海水は鰓嚢 branchial sac とよばれるかご状の咽頭に入り，その側壁に開いた鰓裂から囲鰓腔 branchial cavity へ出るときに懸濁物が濾しとられ，同時に呼吸が行われる．餌は繊毛運動により運ばれ，正中腹側の溝である内柱から分泌される粘液に絡め取られ，口へと運ばれる．囲鰓腔内の残りの水は出水管から体外へ排出される．内柱は脊椎動物の内分泌器官である甲状腺と相同と考えられる．開放型の循環系をもち，真体腔は心臓を囲む小さな囲心腔 pericardiac cavity として裂体腔的に形成される．神経系はあまり発達しない．

尾索動物亜門はホヤ綱 Ascidiacea（約2300種），オタマボヤ綱 Appendicularia（約90種），タリア綱 Thaliacea（約60種）の3綱に分かれる．ホヤ綱は雌雄同体だが，他2綱は雌雄異体．尾索動物の大半を含むホヤ綱は，マンジュウボヤ，ヘンゲボヤ，マメボヤ，ユウレイボヤなどを含むマメボヤ目 Enterogona と，マボヤ，イタボヤ，シロボヤなどを含むマボヤ目 Pleurogona に分類される．海中を泳ぐオタマジャクシ型幼生が海底に固着して成体へ変態する．幼生の眼点，平衡器，背側神経，脊索，肛後尾などは変態時に失われる．排出器官を欠く．

多数の成体，つまり個虫 zooid が共通の被嚢に納まって群体を作る種では，個虫

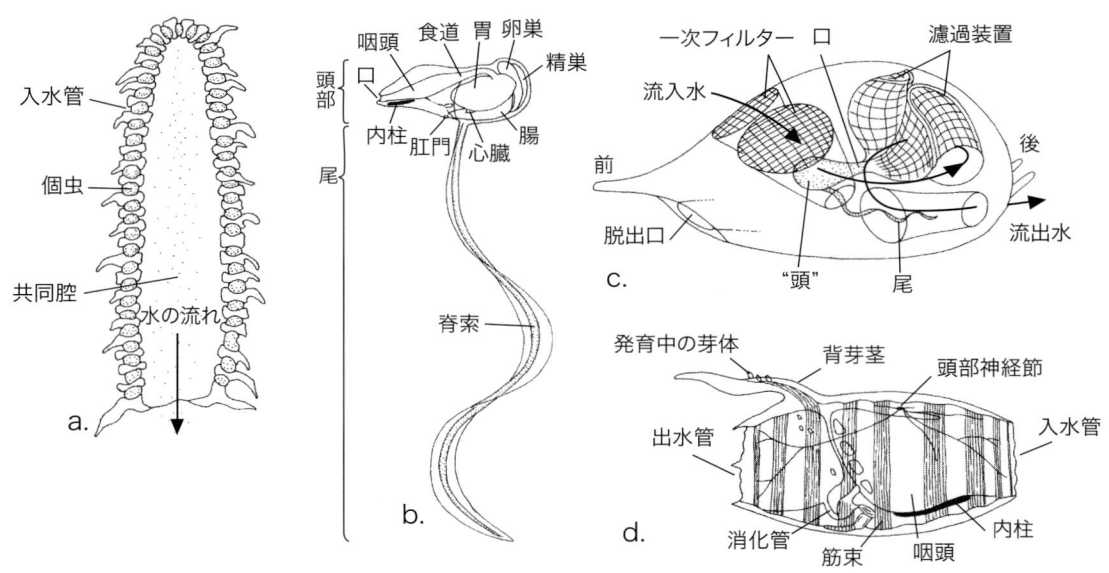

図 3.2　尾索動物亜門オタマボヤ綱，タリア綱の体制（Brusca & Brusca, 2003 より改変）
(a) タリア綱ヒカリボヤ．(b) オタマボヤ綱オタマボヤ．(c) オタマボヤの部屋．(d) タリア綱ウミタル．

はそれぞれ入水管を開口するが，出水管から出た水は共同の出水腔を経て1つの出水口から体外へ排出される場合が多い．ホヤ綱では，幼生に存在する中空の神経索が成体で縮小し，中実で単一の神経節になるのに対して，オタマボヤ綱の成体は頭部神経節とよばれる神経節1個と，それから出て尾まで延びる神経索を具える．幼形綱 Larvacea ともよばれるオタマボヤ綱は，群体を作らず，単体で一生浮遊生活を送る．脊索や肛後尾などを成体でも保有している．尾索動物3綱のうち最小で，平均体長数 mm ほど．タリア綱も終生浮遊生活を送り，脊索と中空の神経索は幼期にのみ現れるか，あるいは一生出現しない．ヒカリボヤ亜綱 Pyrosomata，およびウミタル目 Doliolida とサルパ目 Salpida を含むウミタル亜綱 Myosomata に分類される．入水管と出水管は体の両端に位置する．

頭索動物亜門 Subphylum CEPHALOCHORDATA

頭索動物は一般にナメクジウオとよばれ，学名 Cephalochordata（cephalo＝頭部，chordata＝脊索をもつ動物）のとおり，尾索動物では尾部にしかない脊索が頭部域にまで延びることを特徴とする（図3.2）．現生種は約30知られるのみで，尾索動物より二桁も種数が少なく，解剖学的には尾索動物よりはるかにまとまりのよい動物群である．頭索動物は無脊椎動物ではあるが，魚類とよく似た形をしていて体節をもつことから脊椎動物との類縁関係が示唆される．

頭索動物亜門はナメクジウオ綱 Leptocardia ナメクジウオ目 Branchiostomatida のみからなる．ナメクジウオは遊泳能力をもつが普段は海底の砂に埋まって体の前端だけ外に突き出している．脊索動物の5特徴を生涯にわたって具える．体は左右に扁平な流線形の魚型で，前後両端がとがり，頭部は不明瞭．体長は数 cm．半透明なので体側面を走る筋肉に体節性が明らかに見て取れる．身体前端腹面にある口は顎を欠き，腹側を直走する消化管は尾の前方腹面にある肛門で終わる．付属肢をもたない．濾過摂食性で，尾索動物と同様の摂食器官を具え，同様の方法で餌を濾しとる．出水口は肛門より前方腹面に開口する．胃はないが，腸の起点近くに盲嚢

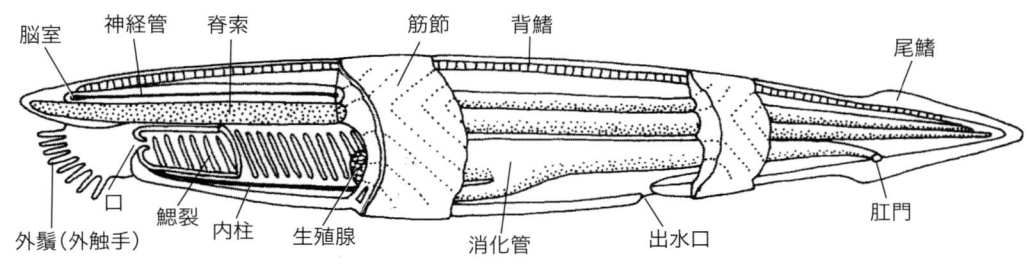

図 3.3　頭索動物門の体制（青戸，1982 より改変）
ナメクジウオの解剖図．

があり，腸から指状に外に出て消化管の右側面に沿って前方に延びる．循環系は閉鎖型に近い開放型で，毛細血管はない．血管の一部が脈動性をもち，心臓の役を果たす．排出系は原腎管．中空の神経系を生涯もち続ける．神経前端部はわずかに拡大して脳胞 cerebral vesicle となる．体節ごとに配列する約 25 対の生殖巣がある．雌雄異体で，体外受精する．

══ Tea Time ══

 **ボディプランは多様である**

第 1 講ですでに述べたとおり，動物の基本的な要求は，餌を食べることと，他の動物から食べられないことであり，そのために自分専用の空間を確保して生き延びた結果，子孫を残す．動物は，体の形を維持し（骨格系），体を外の世界から守り（外皮系），エネルギーの元を取り入れて加工し（消化系，呼吸系），体内に栄養をまわし（循環系），侵入してきた外敵をやっつけ（リンパ系／免疫系），いらないものを捨て（排出系），運動し（運動系），体の内外を観察し（感覚系），体内外の情報を取捨選択して体の各部へ伝えて個体を統合し（神経系），体内状況を整え（内分泌系），次世代の細胞を作る（生殖系）．動物の体を階層構造に分けると，これらの器官系は最上階層に位置する．

脊椎動物の体を例にとると，細胞，組織，器官，そして器官系の四つの階層が区別できる．細胞に着目すると，上皮細胞，神経細胞，筋肉細胞等々，50 から数百種類の細胞が存在する．それらの細胞のうち，構造と機能が似ている細胞が群れをなし，組織を形成する．脊椎動物の体は上皮組織，結合組織，筋組織，神経組織の 4 種類の主要組織に大別される．異なる組織が複数集まって一定の構造と機能をもつ器官を形成する．たとえば，心臓は筋組織（特別に心筋とよばれる），結合組織，上皮組織，そして神経組織でできている．複数の器官が協調して器官系を構成する．たとえば，食べ物を消化して吸収するための消化（器官）系は，消化管，肝臓，胆嚢，膵臓でできている．

第 4 講以降 11 回にわたる Tea Time を使ってヒトが属する脊索動物門脊椎動物亜門をスタンダードに据え，その他の多様な動物の体の中で実現されているボディプラン，すなわち体のつくりと機能を，器官系ごとに解説する．

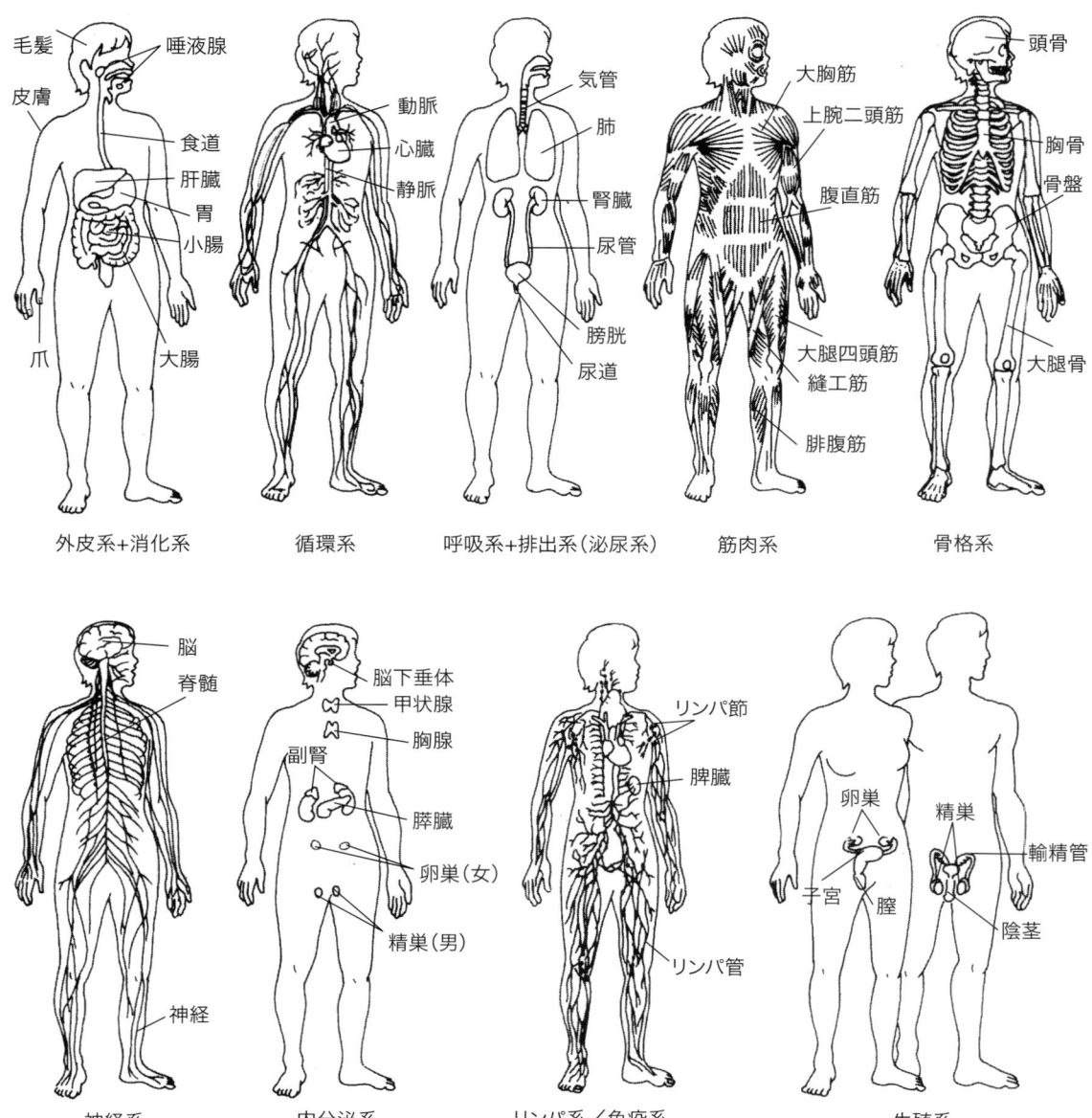

図 3.4 人間の体を例にした脊椎動物の器官系（Raven *et al.*, 2005 より改変）

第4講

棘皮動物門
Phylum ECHINODERMATA

キーワード：五放射相称　骨片　水管系　ディプルールラ幼生　ヒトデ　ウニ　ナマコ　クモヒトデ　ウミユリ

　棘皮動物門は，食用となるウニやナマコの他，一般によく知られているヒトデ，さらにクモヒトデ，ウミユリなど約7000種の海産動物からなり，他の門とは外観上明らかに区別がつくまとまった動物門である（図4.1）．棘皮動物という名はギリシャ語で，棘のある（＝echinos）皮（＝derma）をもつ動物という意味の学名 Echinodermata の直訳で，ウニ類がもつ体表の棘に由来する．さわると一般に堅くてざらざらした感触が共通しているのは炭酸カルシウムを主成分とする多数の小さな骨板 calcareous plate や骨片 ossicle からなる骨格をもつためである．小さな骨片がまばらに分布している場合はナマコのようにやわらか味があるが，骨板が大きくて密に配列しているウニでは堅固な骨格を形成する．骨格は外骨格のようにみえるが，骨板は中胚葉性で表皮がその上を覆うため内骨格の一種である．硬さが自在に変化するコラーゲン性のキャッチ結合組織 catch connective tissue をもつ．骨格は，棘皮動物のみにみられるこの組織，および筋肉によって支持される．

　成体は口を中心とする五放射相称である．しかし，左右相称を示す化石記録があり，現生種の幼生はみな左右相称であるし，ヒトデの成体の行動は左右相称的傾向がある（Ji. et al., 2012）等々から，左右相称の祖先が想定される．浮遊性の幼生は変態過程で二次的に左右相称性を失って放射相称の成体となり，底生生活へ移行する．成体に頭も脳もなく，体節ももたないのは放射相称のためと考えられる．体腔は腸体腔に由来する真体腔である．すべて単体で群体を形成しない．ナマコ類の口と肛門が前後に開くのは身体を横にして移動するからで，着生生活をするウミユリ類の口と肛門は上側に開く．ウニ，ヒトデ，クモヒトデの仲間は身体をいわば縦にして海底を這いまわるので，口は口側（下側）oral side，肛門は反口側（上側）aboral side のそれぞれ中央に開く．消化管が盲嚢に終わって肛門を欠く種も知られる．

　棘皮動物は潮間帯から超深海帯まで，熱帯域から極域に至るあらゆる底質の海底

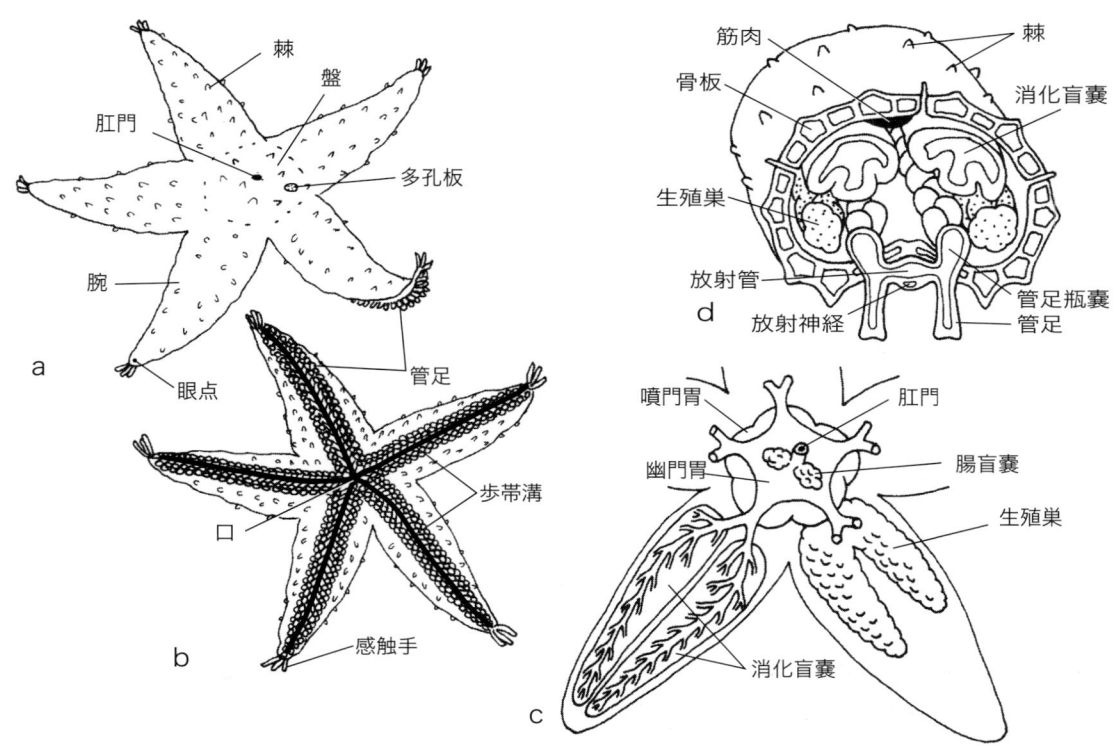

図 4.1 ヒトデを例にした棘皮動物の一般体制（Hickman *et al.*, 2009 より改変）
(a) 反口側外形．(b) 口側外形．(c) 体内構造．(d) 腕の横断面図．水管系は取り除いてある．水管系は図5.3を参照のこと．

に分布する．淡水産種はいない．体は最小で数 mm，大きいものでは 1 m に達する．

　棘皮動物門は他動物群にみることのできない器官系，水管系 water vascular system をもつ．水管系は海水に近い組成の体腔液を満たした細管のネットワークで，口を取り巻く環状管と，そこから出る 5 本の放射管を具える．放射管は左右に枝を出し，その枝の末端は多数の管足 tube foot となって体外へ突き出る．管足はおもに移動や餌をとらえる役を果たす．骨板上には，管足の出る小孔が規則的に開口した歩帯 ambulacral zone と，小孔を欠く間歩帯 interambulacral zone とが交互に配列する．ウミユリやヒトデの管足は腕 arm の下面の中央を走る歩帯溝 ambulacral groove とよばれる溝にある．腕の先端から口まで続くこの溝を通って管足で捕らえた餌が運ばれるため，食溝の別名もある．環状管の 1 カ所から石管 stone canal が伸び，孔が多数あいた多孔板 madreporite を通して体外へ通じる．

　神経系は水管系に平行する環状神経と 5 本の放射神経からなる．血洞系とよばれる一種の開放型循環系がある．特別な排出器はない．色素細胞の集まりが光受容の役を果たすくらいで特別な感覚器はない．一般に再生能力が高く，分裂や自切によって無性生殖する種も知られる．卵割は典型的な放射型で，原口は口にならない．

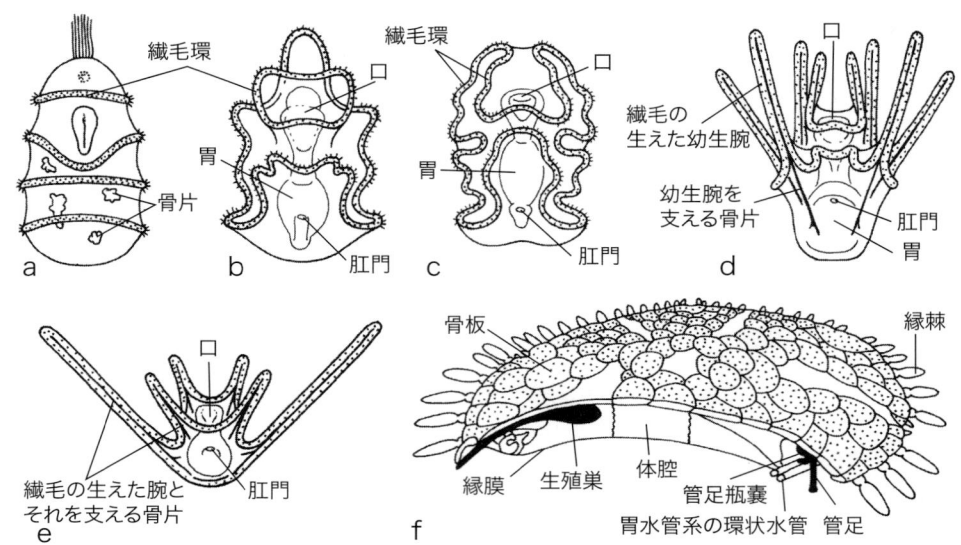

図 4.2 棘皮動物門のおもな幼生とウミヒナギク (Brusca & Brusca, 2003 より改変)
(a) ウミユリ綱のドリオラリア幼生. (b) ヒトデ綱のビピンナリア幼生. (c) ナマコ綱のオーリクラリア幼生. (d) ウニ綱のエキノプルテウス幼生. (e) クモヒトデ綱のオフィオプルテウス幼生. (f) ヒトデ綱シャリンヒトデ下綱ウミヒナギク目のウミヒナギク *Xyloplax medusiformis* の体制図.

陥入によって内胚葉を生じる.

　棘皮動物は少数の雌雄同体種を除いて雌雄異体. 生殖巣は5つに分かれて各間歩帯の体壁に付着する. 卵と精子は体外に放出されて海中で受精が起こる. 卵割は放射型で全割し, ディプルールラ dipleurula と総称される3対の体腔をもった幼生に発達する. 発生初期のディプルールラ幼生はみな形が似ているが, 次第にそれぞれの綱特有の形へ変わる (図4.2). これらの幼生, 特にヒトデ類のビピンナリア幼生は, 半索動物門ギボシムシ綱のトルナリア幼生とよく似ている. トルナリア幼生が最初に発見されたときには棘皮動物の幼生と間違われたほどである. ここに棘皮動物と半索動物との類縁性が昔から主張されてきた根拠の一つがある.

棘皮動物門内の多様性

　棘皮動物は石灰質の骨格を形成するため, その化石はカンブリア紀以後多数発見されている. 絶滅群の化石も多く知られている. 棘皮動物門は遊在亜門と有柄亜門に分かれ, 現生種は遊在亜門ではナマコ, ウニ, クモヒトデ, ヒトデの4綱に分類され, 有柄亜門ではウミユリ綱のみ.

　ナマコ綱の身体は円筒状で細長く, 口は体の前端, 肛門は後端に開く. 口のまわりの管足が変形した口触手を用いて食物を集める. 歩帯溝はない. 体壁に微小な骨片が散在するのみで, 骨板が融合した堅い骨格を欠くため身体はやわらかい. 間接

表 4.1 棘皮動物門の分類体系と主な日本産種

- 遊在亜門 Eleutherozoa
  - ナマコ綱 Holothuroidea（約 1150 種）
    - イカリナマコ目 Apodida
    - イモナマコ目 Molpadida
    - オニナマコ目 Elapsipodida
    - マナマコ目 Aspidochirotida
    - イガグリキンコ目 Dactylochirotida
    - キンコ目 Dendrochirotida
  - ウニ綱 Echinoidea（約 900 種）
    - ブンブク目 Spatangoida
    - マンジュウウニ目 Cassiduloida
    - タコノマクラ目 Clypeasteroida
    - タマゴウニ目 Holectypoida
    - ホンウニ目 Echinoida
    - アスナロウニ目 Arbacioida
    - ガンガゼ目 Diadematoida
    - フクロウニ目 Echinothurioida
    - オウサマウニ目 Cidaroida
  - クモヒトデ綱 Ophiuroidea（約 2300 種）
    - クモヒトデ目 Ophiurida
    - ツルクモヒトデ目 Euryalida
  - ヒトデ綱 Asteroidea（約 2000 種）
    - ヒトデ下綱 Neoasteroidea
    - ウデボソヒトデ目 Brisingida
    - キヒトデ目 Forcipulatida
    - ヒメヒトデ目 Spinulosida
    - ニチリンヒトデ目 Velatida
    - アカヒトデ目 Valvatida
    - イバラヒトデ目 Notomyotida
    - モミジガイ目 Paxillosida
    - シャリンヒトデ下綱 Concentricycloidea
    - ウミヒナギク目 Peripodida
- 有柄亜門 Pelmatozoa
  - ウミユリ綱 Crinoidea（約 650 種）
    - ウミシダ目 Comatulida
    - ゴカクウミユリ目 Isocrinida
    - チヒロウミユリ目 Bourgueticrinida
    - マガリウミユリ目 Cyrtocrinida
    - サカヅキウミユリ目 Hyocrinida
    - ホソウミユリ目 Millericrinida

発生ではオーリクラリア幼生を経る．現生約 1200 種が 6 目に分類される．

　ウニ綱の堅い球形の体は骨板が融合してできたもの．棘に覆われる．口は下を，肛門は上を向く．タコノマクラ類などを除き歩帯溝はない．多くは海底の表面を棘と管足を用いて這いまわる．砂泥底に潜る種類もある．防御や清掃などの働きをする叉棘 pedicellaria を体表にもつ．アリストテレスの提灯とよばれる口器をもつ種はかなり硬いものでも食べることができ，一般に藻類を主食とする．堆積物や懸濁物を食べる種もある．現生約 900 種は 9 目に分類される．タコノマクラ目やブンブ

ク目などの身体は二次的に左右対称となる．幼生はエキノプルテウスとよばれる．

　クモヒトデ綱の身体は円形の盤とそこから放射状に出た細長い腕からなる．盤と腕は明瞭に区別できる．オキノテヅルモヅルなど腕が分岐する種もある．口と多孔板は下方に開き，肛門および歩帯溝を欠く．約2300の現生種は2目に分類される．幼生はオフィオプルテウス．

　ヒトデ綱は星形の動物で，身体の中央の盤から基本的に5本，最大で50本もの腕が放射状に出る．腕と盤 disk との境界は不明瞭．口は体の下側に，肛門および多孔板は上側に開く．管足と共に皮鰓 papula が呼吸の役を果たす．海底表面あるいは砂泥底に潜って生活し，歩帯溝にある管足で移動する．一般に肉食だが，堆積物や懸濁物を食べる種もある．幼生はビピンナリアを経てブラキオラリアへ発達する．シャリンヒトデ下綱（図4.2f）には，深海底の沈木から1986年に初めて発見され，体は1cm弱の円盤状で放射腕を欠き，体の縁辺近くに管足を環状に備えるウミヒナギク目1属3種が含まれる．ヒトデ下綱は7目約2000の現生種を含む．

　ウミユリ綱は石炭紀に繁栄した後，古生代の終わり頃に数を減らし，現在は約650種が知られる．ウミユリ類4目とウミシダ目の計5目のうち，ウミシダ目に現生種の約9割が属する．身体は冠部と柄部とからなり，ウミユリ類は柄の下端で固着する．ウミシダ類は発生中に柄を失い，成体は主に匍匐生活を送る．冠部から五放射状に腕が突出する．腕は分岐を繰り返して200本に及ぶものもある．腕の両側には羽枝が多数列生する．多孔板はなく，多数の小孔が冠部上面に開く．口と肛門は体の上側に開く．腕や羽枝を広げ，水流に乗って運ばれてくる食物を管足で捕獲する．

========== Tea Time ==========

ボディプランの多様性（1）摂食・消化系

　生物の一員である動物は光合成を行えないので，光合成を行う生物，あるいは光合成を行う生物を食べた生物を食べる．食物となる生物は千差万別であり，それを捕らえる方法，食べ方，消化方法等々も様々である．一例として，摂食過程をヒトとハネコケムシで比較してみよう．

　脊索動物門脊椎動物亜門の一員であるヒトは，1対の手を用い，大型の植物，藻類，菌類，そして動物などを保持し，切り刻み，熱で調理し，口へ放り込む．口から入り，口腔にたまった食物は歯で細かくかみ砕かれ，食道を通って胃へ運ばれる．胃では様々な消化腺から消化酵素が分泌されて食物は液体状になり，胃の内壁を構成する細胞の表面から吸収される．小腸ではまた別の消化腺が働き，消化と吸収が続き，大腸と直腸では主に水分が吸収され，未消化物は圧縮され，肛門から排出される．

一方，苔虫動物門の一員であるハネコケムシは，口および口の周囲に林立する数十本の触手からなる触手冠 lophophore をもつ．餌をとる場合，触手を伸ばし，触手表面に密生した繊毛を協調して動かして水流を起こす．林立して伸びた触手は口の広い花瓶の様な形に広がる．水はその花瓶の口から入り，触手と触手の隙間を抜けていく．水中に懸濁している食物粒子はその隙間を通れず，花瓶の内側に残り，花瓶の底に開いた口から取り込まれる．取り込まれた食物粒子は嗉嚢 crop を具えた咽頭で砕かれ，胃で消化吸収され，残渣は腸でペレット状の塊となり，触手冠の外側に開口する肛門から体外へ排出される．

　ヒトとハネコケムシを比べると，食物の取り込みと消化吸収に関して，ハネコケムシの方がヒトに比べてはるかに簡単な構造を示す．しかし，ハネコケムシはヒトに比べて下等なわけではない．ハネコケムシは彼らの食物となる水中の懸濁物を効率よく集めて取り込み，消化吸収するに十分な機構を具えており，ヒトは大型動植物を食物とするにふさわしい複雑で強力な機構を具えているのである．すなわち，2種の違いは，体の大きさの違い，餌の違い（大型動植物か微小な水中懸濁物か），生活空間の違い（陸上か水中か），食性の違い（捕獲食性か濾過食性か）などを総合したニッチの違いを反映している．

　消化系は，餌を取り込んで消化し，栄養物を吸収し，残渣を排出するための器官系で，脊椎動物では，消化管 alimentary canal, digestive tract, 肝臓，胆嚢，膵臓でできている．脊椎動物の消化管は口に始まり，口腔，食道，胃，小腸，大腸と続き，肛門に終わる．その他多くの動物門が口に始まり肛門で終わる貫通型の消化管をもつが，口腔，食道，胃，小腸，大腸などの分化の程度は動物群ごとに様々であり，肝臓，胆嚢，膵臓などの付属器官を欠くことも多い．

　いくつかの動物門では肛門を欠く．たとえば，刺胞動物の消化管は単純な管状の消化腔とその開口部である口で成り立ち，肛門を欠く．口から取り入れた食物は消化腔の中で消化吸収され，残渣は再び口から捨てられる．言いかえれば口は肛門を兼ねるのである．

　寄生生活を送る扁形動物や二胚動物は消化管を全く欠くことが多い．これらは，宿主の消化管内にある，すでに消化された栄養物を体表から吸収するだけでよいからである．

第5講

半索動物門と珍無腸動物門

キーワード：ギボシムシ　フサカツギ　中空の神経系　鰓裂　3体腔
退化　無腸形類　珍渦虫類

半索動物門 Phylum HEMICHORDATA

　半索動物は，約90種が知られているにすぎない海産の小動物群で，食用にならず，一般になじみが薄い．外見も生活型も大きく異なる2綱で構成される．体長数cmから2mにもなる細長い蠕虫様で，砂泥中に穴を掘って単独自由生活を送るギボシムシ（腸鰓）綱 Enteropneusta と，体長数mmほどの個虫が一般に群体を作り，分泌した棲管の中に棲むフサカツギ（翼鰓）綱 Pterobranchia である．半索動物という名は，ギリシャ語の hemi（＝半）chordata（＝脊索動物）の直訳で，口盲管 stomochord，buccal diverticulum とよばれる器官を脊索の一種とみて，脊索動物と近縁との考えに由来する．現在では，口盲管は脊索動物の脊索と相同でも相似でもない点で研究者の意見は一致している．しかし，鰓裂と中空の神経系が2動物門を結びつける．半索動物の咽頭には対になった裂け目があり，その内側は咽頭に開口し，外部は胴体部の前方表面に開いている．さらに，神経系の一部が中空の種が知られている．すなわち，半索動物と脊索動物だけが咽頭裂つまり鰓裂，加えて中空の神経系という特徴を有する動物門といえるのである．

　半索動物は，左右相称の身体が，前体 prosoma，中体 mesosoma，後体 metasoma の3部分に分かれる少体節性動物で，肛門より後方に尾部はない．前体に1つ，中体と後体に1対ずつの真体腔をもつ．3部分は，ギボシムシ綱ではそれぞれ吻 probosis，襟，体幹，フサカツギ綱では頭盤，頸，体幹に相当する．前体はギボシムシ綱では移動に用いられ，フサカツギ綱では棲管を分泌する．中体の前腹端に口が開き，これに続く咽頭部の側壁に鰓裂をもつ．鰓裂はギボシムシ綱では複雑な構造をとるが，フサカツギ綱では1対の単純な孔となるか欠如する．囲鰓腔は形成されない．フサカツギ綱では中体に相当する頸から1対以上の触手腕が突出する．触手腕から分泌した粘液シートで海水中から餌細片を絡め取り，粘液ごとそれ

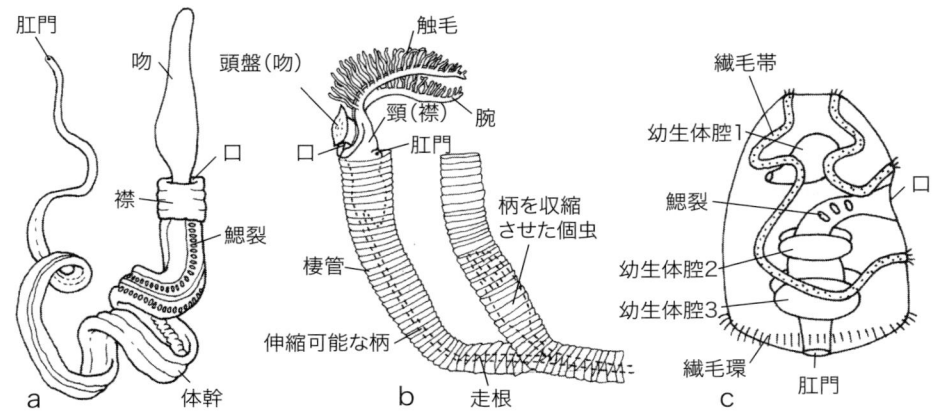

図 5.1 半索動物の体制（Pechenik, 2010; Brusca & Brusca, 2003; 本川, 2009 より改変）
(a) ギボシムシ類の外観．(b) フサカツギ *Rhabdopleura* sp. の群体．(c) トルナリア幼生．

を食べる．ギボシムシ綱は吻を用いて移動し，巣穴を掘り，デトリタスや微生物を砂泥ごと食べ，砂は紐状の糞として排出する．消化管はギボシムシ綱では直走し，フサカツギ綱では背方に向かって U 字形に屈曲する．血管系は開放型で，前体にある脈動部の運動で無色透明な血液を送り出す．脈球とよぶ独自の排出器官が前体にあり，老廃物は前体腔の腔所を経て体外へ排出される．

　雌雄異体で生殖巣は後体にある．原腸形成期に 3 胚葉が形成され，原口が閉じられた反対側に新しく口が開口する．ギボシムシ綱では体外受精で直接発生するかトルナリア幼生を経て変態する．フサカツギ綱は直接発生する．卵割は全等割放射型．カンブリア紀から棲管化石のみが知られる筆石綱 Graptolithina が半索動物の化石綱とされる．筆石類の棲管の構造がフサカツギ綱のそれと類似することがその根拠である．フサカツギ綱の棲管化石はオルドビス紀から出ている．ギボシムシ綱とフサカツギ綱は体制上の相違が大きいため，同じ門とすることに異論もある．

珍無腸動物門 Phylum XENACOELOMORPHA

　海水魚飼育水槽に大量発生すると鰓や体表について魚を弱らせ，一般に「ヒラムシ」（この名は渦虫綱多岐腸目の種によく使われるのでまぎらわしい）とよばれて飼育家を困らせる種を含み，世界中の海から約 380 種が報告されている無腸形動物 Acoelomorpha，および，スウェーデンの西海岸から 1 属 2 種のみ記載され，これまで所属が謎であった珍渦虫動物 Xenoturbellida に対して，2011 年に提唱された新しい動物門（Philippe *et al.*, 2011）．学名 Xenacoelomorpha はギリシャ語に由来し，見知らぬ（＝xenos），空洞がない（空洞＝koilos に否定の接頭辞 a がついた），形（＝morpha）の合成語である．体長数 mm〜4 cm で，背腹にいくらか扁平な紡錘形に似た体は，体腔，排出器官，循環系などを欠く．肛門を欠き，消化管を欠くもの

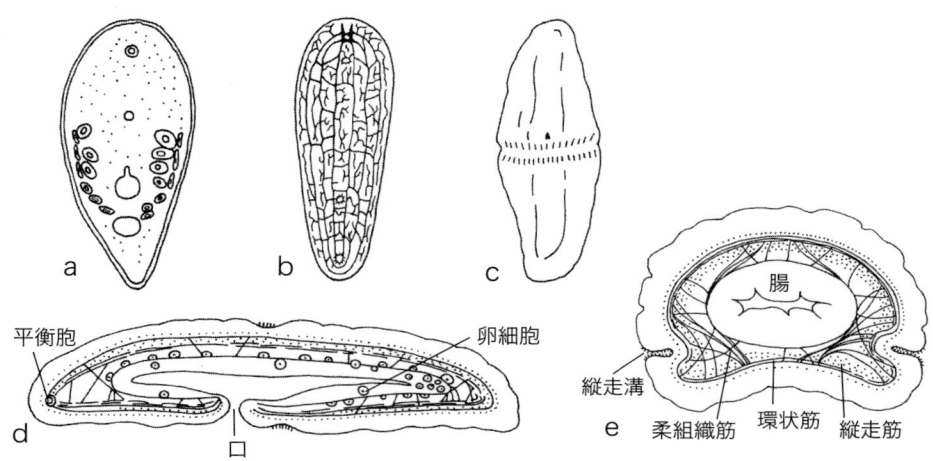

図 5.2 無腸形類と珍渦虫類（岡田他, 1965; 中野, 2011; Brusca & Brusca, 2003 より改変）
(a) 無腸形類 *Conboluta* sp.. (b) 無腸形類 *Conboluta* sp. の神経系. (c)～(e) 珍渦虫類の *Xenoturbella bocki* の体制. (c) 外形. 無腸類よりも大型で厚みがあり, 内部構造はみえない. (d) 縦断面. (e) 横断面.

もある. 散在型の神経系をもつか, あるいは全く神経系を欠く. 上述のとおり, 無腸形類と珍渦虫類の 2 群がある.

　無腸形類は両極域から熱帯に至る世界中の海に生息し, 通常体長 2 mm 程で, 体内に共生藻をもつ種もいる. かつては扁形動物門渦虫綱の無腸目 Acoela および皮中神経目 Nemertodermatida に分類されていたが, 分子系統解析の結果, 2004 年に扁形動物門から分離され, 左右相称動物の新しい門, 無腸動物門が創設された (Baguñà & Riutort, 2004). したがってここでは, 無腸目と皮中神経目を併せて無腸形類とよぶ. 無腸形類の体制や形態は扁形動物門渦虫類とはかなり異なる. たとえば, 渦虫類の多くは 2 本の鞭毛を具えた精子をもち, 鞭毛の軸糸はふつう 9+1 (ただし 9+0 のものもいる) であるのに対して, 無腸形類の精子には標準的な 9+2 の軸糸をもつ鞭毛が 1 本ある. 渦虫類は一般に上皮細胞に裏打ちされた腸を具えるのに対して, 無腸形類の多くはその名のとおり腸を全く欠く. 取り込まれた食物のまわりに一時的に小胞が形成され, そこで消化が行われる. 無腸形類の卵は調整卵で, 卵割はらせん卵割ではなく, 放射型の卵割を行う. さらに, 無腸形類のいくつかの「組織」は基底膜を欠く. このことは, 無腸形類の体は, 組織化のレベルからすると組織か器官のレベルにあり, それゆえ左右相称動物の中では最も低いレベルにある.

　無腸形類は, 間隙性, プランクトン, 底生性などの生活を送り, 共生や寄生種も知られる. 神経系は表皮の下で単純なネットワークを形成し, 神経密度は動物体の前方へ向かって高まる. 感覚器として平衡胞 statocyst をもち, 原始的な単眼を有する種も知られる. 雌雄同体で生殖巣を欠き, 間充織細胞から配偶子が生産される.

珍渦虫類の一種は，日本近海の調査を行ったことで知られる渦虫類研究者 Sixten Bock が 1915 年にスウェーデンの水深 100 m の海底から採集し，その後 1949 年に彼の名にちなんで *Xenoturbella bocki* と名づけられ，無腸類渦虫として記載された（Westblad, 1949）．もう一種は *X. westbladi* Israelsson, 1999 である．珍渦虫類は体長 4 cm 以下でやや細長く，扁平で左右相称，体制は無腸形類によく似ている．体表に生えた繊毛で移動する．体は表皮が消化腔を取り囲んだだけの袋状を呈し，腹面に口が開き，消化管が体内に大きく広がるが肛門はない．外胚葉と内胚葉との間に柔組織がある．雌雄同体で生殖器官を欠き，柔組織中に沪胞 folicle に包まれた卵が発達する．顕著な器官としては鞭毛細胞を備えた平衡胞がある．筋肉をもち，体の形を変えることができる．共生藻をもたない．バルト海のやわらかい海底の沈殿物中に U 字形の穴を開けて棲んでいるらしい．海底をひくドレッジで採集される．

　珍渦虫類は，はじめ無腸類と考えられた後，表皮の構造がギボシムシのものと似ていることや，ある種のナマコが似たような平衡胞をもっていることから，半索動物門や棘皮動物門との類縁が唱えられた．ところが 1997 年，分子系統解析が初めて行われ，二枚貝の原鰓類に最も近縁であるとの結果が出た（Noren & Jondelius, 1997）．さらに，卵の微細構造と発生を観察し，卵形成過程が二枚貝の原鰓類と酷似し，トロコフォア（担輪子）trochophore とよべる幼生期には肛門や中枢神経系，鰓を内包する外套腔があるなどの二枚貝の特徴をもつと報告された（Israelsson, 1999）．その後，二枚貝と近縁であるとの分子系統の結果は，餌として食べた二枚貝の DNA が混入していたためであることが判明した（Bourlat *et al*., 2003）．以来，様々な矛盾する分子系統解析の結果が出される中，4 方法で解析が行われた．それらの方法とは，ミトコンドリアゲノムおよびゲノム上のアミノ酸配列，他遺伝子の発現を調節する機能をもつといわれる長さ 20～25 塩基程の miRNA（マイクロ RNA），そして，精子で発現されているタンパク質 Rsb66 の遺伝子の有無である．結果は，珍渦虫と無腸形類は互いに近縁なグループをなし，新口動物の中で棘皮動物と半索動物を併せた水腔動物 Ambulacralia と姉妹群を形成したため，「珍渦虫類＋無腸形類」に対して新口動物の 4 番目の門が提唱されたのである（Philippe *et al*., 2011）．この結果の信頼性は，別の遺伝子においても裏付けられている（Mendoza & Ruiz-Trillo, 2011）．

═══════════════════ **Tea Time** ═══════════════════

ボディプランの多様性（2）循環系

　消化された栄養物は，ある種の寄生動物では体表から，一般的には消化管内壁の

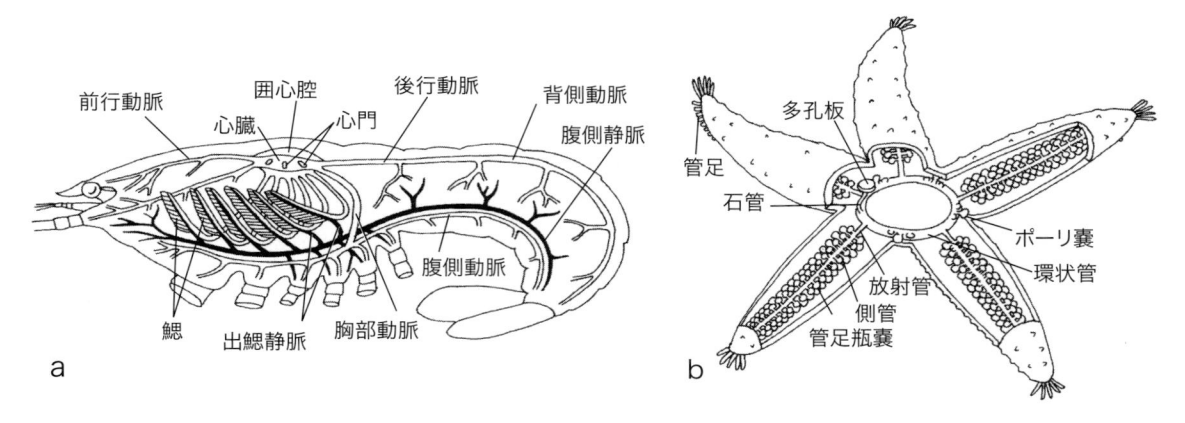

図 5.3 循環系（Raven *et al.*, 2005 より改変）
(a) 節足動物甲殻類の循環系. (b) 棘皮動物の水管系.

　細胞表面から吸収され，循環系を通って体中に運ばれる．脊椎動物以外では環形動物にみられるこの閉鎖循環（血管）系では，心臓から出た血液が，動脈から毛細血管を経て静脈を通り，心臓に戻る．血漿の大部分および赤血球は血管外に出ることはない．他方，節足動物や軟体動物などにみられ，毛細血管がなく，動脈と静脈がつながっていない開放循環（血管）系の場合，動脈から出た血液は組織中を流れて静脈へ戻る．循環系は栄養物の他，赤血球を仲立ちとして酸素を運び，さらに内分泌物質を運ぶ．

　脊椎動物では，第二の循環系としてリンパ系 lymphatic system（図 1.1 参照）が機能する．これは，リンパ液とよばれる清明な液を運搬する導管ネットワークで，組織から余剰になった液を取り除き，消化吸収された脂肪酸と脂質を乳糜として循環系まで運び，さらには，リンパ球，単球，あるいは抗体を産生する形質細胞などの免疫担当細胞を産生する．以上 3 つの働きをもつリンパ系はリンパ毛細管，リンパ管，リンパ節，そして胸腺や脾臓などのリンパ器官からなる開放循環系である．ポンプである心臓を中心とした閉鎖型の血管系と異なり，主に骨格筋の収縮がリンパ液の移動の動力となり，周期的な管壁の収縮がそれを補助する．毛細リンパ管は集合しつつ次第に太くなり，右の上半身からのリンパ液は右リンパ管に，他の部位からのリンパ液は胸管に集まる．これらは右および左の鎖骨下静脈に流れ込み，血液循環系と合流する．

　無脊椎動物では血管系とリンパ系の区別はない．

第6講

毛顎動物門
Phylum CHAETOGNATHA

キーワード：ヤムシ　　顎毛　　クチクラ　　真体腔

　英名 arrow worm，和名ヤムシの名のとおり，羽を具えた矢のような独特の形，あるいは細長い魚雷形をしていて，一目で他門と区別できる動物門．門内の多様性は低く，外観はみなよく似ている．毛顎動物門はギリシャ語の chaete＝長い毛と gnathos＝顎の合成語である学名 Chaetognatha の直訳で，捕餌器官であるキチン質の顎毛にちなむ名である．体長は数 mm～数 cm．プランクトン中に普通にみられ，矢のように海中を活発に泳ぐ．左右相称の身体は細長く，背腹にやや扁平な円筒形で一般に透明．後端に水平な尾鰭，左右両側に水平の側鰭を1対または2対具える．体表は泡状組織とよばれる肥厚した上皮の上を薄いクチクラが覆う．体は3体節性で，隔膜が頭・胴・尾の3部を仕切る．腸体腔由来の体腔が頭部に一つ，胴部と尾部に二つずつあるが，成体になるといずれも裏打ちの腹膜を失う．頭部にはキチン質の顕著な顎毛の列がみられ，端近くに口が開く．消化管は口から直走し，肛門は胴部後端腹面に開く．

　神経系ははしご状神経に似る．頭部背面に脳神経節があり，腹面にある腹神経節とつながる．感覚器は，頭部背面に1対の眼があるほか，体表に触毛斑とよばれる繊毛性の機械受容器が散在する．頭部後方の背面にある繊毛環が一種の排出器官と考えられている．循環系として血洞系をもつ．

　雌雄同体．雌性生殖器官は胴部に，雄性生殖器官は尾部にある．卵割は全等割らせん型に近い．直接発生を行い，幼生をもたず，変態も起こらない．胚の原口は閉じて身体の後端部となる．発生初期に腸体腔形成で形成される真体腔は，頭部と胴部および胴部と尾部を仕切る横隔膜により三分され，さらに縦隔膜により左右に二分される．

　毛顎動物はこのように腸体腔を有し，原口は成体の口にならないため新口動物とされてきたが，ディプルールラ幼生をもたず，口が体の端にあり，体表には非キチン質のクチクラをもち，運動性繊毛および環状筋を欠くなどの点で異論があり，脱皮動物であることが示唆されてはいるが（Edgecombe, *et al.*, 2011），どの動物群と

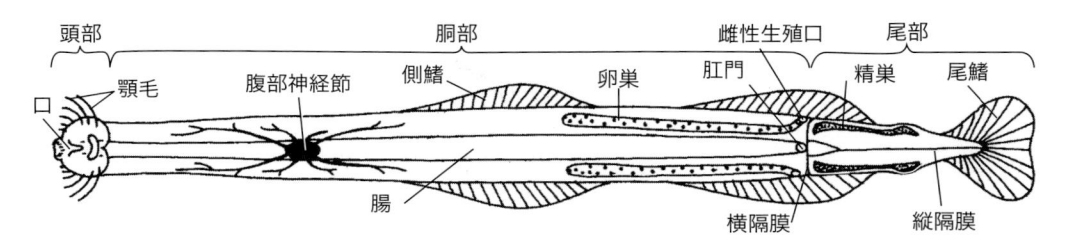

図 6.1 毛顎動物ヤムシ *Sagitta* の一般体制 (Hickman *et al.*, 2009 より改変)

最も近縁であるか，定説はまだない．

現生の矢虫綱 Sagittoidea 約 130 種は，腹部の横走筋の配列にしたがって両膜筋目 Biophragmophora，単膜筋目 Monophragmophora，無膜筋目 Aphragmophora の 3 目に分類される．無膜筋目のプランクトン性のヤムシ *Sagitta* は肉食性．食物連鎖上は魚類の餌として重要な位置にあるが，仔魚を捕食することもあり，有用魚種を食害することがある．単膜筋目のイソヤムシ *Spadella* は海藻の間や小石の下などに生息する．

カンブリア紀のカナダのブリティッシュコロンビア州バージェス頁岩および中国雲南省の澄江から発見された *Amiskwia sagittiformis* はかつて毛顎動物に分類されたが，現在は所属不明とされる．

═══════════════ **Tea Time** ═══════════════

ボディプランの多様性 (3) 呼吸系

生命維持活動を行うためにはエネルギーが必要である．ほとんどの動物は食物として取り入れた糖を水と炭酸ガスに分解する間に放出されるエネルギーで ATP (アデノシン三リン酸) を合成する．必要なときに ATP を ADP (アデノシン二リン酸) へ分解することで放出されるエネルギーを使う．動物はこのエネルギー獲得反応に以下のとおり酸素を用いる．

図 6.2 の左に示すように，動物は好気条件下で酸素を使う呼吸を行い，1 分子のグルコースから，38 分子の ATP と 6 分子の炭酸ガス，および 6 分子の水ができる．一方，図 6.2 の右に示すように，嫌気条件下で酵母菌はアルコール発酵を行い，1

$$C_6H_{12}O_6 \xrightarrow[6O_2]{38ATP} 6CO_2 + 6H_2O \qquad\qquad C_6H_{12}O_6 \xrightarrow{2ATP} 2C_2H_5OH + 2CO_2$$

図 6.2 好気条件下での動物 (左) と嫌気条件下での酵母菌 (右) のエネルギー獲得反応

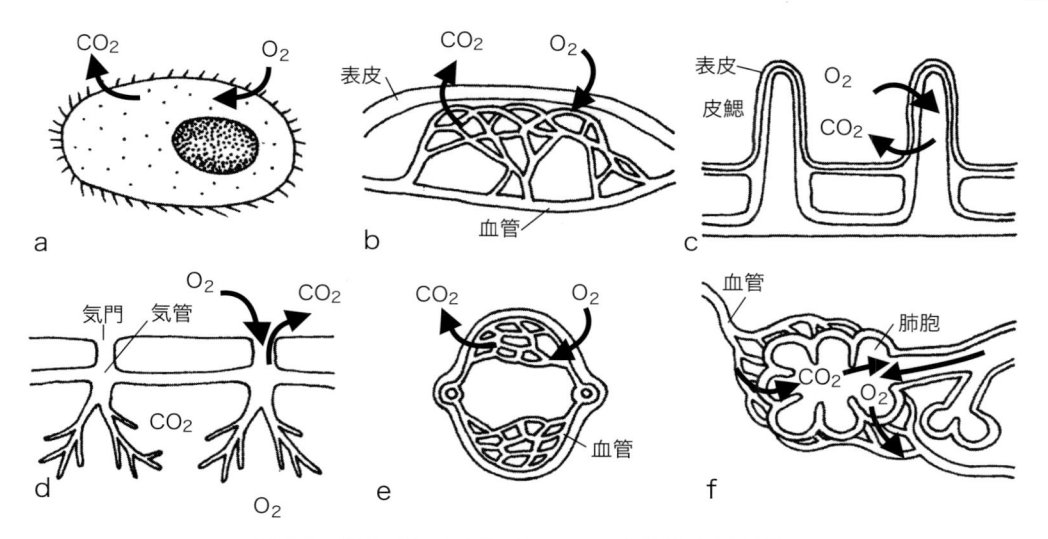

図 6.3 呼吸の様々な方法（Raven *et al.*, 2005 より改変）
(a) 拡散．細胞膜を横切って気体が出入りする．拡散過程は酸素と炭酸ガスの濃度差で進む．(b) 皮膚呼吸．(c) 棘皮動物の皮鰓による呼吸．(d) 昆虫類の気管系による呼吸．(e) 魚類の鰓による呼吸．(f) 哺乳類の肺の肺胞での呼吸．

分子のグルコースを酸素を使わずに分解し，2 分子の ATP と 2 分子のアルコール，および 2 分子の炭酸ガスができる．動物のエネルギー獲得反応は ATP 獲得効率が高い．一方，酵母菌は好気，嫌気，どちらの条件下でもエネルギーを獲得できる．

呼吸系は酸素を体内へ供給し，不要な炭酸ガスを排出するための器官系である．脊椎動物は空気呼吸を行い，肺と，肺へ空気を導く気管とで成り立つ．酸素を取り入れる原理は拡散である．細胞膜の外側の水で酸素濃度が高く，内側で低ければ，外側の酸素は膜を通って細胞内へ拡散してくる．拡散過程は受動的であり，膜の両側の酸素および炭素ガスの濃度差だけで進む．膜の表面積を増やせば拡散効率が上がる．多くの動物が行う皮膚呼吸は，皮膚直下に毛細血管を配置し，血液を流すことで拡散効率を上げている．棘皮動物は体から突き出した皮鰓が呼吸面積を増やしている．昆虫は体表に開いた気門から続く気管系のネットワークが体中に広範囲に分布し，体の隅々まで酸素を送る．多くの水生動物の呼吸器官である鰓は，表面にたくさんの襞を作って表面積を増やし，その表面上を一定方向に水を流し，表面下ではそれとは反対方向に血液を流すこと（対向流システム counter current system）で拡散効率を高めている．エネルギーをあまり必要としない体の小さな水生動物は，特別な呼吸器系を欠き，体表面に並んだ細胞の細胞膜から拡散してくる酸素だけで酸素をまかなう．

第7講

節足動物門（1）
六脚亜門

キーワード：脱皮　　クチクラ製外骨格　　真体腔　　多節付属肢

　節足動物は，人間生活に身近な昆虫やクモ，あるいは食用となるエビやカニなどを含む．地球上の全動物既知種の約3分の2にあたる100万を越える種が，"関節肢"と"外骨格"の発達を元手に，海，淡水，陸上，空中と，あらゆる環境に進出し，様々な形態と生態を示す．さらに，節足動物門の90%を占める六脚亜門（昆虫類）は，飛翔能力を進化させた唯一の無脊椎動物として，現在最も繁栄している動物群の一つである．

節足動物門 Phylum ARTHROPODA

　節足動物という名は，ギリシャ語の arthros＝関節と podos＝足に語源をもつ学名 Arthropoda の直訳で，関節のある付属肢をもつことに由来する．関節肢は動物進化における革新である．脊椎動物である我々ヒトも，外観や構造は異なるが関節肢をもち，その恩恵に浴している．腰，膝，足首，肩，肘，手首，指の関節がない身体を想像してほしい．関節肢がなければ，歩くことや物を握ることなど，あらゆる身体活動・運動がほぼ不可能となる．関節肢は脊椎動物および節足動物において生存の可能性を広げ，陸上で繁栄する鍵を提供したのである．節足動物はさらに徹底し，関節肢は歩くための脚に加えて，外部環境の知覚のための触角や食べるための口器へと変化している．

　節足動物における第二の革新は，キチンとタンパク質でできた強度と柔軟性を備えた外骨格である．第2講で述べたとおり，脊椎動物の内骨格は筋肉の付着場所を提供する．節足動物の外骨格も同じ機能をもち，筋肉は外骨格の内面に付着する．体が大きくなるにつれ，筋肉の伸縮力に耐えるため外骨格は厚みを増すが，これには限度がある．ウシほどの巨大なカブトムシがもし存在したら，自身の外骨格の重さで一歩たりとも動けないであろう．外骨格体制は体の大きさを制限する．実際，大型節足動物は，といっても最大は広げた脚の先端から先端まで4m足らずのタカアシガニであるが，すべて海産で，陸生種は最大でも30cmを超えない．ちなみに，

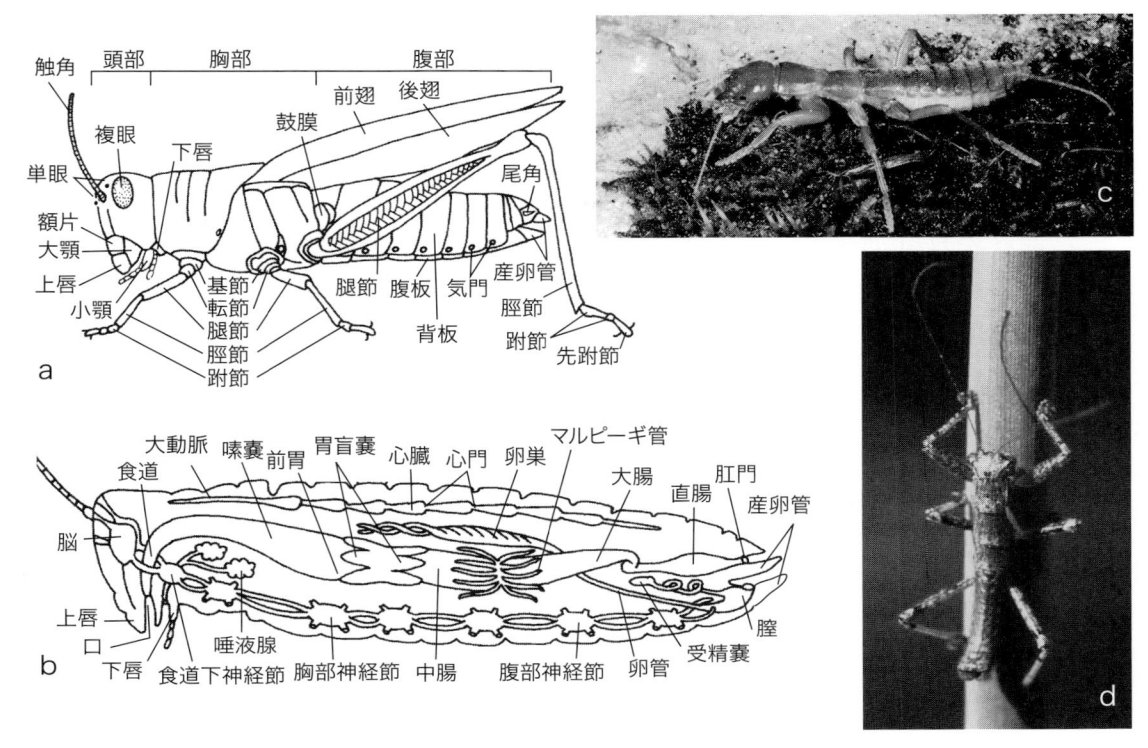

図 7.1 昆虫類のバッタを例にした節足動物の基本体制と最近発見された目（図は Brusca & Brusca, 2003; Hickman *et al.*, 2009 より改変）
(a) 外形．(b) 内部構造．(c) ガロアムシ目ヒメガロアムシ *Galloisiana yuasai*（内舩俊樹氏提供）．(d) カカトアルキ目ビドーカカトアルキ *Karoophasma biedouwensis*（東城幸治氏提供）．

　最小の節足動物は顕微鏡でやっとみえる体長 80 μm のダニである．外骨格は，たとえばカニの甲羅のようにカルシウム塩を沈着させれば，柔軟性は少なくなるかわりにより頑強になる．一方，柔軟性を増せば，付属肢の関節のように曲げ運動が可能になる．さらに外骨格は，水の損失を防ぎ，捕食者，寄生虫，そして外傷から身を守る助けとなる．

　外骨格は，基本的には背板 tergum，側板 pleuron，腹板 sternum に分かれて体を覆う．体節制は体外，体内とも明らかで，各節は機能分化し，一般に異規的 heterogenous となることが多く，時に数体節が合一する．少なくとも頭部と胴部の 2 部分，あるいは頭部，胸部，腹部の 3 部分に分かれる．腹部の一部が尾状になったり，尾を備えることもある．ホルモンの作用で脱皮する．脱皮とは古い外骨格を脱ぎ捨てることで，外骨格をもつ動物が成長するための方法である．各体節は基本的に 1 対の付属肢を腹側にもつ．付属肢は節に分かれ，分枝することもある．

　感覚器はよく発達している．視覚器官は頭部に集中し，中央にある数個の単眼 simple eye，左右側方にある 1 対の集眼 aggregated eye あるいは複眼 compound eye がそれで，色彩や紫外線を検出できるものもある．触覚は頭部の1～2対の触角 antenna および体表の感覚毛が司り，聴覚器官は触角，肢，腹部などにある．嗅覚は触角で，味覚は口器や肢の末端で感じることができる．一般に内分泌腺が発達しており，体色変化を担うサイナス腺 sinus gland，脱皮を支配するアラタ体 corpora allata，性徴に関係する造雄腺 androgenic gland などをもつ．

神経系ははしご状で，頭部の背側に中枢神経節があり，環食道神経から2本の腹側神経索が体の後方へと伸び，途中でいくつかの神経節を形成する．

消化器は口に始まり，口腔，咽頭，胃，腸を経て肛門に終わる．時に肛門を欠く．唾液腺や消化腺をもつことがある．

横紋筋がよく発達し，背腹に縦走筋があるが環状筋はない．

循環系は消化管の背側にあり，開放型で，心臓をもつ．呼吸系は，水生種は鰓，陸産種は基本的には気管 trachea あるいは書肺 book lung（腹部の体表が陥入してできた嚢内に，多数の葉状の構造が重なったもの）である．陸産節足動物は循環系ではなく，気管系のような呼吸器に頼って組織に直接酸素を供給する．そのため，体内器官のすべての部分が呼吸器官の近くに位置する必要がある．外骨格体制に加えて，これも身体を大型化できない理由の一つである．空気は気門 stigma, spiracle とよばれる外骨格に開いた特殊な穴を通って気管に入る．排出器官として触角腺 antennal gland，小顎腺 maxilary gland または基節腺 coxal gland，あるいはマルピーギ管 Malpighian canal をもつ．

体節をもつ左右相称の真体腔動物である．真体腔は生殖器官や排出器官の部分に退化的に存在するのみで，主な体の腔所は血体腔 haemocoel である．節足動物は体表にも体内の器官にも全く繊毛をもたない．一般に雌雄異体で有性生殖する．性的二型を示すものが多い．まれに雌雄同体，無性生殖，単為生殖もみられる．卵割は基本的に全等割らせん型．多卵黄卵は表割 superficial cleavage する．

現生の節足動物は大きく4亜門に分類される．六脚亜門は昆虫を，多足亜門はムカデやヤスデなど，甲殻亜門はエビ，カニなど，鋏角亜門はウミグモ，カブトガニ，クモなどを含む．

六脚亜門 Subphylum HEXAPODA

六脚亜門は，学名 Hexapoda がギリシャ語で6本（=hexa）の足（=podus）を意味するとおり，広い意味での昆虫の仲間である．種数と個体数のどちらにおいても最大の動物群である．現生昆虫の個体数はおよそ10億の10億倍（10^{18}）と推定されている．多種多様に分化しているが，基本的に共通な体制を具える点ではよくまとまった動物分類群といえる．昆虫はもともと陸生と考えられ，水生昆虫の多くはおそらく陸生の祖先に由来する．

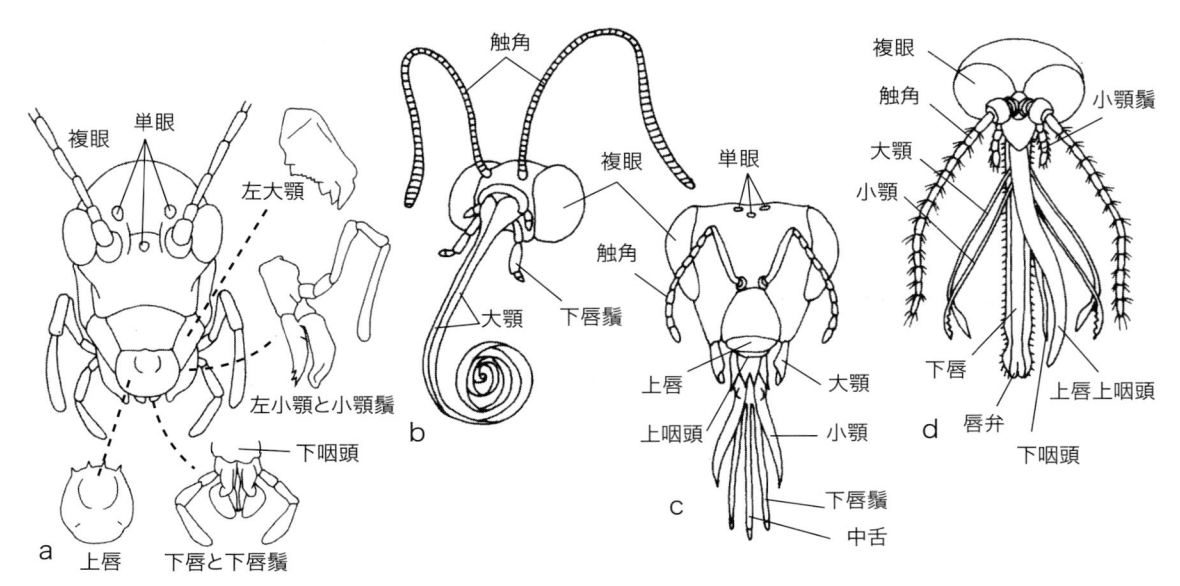

図7.2 六脚類の口器の構造（Hickman *et al.*, 2009; Brusca & Brusca, 2003; Barnes *et al.*, 2001 より改変）(a) バッタ類の噛む口器の解剖．(b)〜(d) 吸い型口器の多様性．(b) チョウの口器．(c) ハチの口器．(d) カの口器．

　身体は頭部，胸部，腹部からなる．頭部には1対の触角に加えて，一般に複眼および単眼，さらに付属肢の変化した口器を具える．口器は同じ基本構造のもと，餌のとり方の違いにしたがって構成と形が変化する．胸部は3体節からなり，各体節にある付属肢は単肢型 uniramous で，歩行脚となる．脚は一般に6節に分かれる．

　胸部に3対の脚，および1対もしくは2対の翅をもつ．翅は他の付属肢と相同ではなく，体壁の袋状の側板として発生する．腹部は11体節からなる．付属肢は腹部第11体節にある尾角を除き痕跡的または退化している．感覚器官が発達し，体外環境からの音波や振動などを感知する．

　気管で呼吸する．大多数の昆虫は弁により気門を開閉できる．気門を閉じて水の損失を防ぐ能力は陸上進出を確かなものにした重要な要素である．排出器官として外胚葉由来のマルピーギ管をもつ．生殖口は腹部の第7, 8または9体節に開口する．多くは雌雄異体．一般に発生過程で変態 metamorphosis する．成体とよく似た若虫 nymph が脱皮して発達する不完全変態と，蠕虫様の幼虫 larva が休眠段階の蛹 pupa, chrysalis を経て成体となる完全変態が区別できる．

　六脚亜門は外顎綱と内顎綱に分けられる．

　外顎綱は狭義の昆虫類で，跗節 tarsus が分節していることや，雌の産卵管，触角の構造などが内顎綱とは異なる．種数も多くおよそ30目に分類される．社会性を進化させた昆虫類を含む．内顎綱は頭蓋と下唇 labium が癒着して口器を包み込む．マルピーギ管や複眼は退化している．3目を含む．

表 7.1 六脚亜門の分類体系

外顎綱 Ectognatha（狭義の昆虫綱 Insecta *s.str.*）
 双丘亜綱 Dicondylia
  有翅下綱 Pterygota
   膜翅節 Hymenopterida
    ハチ目（膜翅目）Hymenoptera（約 13 万種，日本産約 4600 種）
   長翅節 Mecopterida
    トビケラ目（毛翅目）Trichoptera（約 1 万 3000 種，日本産約 430 種）
    チョウ目（鱗翅目）Lepidoptera（約 16 万種，日本産約 6300 種（チョウ，ガの仲間を含む）
    ハエ目（双翅目）Diptera（約 11 万種，日本産約 5300 種）（ハエ，カ，ガガンボ，ユスリカ，ブユ，アブなどを含む）
    ノミ目（隠翅目）Siphonaptera（約 2600 種，日本産約 70 種）
    シリアゲムシ目（長翅目）Mecoptera（約 580 種，日本産約 50 種）
   鞘翅節 Coleopterida
    コウチュウ目（鞘翅目）Coleoptera（約 35 万種，日本産約 1 万 1000 種）
   脈翅節 Neuropterida
    アミメカゲロウ目（脈翅目）Neuroptera（約 6000 種，日本産約 130 種）
    ラクダムシ目 Raphidoptera（約 230 種，日本産 2 種）
    ヘビトンボ目（広翅目）Megaloptera（約 350 種）
   新翅節 Neoptera
    準新翅亜節 Paraneoptera
     節顎類 Condylognatha
      カメムシ目（半翅目）Hemiptera（約 8 万 2000 種，日本産約 2900 種）
      アザミウマ目（総翅目）Thysanoptera（約 6000 種）
     咀嚼類 Psocoda
      シラミ目 Phthiraptera（約 5000 種，日本産約 200 種）
      チャタテムシ目 Psocoptera（約 3000 種，日本産約 100 種）
    多新翅亜節（直翅昆虫）Polyneoptera
     アミバネムシ上目（網翅上目）Dictyoptera
      カマキリ目 Mantodea（約 2000 種，日本産 10 種）
      シロアリ目（等翅目）Isoptera（約 2600 種，日本産約 20 種）
      ゴキブリ目 Blattodea（約 4300 種，日本産約 50 種）
     ジュズヒゲムシ目（絶翅目）Zoraptera（1 科約 30 種，日本産なし）
     シロアリモドキ目（紡脚目）Embioptera（約 200 種，日本産 2 種）
     ナナフシ目 Phasmatodea（約 2500 種，日本産約 20 種）
     バッタ目（直翅目）Orthoptera（Saltatoria）（約 2 万種，日本産約 400 種）
     カカトアルキ目（踵行目）Mantophasmatodea（3 科 + 数種）
     ガロアムシ目 Grylloblattodea（約 25 種，日本産 6 種）
     ハサミムシ目（革翅目）Dermaptera（約 2000 種，日本産約 25 種）
     カワゲラ目（襀翅目）Plecoptera（約 2000 種，日本産約 200 種）
   旧翅節 Palaeoptera
    カゲロウ目（蜉蝣蠟目）Ephemeroptera（約 2200 種，日本産約 140 種）
    トンボ目（蜻蛉目）Odonata（約 5600 種，日本産約 190 種）
   所属節不明
    ネジレバネ目（撚翅目）Strepsiptera（約 600 種，日本産約 50 種）
  結虫下綱 Zygentoma
   シミ目（総尾目）Thysanura *s.str.*（約 600 種，日本産 14 種）
 単丘亜綱 Monocondylia（古顎亜綱 Archaeognatha）
  イシノミ目（古顎目）Archaeognatha（約 250 種，日本産約 15 種）
内顎綱 Entognatha　尾欠類 Ellipura（側昆虫類 Parainsecta）
  コムシ目（双尾目）Diplura（約 1000 種，日本産約 20 種）
  カマアシムシ目（原尾目）Protura（約 120 種，日本産約 60 種）
  トビムシ目（粘管目）Collembola（約 3500 種，日本産約 350 種）

= Tea Time =

自然史標本の重要性

　昆虫類を含む六脚亜門は，われわれ人間と陸上で共存し，全動物種の半数を占めるほど種類数が多く，また個体数も多いことから身近な存在である．したがって研究の歴史が古く，研究者数も多く，愛好家の数も多いため，1914年にガロアムシ（図7.1c）が発見されて以来，昆虫類で大分類群が発見されることまずなかろうと考えられていた．ところが，実にその88年後の2002年に新目，カカトアルキ目（図7.1d）が創設されたのである．

　カカトアルキ目の仲間は，他の昆虫類と比べてすぐ区別のつく大変わかりやすい特徴をもつ．昆虫類は足先の爪を地面につけて歩くのが基本であるのに，カカトアルキは全6脚ともその足先を持ち上げて歩くのである．人間に例えると，つま先を持ち上げて「踵」だけで歩くように見えるのが和名の由来である．英名はheel-walker，学名 Mantophasmatodea は，カマキリ目 Mantodea とナナフシ目 Phasmatodea によく似ていることに基づく命名で，和名は「踵行目」あるいは「カカトアルキ目」である．体長は2cm以下，翅を失っていて，寿命も短いことから，移動・分散力はきわめて低いと考えられている．これまで発見された13種ほどの現生種は，南アフリカ，ナミビア，そしてタンザニアの乾燥地域に分布が限られている．発生学や遺伝子の情報から総合的に判断すると，ガロアムシ類との類縁関係が推測される．

　カカトアルキはドイツ人大学院生 O. Zompro が発見した（Zompro, O, *et al.*, 2002）．彼はハンブルグ大学の収蔵品の中から琥珀に封じ込められたナナフシに似た奇妙な昆虫を見つけたが同定できずにいた．その後ロンドン自然史博物館の収蔵庫からよく似た標本を見つけ，続いてベルリンの博物館で100年前にナミビアで採取された液浸標本に出会う．その後，英国のリーズ大学とナミビアの国立博物館からも標本が発見され，そしてついにナミビアの砂漠地帯で生きた個体の採集に成功したのである．この新目発見物語が語る教訓は，博物館およびそこに収蔵されている自然史標本の重要性である．博物館に長く収蔵されていた未同定自然史標本があるときある研究者の目にとまり，新目の発見をもたらしたのである．このことは，自然史標本はそれが"今現在役に立たなくても"将来にわたって維持・保管しなければならないことを物語っている．今役に立たないからといって捨てるなどもってのほかである．自然史標本を大切にするというヨーロッパ社会では当たり前の風潮が日本社会においても常識となることを期待する意味を込めて，第28講のTea Timeで自然史標本について再びふれる．

第8講

節足動物門（2）
甲殻亜門と舌形動物

キーワード：脱皮　　クチクラ製外骨格　　真体腔　　多節付属肢

甲殻亜門 Subphylum CRUSTACEA

　甲殻亜門は本来海産の水生動物で，少数の陸生種を含めて約3万5000種からなる大分類群である．体長は0.2 mm～3 mと様々で，自由生活性も寄生性も知られ，生態は変化に富む．身体は基本的に頭部，胸部，腹部からなるが，頭部と胸部が癒合して頭胸部を形成するものもあり，胸部と腹部が区別できない場合は合わせて胴部とよぶ．学名 Crustacea がラテン語の crusta＝外皮に由来するとおり，外骨格は4層のクチクラ外皮からなり，体節ごとに，背板，腹板，左右の側板に分かれる．頭部の背板は癒合することが多く，これが頭部を覆えば頭楯 cephalic shield，胸部や腹部までを覆う場合は背甲 carapace とよばれる．通常，各体節に1対の付属肢をもつ．ほぼすべての甲殻類の脚は基本的に2本に枝分かれした二叉型 biramous である．腹部にも付属肢をもつ点で甲殻類は昆虫と異なり，ムカデやヤスデに似ている．頭部には，一般に2対の触角，1対の複眼か1～数個の単眼（もしくはその両方），3種類の口器，数対の脚をもつ．これらはすべて付属肢が変形したものと考えられる．甲殻類は2対の触角をもつ唯一の節足動物である．口器には餌をかみ砕くための1対の大顎 mandible をもつ．

　神経系は基本的にはしご状であるが，左右の縦走神経が癒合しているものもある．開放血管系でおもにヘモシアニンをもつ．呼吸器官として一般に鰓をもつ．排出器官は後腎管で，第2小顎に開口する小顎腺または第2触角に開口する触角腺をもつ．内分泌器官として特有のサイナス腺を頭部にもつ．

　一般に雌雄異体で性的二型も知られる．雌雄同体もある．両性生殖が普通だが，単為生殖を行うものもあり，両性生殖と単為生殖とが交互に出現する世代交代（ヘテロゴニー）を行うものもある．卵割は一般に全割らせん型だが表割も知られる．直接発生（卵膜の中で）か間接発生かを問わず，ノープリウス幼生 nauplius larva 期を経る．このことは共通祖先からの由来を証拠立てる．間接発生の場合，ノープ

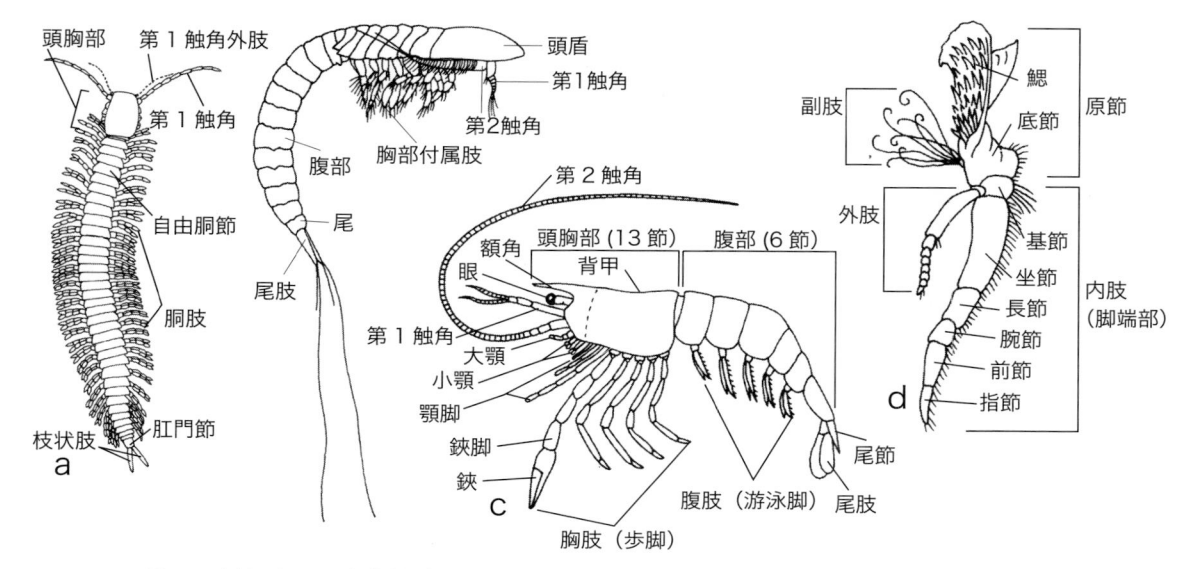

図 8.1 甲殻亜門の一般体制（Hickman *et al.*, 2007; Brusca & Brusca, 2003; 本川, 2009 より改変）
(a) ムカデエビ綱の *Speleonectes* sp. の背面．(b) カシラエビ綱の *Hutchinsoniella macrocantha*．(c) 軟甲綱を例にした甲殻類の外観．(d) 甲殻亜門の二叉型付属肢．

リウス幼生は3対の足を備えた状態で孵化し，成熟するまでに数回変態する．

甲殻亜門内の多様性

　甲殻亜門は5綱に分けられる．顎脚綱は一般に発達した顎脚をもち，フジツボを含む鞘甲亜綱（フジツボ亜綱），カイミジンコと総称される貝虫亜綱，ケンミジンコなどを含むカイアシ亜綱など，多様な分類群を含む．

　爬虫類や哺乳類の寄生虫シタムシの仲間は，かつて独立の舌形動物門 Pentastomida もしくは Linguatulida とされていた．しかし，魚類の外部寄生虫である鰓尾類との近縁性が推定され，現在では顎脚綱の舌形亜綱 Pentastoma に分類されている．舌形類は爬虫類や哺乳類の肺や鼻腔に寄生する左右相称の蠕虫様動物で，100種ほどが知られ，イヌに寄生する属も知られる．体長1～15 cm の平たい舌状あるいは円筒状の体は頭胸部と胴部からなり，頭胸部の腹面中央に口が開き，その左右側方に2個ずつ鉤をもつ．鉤は宿主に付着し，組織に傷をつけて体液を摂取するために用いられ，口に始まり尾端の肛門に終わる消化管を具える．体制上からは，触角，循環器官，呼吸器官，排出器官を欠くことなどから，この類が節足動物であることは想像しがたい．ところが，1972年に精子の微細構造がよく似ていることから顎脚綱鰓尾類のチョウ（別名ウオジラミ）と近縁であるとの説が出された（Wingstrand, 1972）．体壁表面にクチクラをもち，筋肉繊維は横紋筋で，体内では不明瞭ながら胴部に体節構造があり，さらに，2対の鉤を付属肢とみれば，かろう

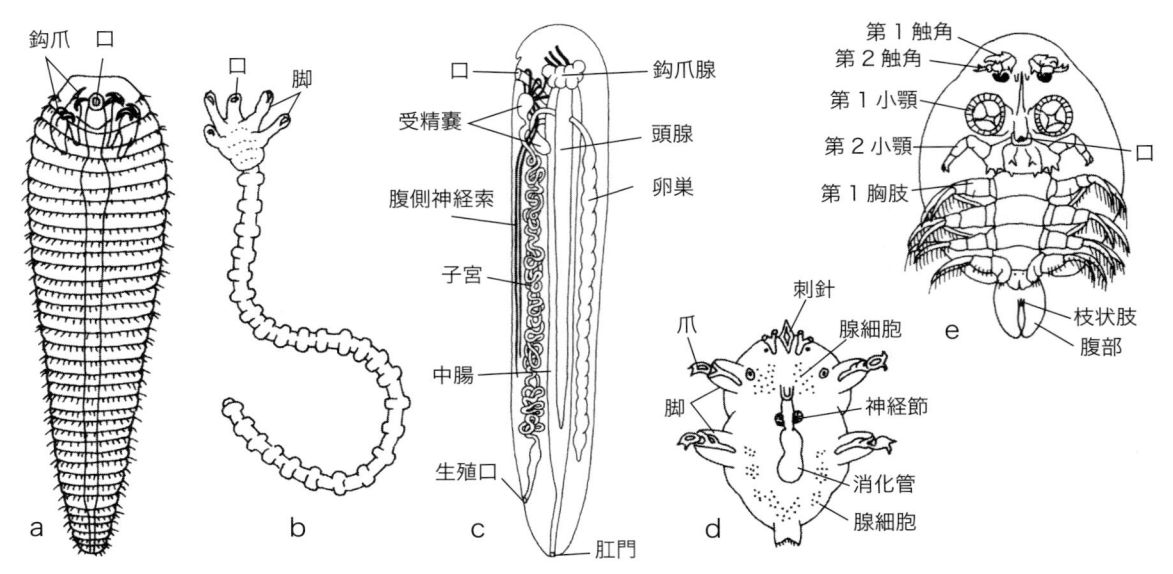

図 8.2 顎脚綱の舌形亜綱と鰓尾亜綱（藤田, 2010; Brusca & Brusca, 2003 より改変）
(a)〜(d) 舌形亜綱．(a) *Cephalobaena* sp.. (b) *Linguatula* sp.. (c) *Linguatula* sp. の内部構造．(d) 舌形亜綱の幼生の一般形．(e) 鰓尾亜綱チョウ *Argulus* の腹面．

じて節足動物と形質を共有する．その後，幼生の形態からも鰓尾類との近縁性が示唆され，分子系統解析の結果もそれを支持した．おそらくは魚の外部寄生であった祖先型から魚食性爬虫類の内部寄生性へと移行したと考えられている．

軟甲綱は甲殻亜門の中で最多の種を誇り，エビ，カニの十脚目，ダンゴムシなどの等脚目，ヨコエビの端脚目など，身近な甲殻類を含む．カシラエビ綱は頭部，胸部，腹部が区別されるが，腹部は同規的体節からなり，はしご状神経系や未分化な第2小顎をもつなど，祖先的形質を多く示す．ムカデエビ綱はムカデに似て頭胸部と胴部からなり，胴部は同規的体節が連なり，はしご状神経系など祖先的形質をもつ一方，顎脚など派生的形質も示す．1981年にバハマで発見されて以来，各地の海底洞窟から見つかっている．鰓脚綱は，一般に発達した第2触角あるいは鰓か鰭のような胸脚を用いて遊泳を中心とする運動を行う，ミジンコ類など淡水産種を含む．カンブリア紀後期から化石が出ていること，身体構造から祖先的と考えられている．

分子系統解析では甲殻類は六脚類に対して側系統群となる結果が得られている（Regier *et al.*, 2010）．ムカデエビとカシラエビの仲間（図8.1）が六脚類の姉妹群となる他，貝虫亜綱，鰓尾亜綱，舌形亜綱，ヒゲエビ亜綱などが一つの小系統を形成し，その他の亜綱からなるもう一つの大系統より早くに分岐している．

表 8.1 甲殻亜門の分類体系と主な種

顎脚綱 Maxillopoda
  ヒメヤドリエビ亜綱 Tantulocahda
    ヒメヤドリエビ目 Tantulocaridida
  鞘甲亜綱（フジツボ亜綱）Thecostraca
    蔓脚下綱（フジツボ下綱）Cirripedia
      完胸上目 Thoracida
        無柄目 Sessilia（フジツボなど）
        有柄目 Pedunculata（ミョウガガイなど）
      尖胸上目 Acrothoracida
      根頭上目 Rhizocephala
        アケントロゴン目 Akentrogonida
        ケントロゴン目 Kentrogonida
    嚢胸下綱 Ascothoracida
    彫甲下綱 Facetotecta
  貝虫亜綱 Ostracoda
    ポドコパ上目（カイミジンコ上目）Podocopa
      パレオコピダ目（ムカシカイムシ目）Palaeocopida
      ポドコピダ目 Podocopida
      プラテイコピダ目 Platycopida
    ミオドコパ上目（ウミホタル上目）Myodocopa
      ハロキプリダ目 Halocyprida
      ミオドコピダ目 Myodocopida
  ヒゲエビ亜綱 Mystacocarida
    ヒゲエビ目 Mystacocaridida
  カイアシ亜綱 Copepoda
    新カイアシ下綱 Neocopepoda
      後脚上目 Podoplea
        タウマトプシルス目 Thaumatopsylloida
        シフォノストム目（ウオジラミ目）Siphonostomatoida
        ポエキロストム目（ツブムシ目）Poecilostomatoida
        モルモニラ目 Mormonilloida
        モンストリラ目 Monstrilloida
        ミソフリア目 Misophrioida
        ハルパクチクス目（ソコミジンコ目）Harpacticoida
        ゲリエラ目 Gelyelloida
        キクロプス目（ケンミジンコ目）Cyclopoida
      前脚上目 Gymnoplea
        カラヌス目 Calanoida
    原始前脚下綱 Progymnoplea
      プラテイコピア目 Platycopioida
  鰓尾亜綱 Branchiura
    チョウ目 Arguloida
  舌形亜綱 Pentastoma
    ポロケファルス目 Porocephalida
    ケファロバエナ目 Cephalobaenida

軟甲綱 Malacostraca
  真軟甲亜綱 Eumalacostraca
    ホンエビ上目 Eucarida
      十脚目 Decapoda（エビ，ザリガニ，ヤドカリ，サワガニなど）
      アンフィオニデス目 Amphionidacea
      オキアミ目 Euphausiacea
    フクロエビ上目 Peracarida

　　　　　端脚目 Amphipoda（ヨコエビ，クラゲノミ，ワレカラなど）
　　　　　等脚目 Isopoda（ミズムシ，ワラジムシ，フナムシ，ダンゴムシなど）
　　　　　テルモスバエナ目 Thermosbaenacea
　　　　　スペレオグリフス目 Spelaeogriphacea
　　　　　ミクトカリス目 Mictacea
　　　　　タナイス目 Tanaidacea
　　　　　クマ目 Cumacea
　　　　　ロフォガスター目 Lophogastrida
　　　　　アミ目 Mysida
　　　　厚エビ上目 Syncarida
　　　　　ムカシエビ目 Bathynellacea
　　　　　アナスピデス目 Anaspidacea
　　　トゲエビ亜綱 Hoplocarida
　　　　　口脚目 Stomatopoda（シャコ）
　　　コノハエビ亜綱 Phyllocarida
　　　　　薄甲目 Leptostraca

　　カシラエビ綱 Cephalocarida
　　　　カシラエビ目 Brachypoda（*Hutchinsoniella*）

　　ムカデエビ綱 Remipedia
　　　　ムカデエビ目 Nectiopoda（*Speleonectes*）

　鰓脚綱 Branchiopoda
　　葉脚亜綱 Phyllopoda
　　　　双殻目 Diplostraca（ミジンコ）
　　　　背甲目 Notostraca（カブトエビ）
　　サルソストラカ亜綱 Sarsostraca
　　　　無甲目 Anostraca（ホウネンエビなど）

═══════════════ **Tea Time** ═══════════════

間隙性動物

　これまで用いてきた新口動物や環形動物など，「〜動物」は分類階級に属していた．すなわち新口動物は上門，環形動物は門である．しかし一般には，「〜動物」と記しても分類階級とは無縁の場合も多い．たとえば，陸上動物や深海動物など，様々な分類群の動物を生息場所でくくる場合，あるいは不快動物や有毒動物など，人間生活から見た分類法に基づく名もある．本講の Tea Time のテーマ，間隙性動物 interstitial fauna，interstitial animal とは，砂浜の砂の隙間という特殊な生息環境にすむ動物たちを指す，いわば生態学用語である．浜辺の砂を掘ると水が湧いてくる．間隙水とよぶこの水には，20 を超える動物門に含まれる多種多様な微小動物が独自の世界を作って生息している（伊藤，1985）．おもな後生動物門は，刺胞，扁形，二胚，顎口，線形，腹毛，動吻，胴甲，軟体，環形，緩歩，節足，苔虫，脊索動物門などである．

　間隙性動物はおしなべて体サイズが小型化するだけでなく，外部形態の単純化，目の退化，大卵少産，色素の消失などの共通した特徴を備える．これは光がなく，

図 8.3 日本産の主な間隙性動物
(a) 節足動物門甲殻亜門顎脚綱貝虫亜綱の *Terrestricythere proboscidis*（蛭田眞平氏提供），(b) 節足動物門甲殻亜門顎脚綱カイアシ亜綱のイシカリスナミジンコ *Arenopontia ishikariana*（柁原宏氏提供），(c) 動吻動物門の *Echinoderes ohtsukai*（山崎博史氏提供），(d) 腹毛動物門帯虫目 *Turbanella* sp.（山内翔平氏提供），(e) 線形動物門双器綱の *Draconema japonicum*（スケールバーは 50 μm, Kito, 1979 より改変）．

狭く，大型捕食者が存在しない空間で独自の進化を遂げた結果といえる．たとえば，甲殻亜門顎脚綱貝虫亜綱 Ostracoda の間隙性種の中には，原始的な体制を保持したままの，いわば"生きた化石"分類群が多数確認されている．砂粒の隙間が外界から遮断された非競争空間であるとすれば，そのような種が他の分類群で存在していても不思議ではない．さらに間隙性空間の深海とのつながりを示唆する事例もある．貝虫類の非常に近縁な同属 2 種が，片方は沖縄のサンゴ礁海岸の深さ 10 cm 程度の砂間間隙から，もう一方は水深 1000 m を越える北極海の海底から産出しているのである（塚越, 2004）．間隙性動物の研究は，動物の多様性に関する概念を大きく塗り替え，あるいは動物進化について新たな視点を与える可能性を秘めている．

第9講

節足動物門（3）
多足亜門と鋏角亜門

キーワード：ムカデ　ヤスデ　クモ　ダニ　ウミグモ　カブトガニ

多足亜門 Subphylum MYRIAPODA

　その名のとおり多数の脚をもち，陸上に生息する土壌性のムカデとヤスデのグループである．身体は円筒形あるいは扁平で，頭部と胴部からなる．胴部には一様な体節が連なる．背甲はない．頭部には，付属肢に由来する触角，大顎，1～2対の小顎 maxilla があり，さらに単眼が集まった集眼（または偽複眼）をもつ．ムカデの英名 centipede は"100本脚"，ヤスデ millipede は"1000本脚"を意味するが，一般にムカデの成体は30本以上，ヤスデは60本以上の脚をもつ．ムカデは1体節に脚を1対具えるのに対して，ヤスデは体節が二つずつ融合しているので各体節に脚を2対もち，倍脚類の別名がある．脚は単肢型．一般に気管で呼吸し，老廃物を1

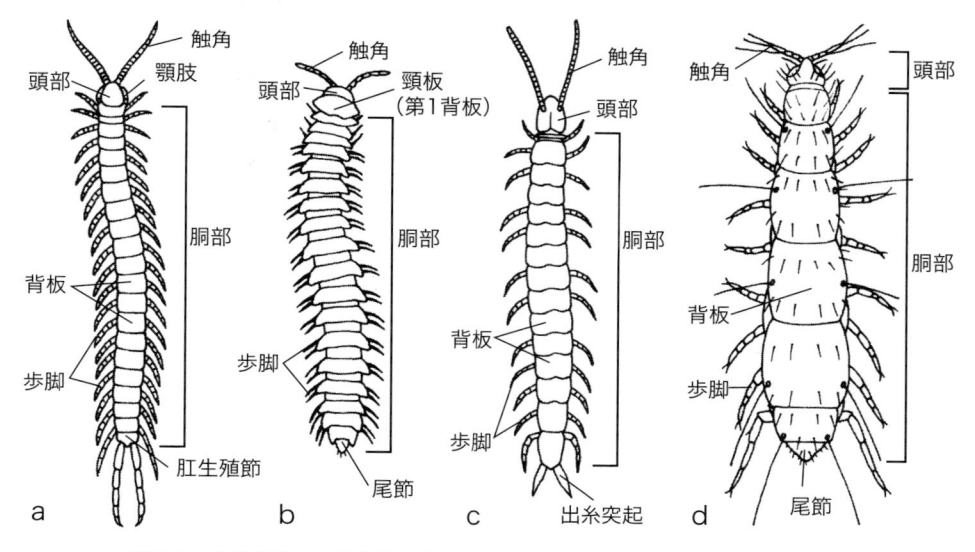

図9.1　多足亜門の一般体制（藤田, 2010; Brusca & Brusca, 2003 より改変）
（a）ムカデ類．（b）ヤスデ類．（c）コムカデ類．（d）エダヒゲムシ類．

対ないし2対のマルピーギ管を通して排出する点において昆虫類と似ている．

　雌雄異体で，直接精子を渡すことで体内受精を行う．孵化直後の幼虫の体節数は少なく，成長するにつれ数は増えるが，外見は変わらない．

　ムカデは肉食性で主に昆虫を食べる．胴部第1節の付属肢が1対の毒牙となる．ヤスデの多くは草食で主に枯れた植物を食べる．大多数のヤスデ類は悪臭を放つ液体を分泌する腺を各体節に1対もつ．多足亜門は全4綱で，ムカデとヤスデはそれぞれ綱を構成する．その他2綱は，歩脚が12対と少なく，第13胴節の付属肢が糸を出す出糸突起に変形したコムカデ綱と，触角の先端が上枝と下枝とに分枝しており，9～11対の歩脚をもつエダヒゲムシ綱である．

鋏角亜門 Subphylum CHELICERATA

　人間生活と関係深いクモやダニ，なじみの薄い小型海産動物のウミグモ，そして現生わずか4種しか知られていないカブトガニと，それぞれ十分個性的な3動物群を含む．共通点は学名のとおり，鋏角 chelicera をもつことである．鋏角は胴部第1体節の付属肢が鋏状となったもので摂食に使われる．さらに，昆虫や甲殻類がもつ感覚器官である触角を欠く点においても鋏角亜門は特徴的である．

　身体は前体と後体に分かれ，前体は口前葉 prostomium と6体節からなり，しばしば背甲に覆われる．後体は12体節と最後尾の尾節 telson（剣状なので尾剣ともよぶ）とからなる．各体節は単肢型の付属肢をもつ．前体の付属肢は最前部が鋏角，2番目は歩行や捕獲あるいは交尾に用いられる触肢 pedipalp，そして4対の歩脚からなる．後体の付属肢はあまり発達せず，消失しているものもある．単眼をもち，さらに複眼を体側に備えるものもある．排出器官は盲嚢状の基節腺かマルピーギ管である．呼吸は書鰓 book gill，書肺，あるいは気管で行われる．書鰓は，後体の付属肢が鰭状に変化し，その内側に血管が分布する薄く平たい膜が本のページのように積み重なった一種の鰓である．これを腹部腹面のくぼみに納め，付属肢で蓋をした構造が書肺である．消化管には2～6対の消化盲嚢がある．循環系をもつものでは心臓が発達する．大半は雌雄異体である．

鋏角亜門内の多様性

　現生の鋏角亜門は3綱に分類される．

　クモガタ綱はクモ，サソリ，ダニなどを含む．体は頭胸部からなる前体と腹部からなる後体に分かれ，各体節に背板と腹板がある．前体は鋏角，触肢，4対の歩脚を備える．後体は付属肢や尾が退化している．クモの出糸突起 spinneret やサソリの櫛状板は付属肢の名残りである．サソリの尾節には毒腺が開口する．鋏角は2～3節で，一般に鋏状となり，クモ類ではその末節が牙となり毒を出す．触肢は脚に似

るが，ものをつかむ役を果たし，クモの雄では交尾器，サソリでは大きな鋏となる．呼吸器官は書肺，気管，もしくは両方をもつ．排出系はマルピーギ管のほかに第2〜5付属肢の基節にひらく基節腺をもつ．心臓が発達した循環系をもつ．

一般に肉食性であるが，ダニの多くは草食性．獲物に酵素液を注入し体外消化した液状の餌を吸胃 sucking stomach となった咽頭で吸い込む．約4000種のダニと1種類のクモが淡水に，ダニ数種が海に生息する以外は陸生である．

クモガタ綱では頭胸部と腹部が癒合し，また腹部の体節が次第に失われる進化傾向がみられる．サソリでは体節数減少の傾向はほとんどみられないのに対して，ダニでは体節癒合が極端に進行して外形上の体節は完全に失われ，頭胸部と腹部を区切る境界は存在しない．

ウミグモ綱の体のつくりはかなり簡単である．前体は頭部と4体節の胸部からなり，後体（腹部）はほぼ退化し，簡単な消化管をもつが，呼吸器官を欠く．頭部には吻と3対の付属肢を具える．第1付属肢は鋏肢 chelifore とよばれる鋏角で，触肢，担卵肢 oviger と続く．雄は雌が産卵した卵を担卵肢で抱える．簡単な排出器官

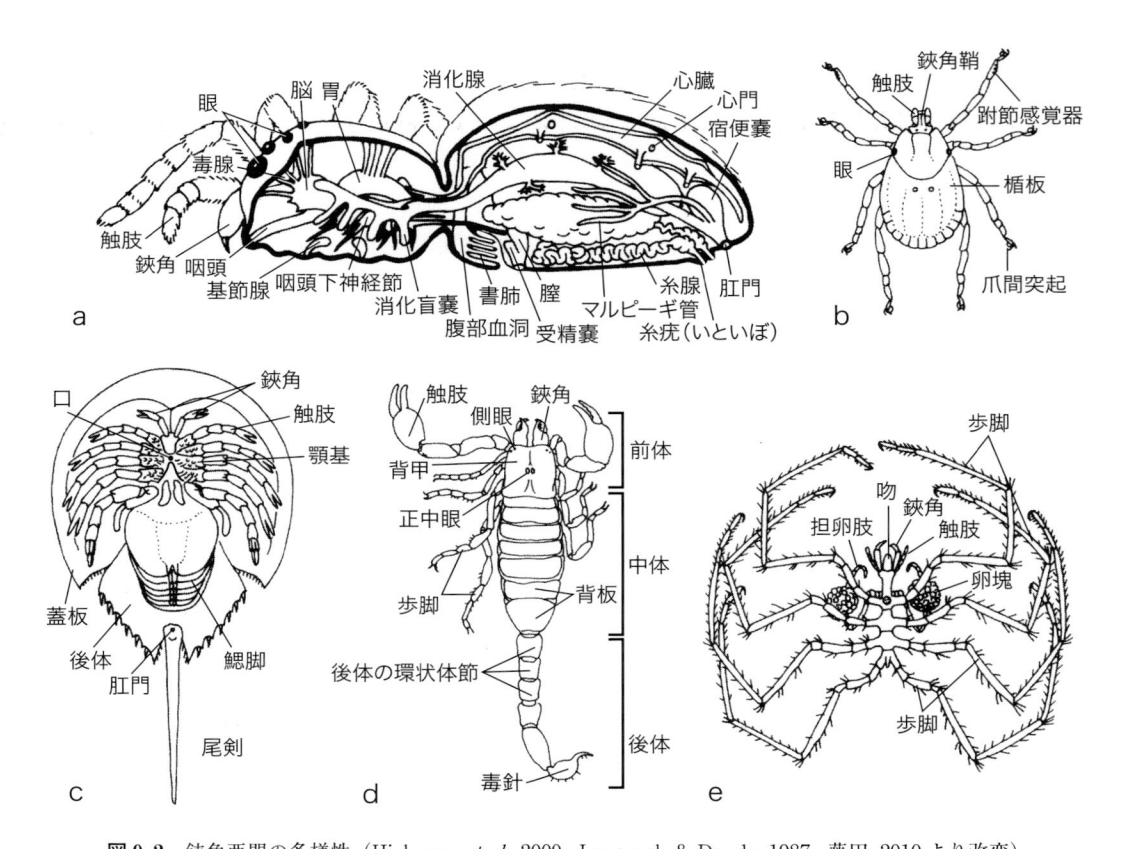

図9.2 鋏角亜門の多様性（Hickman, et al., 2009; Laverack & Dando, 1987; 藤田, 2010 より改変）
(a) クモガタ綱クモ類の体内構造．(b) クモガタ綱ダニ類．(c) 節口綱カブトガニ（腹面）．(d) クモガタ綱サソリ類．
(e) ウミグモ綱．

が鋏肢柄部から見つかっている．海産種のみ．体長数 mm～40 cm．幼生はプロトニンフォン幼生とよばれ，脱皮を繰り返して成体となる．

　節口綱は，多くは化石として知られる動物群で，現生では日本から東南アジアにかけて 3 種，アメリカ東海岸に 1 種が浅海の砂泥底に生息するいわゆるカブトガニの仲間である．体長は 80 cm に達する．体は頭胸部からなる前体と腹部からなる後体に分かれる．前体は兜のような大きな背甲に覆われ，後体には長い尾剣を具える．前体の背面には 1 対の複眼と 1 個の単眼をもち，腹面には，中央に口，小さな鋏角，5 対の歩脚，唇様肢 chilaria（後体第 1 体節の付属肢で機能はよくわかっていない）となる．後体の腹面には 6 対の薄く平たい付属肢が具わる．後方の付属肢 5 対は遊泳脚であるとともに鰓脚となり，重なって書鰓を形成する．第 1 付属肢 1 対は左右が融合し蓋板となって後方の付属肢 5 対を覆う．消化管は直走して，食道，胃，腸の区別があり，肝臓を備える．循環器官は心臓をもち，神経系は発達した脳を備える．排出器官として各歩脚に基節腺をもち，第 5 歩脚の基節に開口する．雌雄異体で，生殖口が蓋板にある．大潮の折，時に群れをなして浜に押し寄せ，つがいを作って産卵する行動が知られる．幼生は絶滅した三葉虫に似ており，十数回の脱皮を重ねて成体になる．

表 9.1　多足亜門と鋏角亜門亜門の分類体系と主な種

多足亜門 Myriapoda
　ヤスデ上綱 Progoneata
　　ヤスデ綱 Diplopoda（約 1 万 1000 種，日本産約 300 種）
　　　ヤスデ亜綱 Helminthomorpha
　　　　ヒメヤスデ下綱 Eugnatha
　　　　　オビヤスデ上目 Merocheta
　　　　　　オビヤスデ目 Polydesmida（ババヤスデなどを含む）
　　　　　ツムギヤスデ上目 Nematophora
　　　　　　ツムギヤスデ目 Chordeumatida
　　　　　　スジツムギヤスデ目 Callipodida
　　　　　　ネッタイツムギヤスデ目 Stemmiulida
　　　　　ヒメヤスデ上目 Juliformia
　　　　　　ヒキツリヤスデ目 Spirostreptida
　　　　　　マルヤスデ目（フトヤスデ目・フトマルヤスデ目〕Spirobodida
　　　　　　ヒメヤスデ目 Julida
　　　　　上目不明
　　　　　　クダヤスデ目 Siphoniulida
　　　　ジヤスデ下綱 Colobognatha
　　　　　ヒラタヤスデ目 Platydesmida
　　　　　ギボウシヤスデ目（ギボシヤスデ目）Siphonophorida
　　　　　ジヤスデ目 Polyzoniida
　　　　　Siphonocriptida 目
　　　タマヤスデ亜綱 Pentazonia
　　　　タマヤスデ上目 Oniscomorpha
　　　　　タマヤスデ目 Glomerida
　　　　　ネッタイタマヤスデ目 Sphaerotheriida

　　　　　ナメクジヤスデ上目 Limacomorpha
　　　　　　ナメクジヤスデ目 Glomeridesmida
　　　フサヤスデ亜綱 Penicillata
　　　　　フサヤスデ目 Polyzenida
　エダヒゲムシ綱 Pauropoda
　　　エダヒゲムシ目 Tetramerccerata
　　　ネッタイエダヒゲムシ目 Hexamerocerata
コムカデ綱 SymphyIa
　　コムカデ目 Scolopendrellida
ムカデ上綱 Opisthogoneata
　ムカデ綱 Chilopoda
　　ムカデ亜綱（側気門類）Pleurostigmophora
　　　ジムカデ目 Geophilomorpha（約1000種）
　　　オオムカデ目 Scolopendromorpha（約550種）
　　　ナガズイシムカデ目 Craterostigmomorpha（2種，日本にはいない）
　　　イシムカデ目 Lithobiomorpha（約1100種）
　　ゲジ亜綱（背気門類）Notostigmophora
　　　ゲジ目 Scutigeromorpha（約130種，日本産2種）

鋏角亜門 Chelicerata
　クモガタ綱 Arachnida
　　ヤイトムシ目 Schizomida（約260種日本産4種）
　　サソリモドキ目 Uropygi（約110種，日本産2種）
　　ウデムシ目 Amblypygi（約130種，日本産なし）
　　クモ目 Araneae（約4万種，日本産約1500種）
　　コヨリムシ目 Palpigradi（約80種，日本産1種）
　　カニムシ目 Pseudoscorpiones（約3400種，日本産約60種）
　　クツコムシ目 Ricinulei（約60種，日本産なし）
　　ダニ目 Acari（約4万8000種日本産約1900種）
　　ヒヨケムシ目 Solifugae（約1100種，日本産なし）
　　サソリ目 Scorpiones（約1500種，日本産2種）
　　ザトウムシ目 Opiliones（約4100種，日本産約80種）
　節口綱 Merostomata
　　剣尾目（カブトガニ目）Xiphosura
　ウミグモ綱 Pycnogonida（＝Pantopoda 皆脚類）

======================== **Tea Time** ========================

飼われることの利益と代償：アリの巣にすむダニ

　インドネシアのボゴール植物園で1994年に見つかったアリノスササラダニ *Aribates javensis* はヒメカドフシアリ *Myrmecina* sp. の巣の中で不思議な暮らしをしている（Aoki *et al.*, 1994）．

　ヒメカドフシアリの巣に必ず数個体から数十個体が生息しているアリノスササラダニは，一見，普通のササラダニと形は似ているが，外被がとても柔らかく，ピンセットで軽くつまんだだけで簡単につぶれてしまうし，ササラダニ類の特徴であるササラ状の突起は退化している．足はよく発達しているにもかかわらず，じっとしたまま巣の床におり，アリに運ばれることはあっても自分では一切動かない．さらに，産卵もハタラキアリに助けてもらう．ダニの生殖口から出てくる卵を，ハタラ

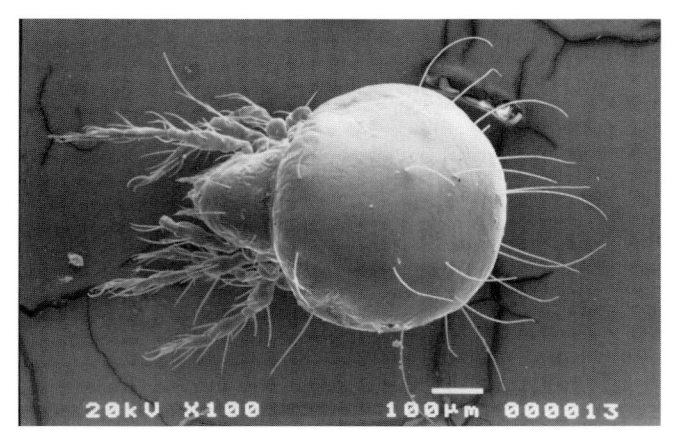

図9.3 アリノススサラダニ *Aribates javensis*（高久元氏提供）

キアリは大顎でくわえてひっぱりだし，自分たちの卵塊まで運び，その上に乗せて一緒に世話をする．アリがいないとアリノススサラダニは生きることすらできない．巣からとりだして飼育すると，2～3日の間に菌に侵され死んでしまう．

　日本産のカドフシアリでは巣内にササラダニ類の死骸が多数あり，ササラダニ食に特殊化したアリであることが知られている．ヒメカドフシアリの場合はアリノススサラダニを食べる場面をほとんど見ることができないが，ダニの死体を与えてみると，巣に持ち帰ってすぐに食べ始める．生きているときは食べないが，死んでからはエサとして利用するのである．このことから，アリはあたかも人間が家畜を飼育するようにダニを巣の中で飼っているようにみえる．しかし，ヒメカドフシアリはこのダニにだけ依存して生活しているのではない．実際，室内で昆虫類をエサとして与えてみると，何でも食べてしまう．どうやらエサが欠乏する条件下ではヒメカドフシアリは生きているアリノススサラダニも食べるらしい．

　このアリとダニの関係は，一見するとアリが貯蔵食のようにダニを飼育しているようだが，反対にダニの側から見ると，もともとエサとして巣に運びこまれていたダニが，アリをうまくごまかして巣に住み込み，アリの保護を受けるようになったと解釈することもできる．

　もう一つ付け加えるべきは，アリノススサラダニでは毛の数に左右非相称性が認められることである．腹側にある毛の数に変異がかなりあるだけではなく，左右で本数が異なるのである．ササラダニ類では上記の毛は通常左右で対をなし，多くの場合，科，属，種で本数が一定である．アリノススサラダニはアリの保護を受けるようになったため，左右相称性まで失ってしまったと考えられるのである．

　いわゆる寄生とよばれる動物間の関係がどのようにして起こり，それによって形態と機能はどれほど退化するのか，動物の多様性をもたらす要因として興味深い．

第10講

有爪動物門と緩歩動物門
側節足動物

キーワード：体節　　クチクラ上皮　　脱皮　　鉤爪　　クマムシ　　カギムシ

緩歩動物門 Phylum TARDIGRADA

　緩歩動物という名はラテン語の tardus＝ゆっくり，gradu＝歩みに由来する学名 Tardigrada の直訳である．和名のクマムシはずんぐりした体形や，ゆっくりした歩き方などにちなむが，その元は独語の kleinen Wasserbären（小さな水中の熊の意味）あるいは英名の water bear である．身近なところでは土壌中，あるいはコケ類や地衣類の間などから見つかる体長 0.1～1 mm と顕微鏡的大きさの小動物．肉眼で見つけるのは困難なため一般になじみが薄いが，深海底から高山頂に至る海や陸水，あるいは陸上の湿った場所で自由生活をおくる．身体は紡錘形で左右相称，クチクラ性の表皮に覆われ，脱皮する．体節はあまり明瞭ではないが，頭部＋胴部4体節の5体節に分かれ，胴部体節はそれぞれ1対の脚を具える．脚の先端には4～10本の鉤爪がある．動物食や雑食性の種も知られているが多くは草食性．口は体の前端に開く．口に続く口道には1対の歯針 stylet を具え，これを餌のからだに刺して体液を吸う．体の後方腹側に肛門がある．マルピーギ管が腸に開口し，老廃物を排出する．神経ははしご状で，眼点をもつ種がある．真体腔動物で，呼吸器官と循環器官はみられない．

　雌雄異体が普通だが，雌雄同体や単為生殖も知られる．卵生で直接発生．

　陸産種は，周囲が乾燥してくると体を縮めて樽状になり，代謝を最小限に保って乾眠 cryptobiosis する．この状態で 150℃ もの高温，絶対零度に近い低温，強い放射線や真空にも耐え，乾眠したまま数十年生きるとされる．

緩歩動物門内の多様性

3綱5目15科55属750種以上を含む．

　真クマムシ綱 Eutardigrada は体前端の突起を欠き，体表も平滑な種が多い．少数の海産・陸水産種を除いてほとんどが陸産．爪は融合したり，吸盤状に変化してい

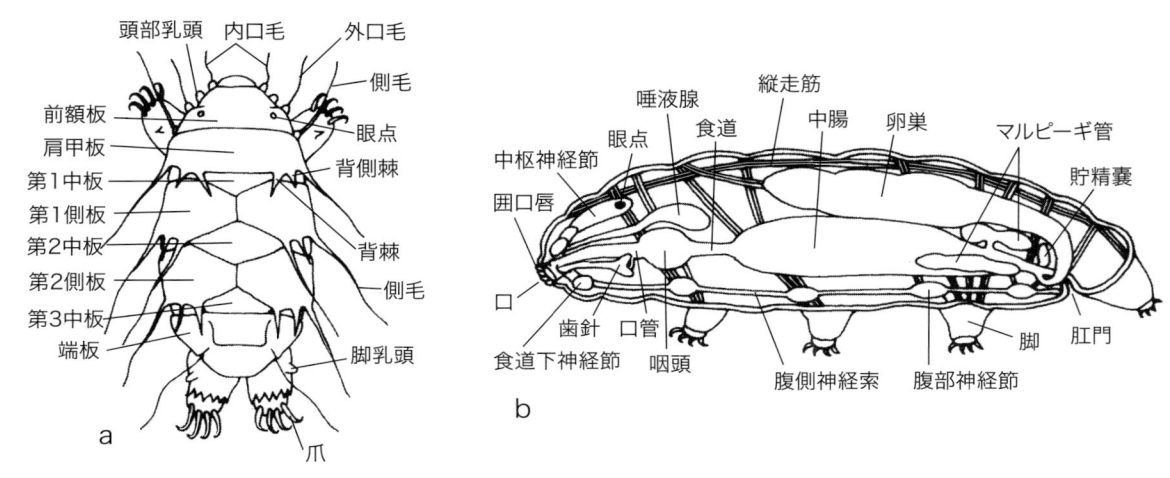

図 10.1 緩歩動物の一般体制の模式図（Brusca & Brusca, 2003 より改変）
(a) トゲクマムシ目の *Echiniscus* の背面．(b) 体内構造（側面図）．

るものもある．ほとんどの種はヨリヅメ目 Parachela に含まれる．ハナレヅメ目 Apochela は，爪や口器の形態が特殊なオニクマムシ科1科のみ．

中クマムシ綱 Mesotardigrada は異クマムシと真クマムシの中間的な形態．オンセンクマムシ目 Thermozodia 1目に1科1属1種のオンセンクマムシ *Thermozodium esakii* が長崎県で記載されて以来採集記録がなく，その存在は謎に包まれている．

異クマムシ綱 Heterotardigrada は体前端にムチ状や乳頭状の突起をもつ．全種が海産のフシクマムシ目 Arthrotardigrada の形態は変化に富み，変わった形態の爪や付属物などをもつ．トゲクマムシ目 Echiniscoidea は小判形のずんぐりした体形で，鎧のような装甲板や様々な突起物を具え，ほとんどが陸産だが海産種も含む．

有爪動物門 Phylum ONYCHOPHORA

中南米，オセアニア，アフリカの熱帯地域に分布し，森林の落ち葉の下など湿った場所で自由生活を送る体長1～15 cm ほどの芋虫状の左右相称動物．有爪動物という名は，ギリシャ語の onychos＝爪と，phoros＝もつもの，を語源とする学名 Onychophora の直訳で，カギムシという和名も同じく脚の先端に1対の鉤爪を具えることに由来する．

体表は，英名 velvet worm の名のとおりビロード状の短毛に覆われ，多数の小さな突起を備え，背面には環褶とよばれる多数のしわ，腹側の側面には関節のない短い円錐状の脚が14～43対並ぶ．脚の数は種によって一定．脚の基部の腹側中央には脚基溝 coxal groove がある．脚基溝には脚基腺 coxal gland が開口し，褐色液を分泌する種もいる．脚基腺の開口近くの表皮が陥入して脚基胞 coxal vesicle が形成され，鰓の機能を果たすとされている．呼吸器官としては気管も備え，環褶と環褶の

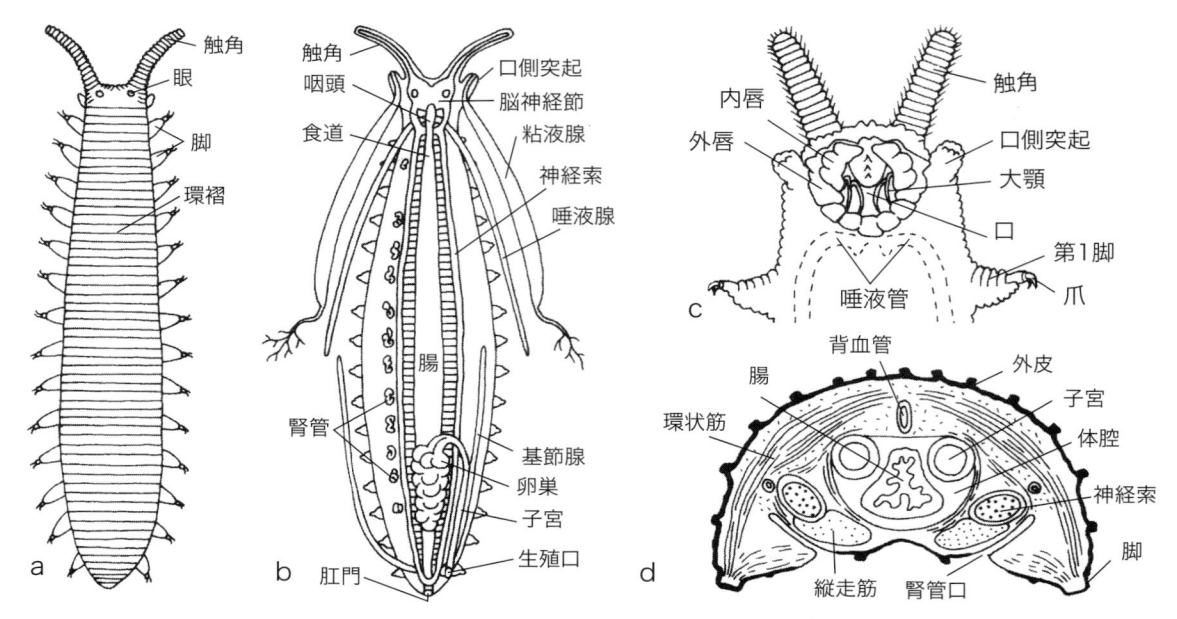

図 10.2 有爪動物の一般体制（白山, 2000; Brusca & Brusca, 2003; Pechenik, 2010 より改変）
（a）背面図（*Paraperipatus*）．（b）雌の一般的体内構造．（c）頭部腹面（*Peripatopsis*）．（d）胴部横断面図（*Peripatus*）．

間の溝状部に気門が開口する．神経系ははしご状で，咽頭の背側にある中枢神経節から2本の腹側神経索が伸び，各脚に対応して神経索上にふくらみがある．排出器官は後腎管と考えられ，各脚の腹側に排出口が開く．以上のように，体内には各脚に対応して繰り返される器官をもち，体節制は明らかである．

頭部には多数の環節をもった1対の触角があり，各触角の基部に小さな眼を1個もつ．頭部腹面に位置する口は囲口唇に囲まれ，内部に1対の大顎を具える．口の側方に口側突起があり，その先端に粘液腺が開く．肛門は体の後端に開く．体表は薄いキチン質のクチクラで覆われ，脱皮する．表皮下に環状筋と縦走筋が発達する．環状の心臓を有する開放血管系がある．

肉食性または雑食性．昆虫類やミミズ，朽ち木の繊維などを食べる．昆虫類を捕食するときに，体を収縮させて粘着性の強い白い分泌物を粘液腺から糸のように噴出する．この液は30～50 cm も飛び，防御にも用いられる．

少数の単為生殖種を除き有性生殖する．性的二型を示し，一般に雌の方が大型．多くの種において雌は生涯に一度，生殖巣が成熟する前に交尾し，精子は雌の体内で長い間蓄えられる．卵生，卵胎生，胎生が知られる．卵生種は大型の卵（直径1.3～2 mm）を産卵管で地中に産み込み，卵割は表割．大多数の種は卵胎生で，中型卵が胎内で保護されるが，栄養は母体から直接得るわけではない．胎生種の卵は小型（直径40～50 μm）で，子宮内で成熟分裂を行い，卵割は全割．胚が栄養胞

trophoblastic vesicle とよばれる器官を通して子宮壁から栄養液を得るものと，子宮壁が分化した胎盤から柄のような臍帯を伸ばして栄養を摂取するものがある．胚発生の期間は一般に6か月〜1年．雌は孵化した子虫の世話をする．

　有爪動物は現生種が海に分布しない唯一の動物門で，カギムシ綱 Onychophorida のみが含まれる．現生約 160 種はすべて真有爪目 Euonychophora に分類される．カナダのブリティッシュコロンビア州や中国雲南省澄江（チェンジャン）のカンブリア紀の地層から化石数種が知られ，原有爪目 Protonychophora に分類される．これらは現生種と違って海産で，体の前端に口が開き，櫛状の触角と前額突起をもち，脚部末端に 6 本の鉤爪を備える．

汎節足動物

　有爪動物は，発見当初ナメクジの一種として記載された後，環形動物と節足動物との特徴を兼ね備えていることが判明した．環形動物と共通の特徴は，体表が薄くやわらかいクチクラで覆われ，各体節に対をした後腎管が存在し，生殖輸管に繊毛がみられ，脚は多毛類の疣足に似ており，発生中に端細胞の増殖によって中胚葉が作られる，等々である．一方，節足動物との共通点は，クチクラの脱皮を伴って成長し，頭部の付属肢の 1 対が大顎となり，心臓に心門があり開放血管系で，気管をもち，中胚葉形成が昆虫類やクモ類に似る，等々である．

　緩歩動物と有爪動物は，3 胚葉性の真体腔動物であり，体表はクチクラに覆われ，体節制を示し，先端に鉤爪を備えた付属肢をもつなどの共通点をもつ．かつては，この 2 動物門と舌形動物とを合わせて便宜的に側節足動物 Pararthropoda とよばれていた．動物分類学において，身体が節に分かれること，つまり体節性は伝統的に系統進化上の形質として重視される．そこで，体節をもつ環形動物門と節足動物門，さらには側節足動物も含めて，体節動物 Annulata というまとまりが想定されていた．分子系統解析によって，環形動物門と節足動物門は異なる系統に属することが推定された後も，体節構造は deep homology（p.3）であると考えられている．

　側節足動物のうち，舌形動物は形態および分子データから甲殻類の一群と結論づけられた（第 8 講を参照）．他方，緩歩動物門と有爪動物門は分子系統解析の結果でも節足動物門の姉妹群となり，付属肢を伴う体節構造をもつという点で汎節足動物 Panarthropoda という単系統群を形成する．

==================== Tea Time ====================

ボディプランの多様性（4）排出系

　動物は必要なものを体外から取り入れ，不必要なものは体外へ捨てなければならない．消化できないものは糞として，炭酸ガスは呼吸によって体外へ出される．その他，過剰な水，イオン，そして尿素を含むアミノ酸分解物なども排出されなければならない．排出系は刺胞動物と棘皮動物，あるいは苔虫動物を除くほぼすべての主要動物門に存在する．排出系は，脊椎動物では尿を分泌・排出するため特に泌尿系とよばれ，腎臓と膀胱，それらを結ぶ輸尿管，および膀胱内の尿を体外へ放出するための尿道からなる．輸尿管，膀胱，尿道は単なる管であり，腎臓こそが体内の水分や老廃物をくみ出して体外へ放出する役割を担う排出器官である．

　腎臓の基本構造は，腎小体とそれに続く1本の尿細管からなるネフロン（腎単位）が数百万個集まったもので，各ネフロンで濾過，再吸収，分泌，濃縮が行われる．排出の原理は細胞膜内外の浸透圧の差を利用したものであることから，排出器官のおもな役割は浸透圧とイオンの調節と考えられる．淡水に棲む動物は体内より浸透圧が低い水に囲まれる．したがって，常に体外から体内へ向かって水が浸透し，反対に体内のイオンは体外へ漏出する．この余分な水を排出するため，ゾウリムシなどの淡水産原生生物は収縮胞をもつ．淡水産の海綿動物の細胞も収縮胞をもち，海綿動物と原生生物の類縁関係を示唆する．その他の無脊椎動物では後腎管（腎管），原腎管，マルピーギ管などの排出器官が分化する．原腎管は末端の閉じた管で，末端器官とよばれる細胞（群）に生えた繊毛を動かして管壁から管の内部へ不要物を取り込み，排出口から体外へ排出する．この繊毛運動を炎の揺れ動く様にたとえて末端細胞は炎細胞 solenocyte あるいは炎球とよばれる．後腎管は単に腎管ともよばれ，環形動物貧毛亜綱に典型がみられる排出器官で，体腔内に開いた腎口から腎細管を経て腎管排出口が体外へ開口する．腎口の周囲と腎細管の内部に生えた繊毛で不要物を体外へ送り出す．体腔の発達が悪くてしばしば血体腔を形成し，いわゆる体内空所が狭い有爪動物，節足動物などは，排出器官として基節腺，触角腺，小顎腺をもつ．これらは中胚葉由来であり，外胚葉由来の腎管と区別して体腔管 coelomoduct と名がついている．しかし，発生過程がはっきりしない排出器官は一般に腎管とよばれる．軟体動物の排出器官は中胚葉由来であるため体腔管であり，同じく中胚葉由来の脊椎動物の腎臓にちなんで便宜的に腎臓とよばれる．外胚葉部分と内胚葉部分を両方が結合した混合腎管 mixonephridium が環形動物多毛類で知られる．

　以上の器官とは全く関連がみられないのが，線形動物や昆虫類の排出器官である．線形動物で排出を司るのは腹側の偽体腔中にあるレネット renette とよばれる1～2個の腺細胞で，この末端の嚢状部分が腹面で外部に開口する．水流を起こす繊毛を欠く．これに二股の管状構造（側腺管）を伴う場合はHシステムとよばれる．昆虫

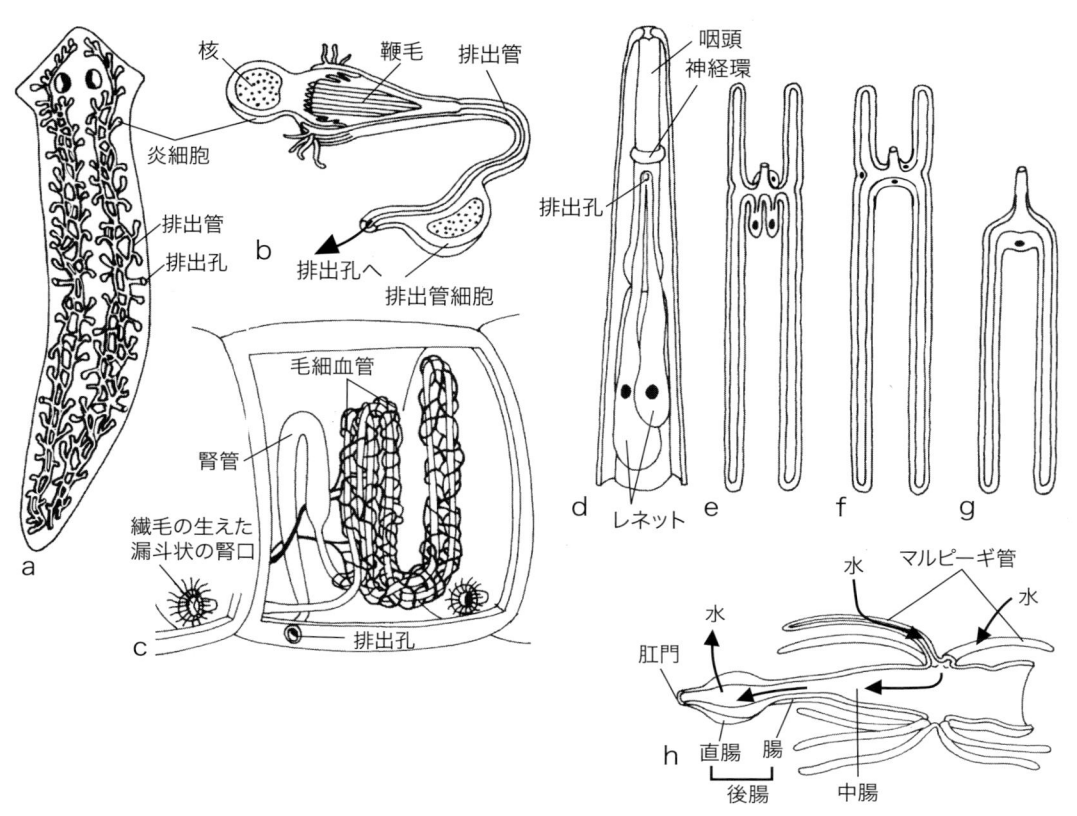

図 10.3 排出器官の多様性（Pechenik, 2010; Brusca & Brusca, 2003; Raven *et al.*, 2005 より改変）
(a)〜(b) 扁形動物プラナリアの原腎管．(a) 分岐した原腎管ネットワーク．(b) 炎細胞の横断面図．(c) 体節ごとに後腎管を具える環形動物貧毛類の排出系．(d)〜(g) 線形動物の排出系．(d) 咽頭近辺に位置する 2 個のレネット細胞とその排出孔 (*Rhabdias*)．(e) 2 個の腺細胞をともなう *Oesophagostomum* の排出系．(f) *Camallanus* の H システム．腺細胞を欠いている．(g) 前方側腺管を欠く変形 H システム．回虫類の多くでみられる．(h) 節足動物昆虫類のマルピーギ管．

の排出器官はマルピーギ管である．これは，消化管が中腸と後腸の境界部で外へ伸び出したもので，1〜多数本の細管からなり，血体腔中の末端は閉じている．昆虫類は気管系で酸素を体内各所へ直接送るため，酸素を運ぶための血流システムをもたない．したがってイオンなどの不要物は血体腔からマルピーギ管内へ能動輸送され，水はそれに伴う浸透圧の差で管内へ移動する．多足動物やクモ，緩歩動物にも同様の構造がみられるが，起源は同じではなく，収斂進化したと考えられる．

第11講

鰓曳動物門，胴甲動物門，動吻動物門

キーワード：冠棘　吻　花状器官　クチクラ上皮　メイオベントス　プリアプルス　エラヒキムシ　コウラムシ

鰓曳動物門 Phylum PRIAPULIDA

　海底の砂泥中に棲む体長 0.5 mm 以下〜20 cm の左右相称で円筒形の海産動物．今のところ世界中で 2 目 3 科 7 属にたった十数種が知られるのみで，食用にもされないため人間生活とはきわめてなじみの薄い小動物群である．体はやわらかく，頭部＝吻部 introvert と胴部 trunk に分かれる．エラヒキムシ属 *Priapulus* の種は体の後端に 1 ないし 2 個の総状の尾状付属器 caudal appendage をもち，これを鰓と考えて和名がつけられた．しかし近年の研究では，この付属物は「呼吸器官」ではなく「感覚器官」ではないかとされる．尾状付属物をもたない種，つまり鰓を曳かない種もいるため，別名「プリアプルス門」ともよばれる．*Priapulus* はペニスの象徴とされるギリシャ神「プリアポス（Priapos）」に由来することから，penis worm の英名がある．

　体表はクチクラの上皮で覆われ，花状器官 flosculus が分布する．胴部にはたくさんの横じわがみられるが体節はない．胴部後端に棘をもつ種もある．吻には棘鱗とよばれる鱗状の小突起が縦列を作って配列し，前方に冠棘 scalid がある．吻は体内に引込むことができる．口は五放射状に並ぶキチン質の歯で囲まれる．咽頭が発達した消化管が口から縦に胴後端の肛門まで直走する．

　広い体腔をもつため真体腔動物とされてきたが，体腔上皮と考えられていたものは筋肉が分泌した細胞外膜であることが判明し，偽体腔動物であるとの説が有力となった．神経系は頭部にある脳，腹正中を縦走する腹側神経，および側神経からなる．排出器官は原腎管である．循環系と呼吸系を欠く．生殖巣は左右対をなす．

　雌雄異体で，体外受精後に放射型卵割を行うとされるが，生殖発生過程はよくわかっていない．幼生はロリケイト幼生 loricate larva とよばれ，表面に 8〜20 本の縦すじをもつキチン質の装甲を備え，脱皮を繰り返して成長する．

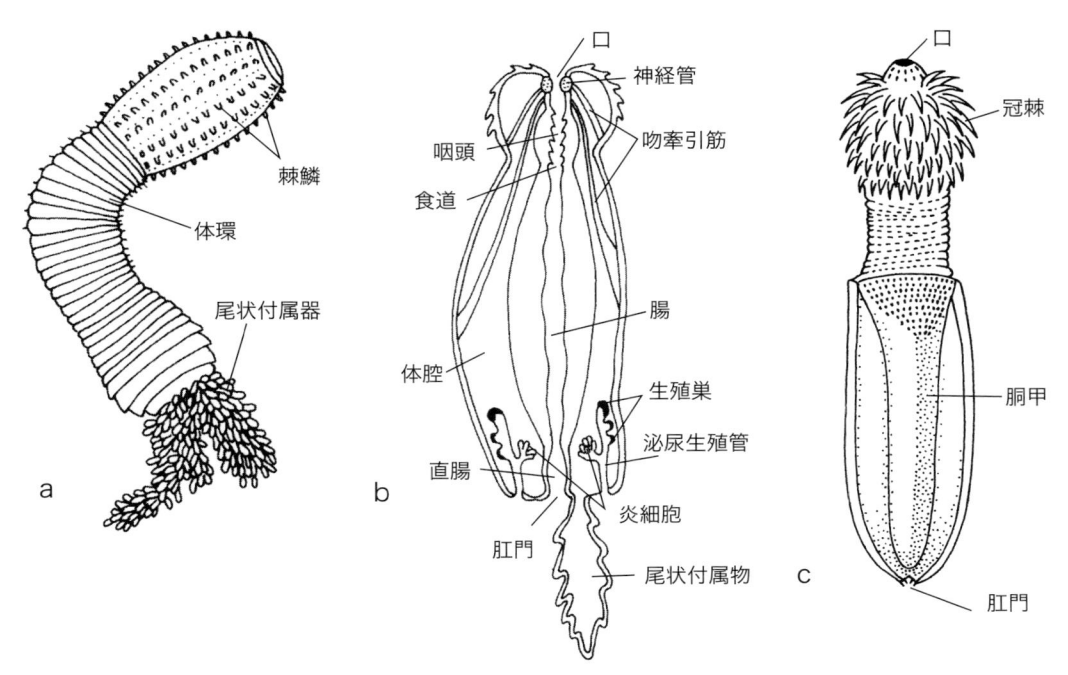

図 11.1 鰓曳動物の一般体制（Brusca & Brusca, 2003；白山, 2000 より改変）
(a) プリアプルス科の *Priapulus* sp.. (b) *Puriapulus* の体内構造. (c) ロリケイト幼生.

かつては高緯度海域や深海から 10 cm 前後の大型種が採集されていたが，近年，熱帯域から間隙性動物として多くの小形種が報告されている．2 目に分かれ，セチコロナリア目 Seticoronaria 1 科 2 属 4 種は定在性．吻の棘鱗が環状に並び，肛門のまわりに肛棘 anal spine をもつ．プリアプルス目 Priapulimorpha 2 科 5 属約 10 種は遊在性．吻の棘鱗が縦に並ぶ．プリアプルス科 4 属 8 種のうちの 2 種が日本近海産で，尾状付属器が一つのエラヒキムシ *Priapulus caudatus* と，二つのフタツエラヒキムシ *Priapulopsis bicaudatus* のいずれも大形種であるが，間隙性の微小種が発見される可能性がある．

多くの化石種がカナダのブリティッシュコロンビア州や中国の雲南省などのカンブリア紀中期の頁岩から発見されている．

胴甲動物門 Phylum LORICIFERA

地球上の生物多様性はすでに知り尽くされたと考えられていた 20 世紀末，スウェーデンの研究者 R. Kristensen によって 1983 年に記載された新しい動物門．学名 Loricifera はラテン語の lorica＝胴鎧（胴甲，被甲）と，ferre＝もつ，の合成語で，すなおに直訳すれば有胴鎧動物門となり，被甲動物門とよばれたこともある．0.1～1 mm 径の篩で区分される微小底生生物，すなわちメイオベントス meiobenthos で，海底の砂泥中に棲む間隙性動物である．身体は左右相称で偽体腔をもつ．体節を欠

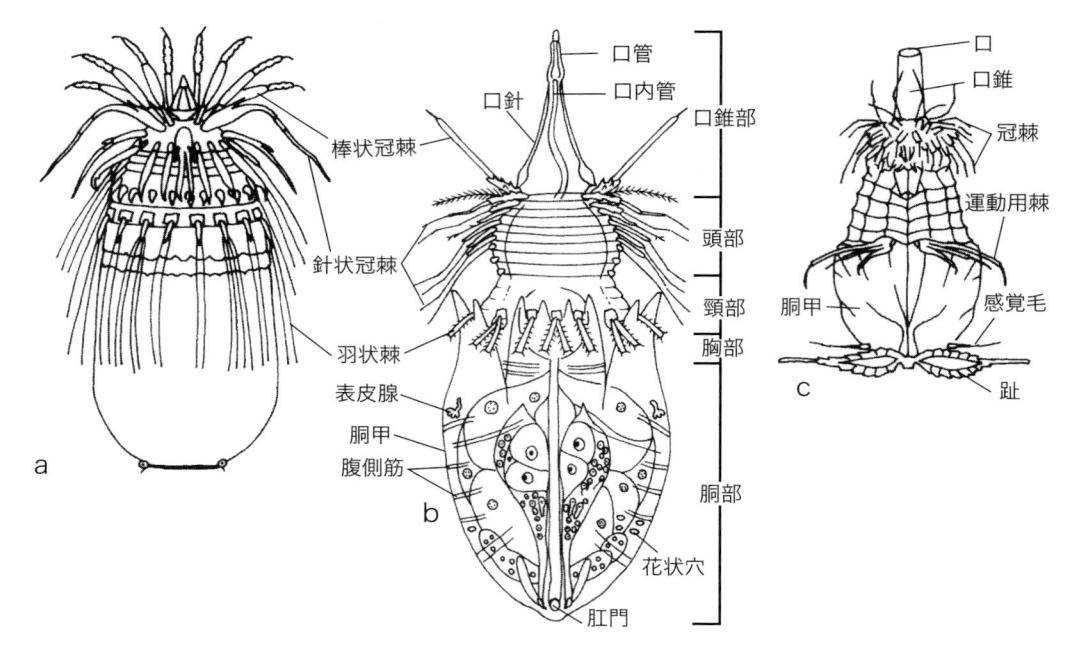

図11.2 胴甲動物の一般体制（白山, 2000; Margulis & Chapman, 2009 より改変）
(a) シンカイシワコウラムシ *Pliciloricus hadalis* の全体図．(b) *Nanaloricus* sp. の雌の背面図．体内構造が透けてみえる．(c) ヒギンズ幼生．

くが体制はかなり複雑で，200本以上の付属肢をもつ．細胞は非常に小さい．

体は口錐部・頭部・頸部・胸部・胴部の5部分に分かれる．8〜9本の口針 oral stylet（体の前端の口を取り囲んで並ぶ棘）を具えた口錐 mouth cone は反転可能で，内部に引き込むことができる．頭部は冠棘を最大9列，頸部は羽状の冠棘を1列具える．頸部は蛇腹構造の胸部を介して胴部とつながる．胴部は6〜60枚のクチクラ板からなる甲羅のような被甲，つまり胴甲，に覆われ，頸部より前方の部分を引き込むことができる．クチクラ板の表面には花状器官が分布する．

神経系は，背側に大型の脳が1つと口を取り巻く8個の神経節に加えて，腹側にある大型の胸部神経節，および尾部神経節からなる．筋肉系は環状筋と縦走筋を具える．消化管は体の前端の口に始まり，1対の唾液腺が開口し，クチクラに覆われてはいるが柔軟で曲げたり引き延ばすこともできる口管 buccal canal を経て，楯板を備えた咽頭球 pharynx bulb につながり，短い食道，中腸，後腸と続き，末端部の肛門に開口する．排出器官は1対の原腎管で，生殖器官の内側に収まる．循環器官を欠く．雌雄異体．雌の卵巣は背側に1対あり，側背面の輸卵管を通して終端に開口する．雄の生殖器は1対の精巣と大形の貯精嚢からなる．冠棘などに性的二型がみられることから，有性生殖をするものと思われるが，交尾の様式，初期発生などは不明である．発見者の名を冠してヒギンズ幼生 Higgins larva とよばれる幼生は脱皮変態して成体となる．この幼生の体制は基本的に成体と変わらないが，冠棘

が数少なく，終端に趾 toe とよばれる大形の付属肢をもつ．この趾は遊泳用と考えられている．生活史の一部で寄生生活を送る可能性が指摘されている．

胴甲動物は，記載されてから30年の間に世界各地の海底から次々と発見され，実はそれほど珍しい動物ではないことがわかってきた．しかしこのような微細な生物の研究は膨大な時間と労力がかかるため，未知の部分がまだたくさん残されている．現在唯一の目コウラムシ目 Nanaloricida に2科3属約23種が記載されているが，少なくとも5属50種以上と考えられる．

コウラムシ科はナナロリクス属 *Nanaloricus* を含む．胴部のクチクラ板が厚く，6枚と数が少ない．シワコウラムシ科2属は，クチクラ板が薄く，プリキロリクス属 *Pliciloricus* では22枚，ルギロリクス属 *Rugiloricus* では30〜60枚と数も多い．本邦産の正式な記録は，小笠原海溝の水深8260 mの地点から発見されたシンカイシワコウラムシ *Pliciloricus hadalis* 1種のみ．実際には浅海から深海に至る様々な環境に広く分布しているものと思われる．

動吻動物門 Phylum KINORHYNCHA

潮間帯から超深海まで世界中の海に広く分布するにもかかわらず，おもに間隙性，つまり砂の隙間に棲み，体長1 mm以下のメイオベントスで，人の眼にほとんどふれることのない無脊椎動物．学名 Kinorhyncha はギリシャ語の kineo＝動く，rhynchos＝吻，の合成語で，吻を出し入れして砂粒の間を歩き回って摂餌する特徴的な動きに由来する．和名の動吻動物はその直訳．海藻帯などから採集されることもある．

外見から明らかに体節性が見て取れる左右相称で円筒形の動物．キチン質の外被で覆われる体は13体節からなり，第1体節の頭部（吻部），第2体節の頸部，そして第3〜13体節の胴部に分けられる．第1体節である頭部は円錐形で，その先端には9本の口針を環状に具えた突出可能な口錐があり，その後に冠棘が7列に並ぶ．頭部は胴部へ引き込むことができる．頭部を頻繁に出し入れすることで冠棘を砂粒に引っかけ前進する．頸部は短く，数枚のクチクラ板からなり，頭部を胴体内に引き込んだときにすぼまって蓋の役目を果たす．胴部の各体節は，それぞれ1〜数枚のクチクラ板からなり，移動器官または感覚器の役割をする棘を具える．終端体節には雌雄差がみられ，雄は交尾棘 penial spine，雌は生殖口をもつ．

よく発達した偽体腔をもつ．消化管は咽頭がよく発達し，体の前端にある口から後端の肛門まで直送する．神経系は頭部に脳，各体節に神経節をもち，側神経を備える．筋肉系にも体節制がみられる．排出器官は原腎管で腹側に1対ある．循環器官，呼吸器官を欠く．雌雄異体で嚢状の生殖巣をもつ．

交尾や受精，あるいは卵割様式などの初期発生はほとんど知られていない．幼生

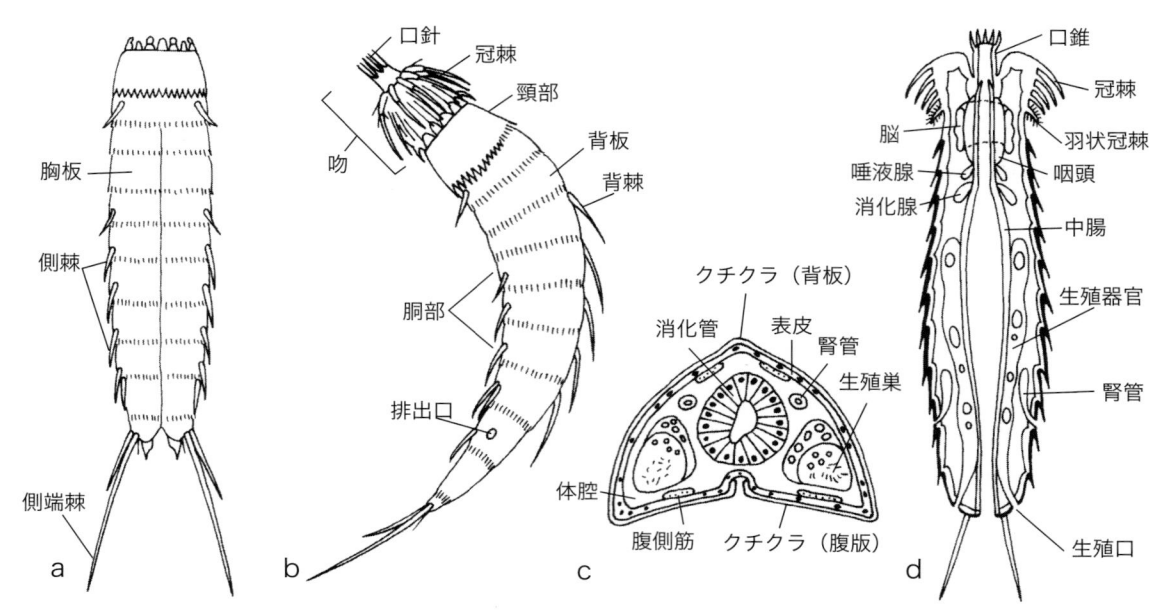

図 11.3 動吻動物の一般体制（Brusca & Brusca, 2003；本川, 2009 より改変）
(a) *Echinoderes* の腹面図．頭部を引き込んだ状態．(b) 同側面図．頭部を外翻させた状態．(c) 一般的動吻動物の胴部の横断面．(d) 一般的動吻動物の体内構造．

　は頭，頸，胴の区別がなく，数回脱皮して成体となる．棘は表皮から分泌されるクチクラの一部であり，成長のたびに生え変わる．

　2目8科20属約200種に分類される．トゲカワムシ，キョクヒチュウなどともよばれる．頸部のクチクラ板の枚数などによって，キクロラグ目とホマロラグ目の2目に分類される．キクロラグ目 Cyclorhagida は口棘に繋ぎ目があり，14〜16枚のキチン板からなる頸部，円形に近い胴部をもち，より原始的とされる．代表は約42種を含むエキノデレス属 *Echinoderes*．ホマロラグ目 Homalorhagida の頸部のキチン板は8枚以下で胴部の断面は三角形．ピクノフィエス属 *Pycnophyes*（23種），キノリンクス属 *Kinorhynchus*（17種）など．

　本邦産の正式記録はエキノデレス属2種とドラコデレス属 *Dracoderes* 1種のみ．

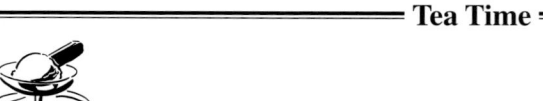

═══════════════ **Tea Time** ═══════════════

花状器官の発見

　動吻動物は，体節制を示すことから環形動物や節足動物との類縁を想像させる．一方，鰓曳動物は，外観が似ていることからユムシ動物，星口動物との類縁が考えられたこともあった．動吻動物と鰓曳動物は，成体，幼生ともに体内に引き込みう

る吻をもち，吻には棘を有し，幼生を出し，2層の体壁筋肉および神経系をもつ等々の形質を共有することから，袋形動物門 Aschelminthes の中の有吻袋虫亜門 Rhynchaschelminthes に分類されていたことがある．これは胴甲動物が発見される以前であり，当時の袋形動物門にはその他，輪虫綱（輪形動物），線虫綱（線形動物），線形虫綱（類線形動物），腹毛綱（腹毛動物），鉤頭虫綱（鉤頭動物）が含まれていた．これらの分類群は，身体が左右相称で円筒形，体表はクチクラ製の丈夫な外甲に保護され，その表面に剛毛 seta（複数 setae），棘，毛などが分化する等々の共通点を確かに有しているが，互いに異なる点があまりにも多く，袋形動物は類縁関係がはっきりしない分類群を放り込んだ"ゴミ箱"動物門と評されていた．

　胴甲動物は，口錐の形態が類似していることから緩歩動物と，頭部の冠棘からは動吻動物との類縁が想像された一方，胴甲部は鰓曳動物の幼生と酷似しており，まるで3動物門を繋ぎ合わせたキメラのような特徴をもつ．その後，口錐の類似は収斂と考えられて緩歩動物との類縁は否定されたが，鰓曳，動吻，胴甲の3動物門間の類縁は，冠棘を備えた頭部を体内に引き込めること，吻と胴を交互に膨らませる伸縮運動で砂泥中を掘り進み摂食すること，そして幼生形態の類似などから確実視された．さらに，近年における電子顕微鏡の発達は3動物門が花状器官という体表構造物を共有することを明らかにした．こうして，3動物門は脱皮動物の中で有棘動物 Scalidophora あるいは頭吻動物 Cephalorhyncha を構成するとの見解が有力となっている．

図 11.4　花状器官の走査型電子顕微鏡写真（Martin V. Sorensen 氏提供）

第12講

線形動物門と類線形動物門

キーワード：センチュウ　　ハリガネムシ　　双器　　レネッテ　　C.エレガンス

　脱皮動物のうち，線形動物門と類線形動物門は，原腎管を欠くことや精子に鞭毛がないことなどから近縁と考えられ，分子系統解析でも姉妹群をなすことが確かめられていることから，両者を合わせてネマトゾア Nematozoa という新しい動物門とすることが提唱されている（Zrzavy *et al.*, 1998）.

線形動物門 Phylum NEMATODA

　人体の寄生虫として，あるいは農業害虫として人間生活と関係し，学名 Nematoda がギリシャ語の nema＝糸，eidos＝形，を語源とするとおり，糸状あるいは細い円筒状の左右相称動物で，一般に線虫，センチュウとよばれる．英名 round worm は体の横断面が円形であることに由来する．地球上のあらゆる環境に生息し，自由生活または寄生生活を送る．自由生活種の生息密度は非常に高く，水陸を問わずおよそ 1 m^2 に 100 万個体と推定される．種数も多く，1960 年代には 5000 種以上，2010 年には約 2 万種とされたが，分類学的研究が進んでいないため未記載種は膨大なはずで，実際の種数はその 100〜1000 倍と見積もられる．個体数，種数ともに昆虫類と 1，2 を争う大動物門である．

　体長は一般に顕微鏡サイズだが，雌のマッコウクジラの胎盤に寄生する *Placentonema gigantissima* は 8 m を越す記録がある．身体には体節がなく，よくみると前方は放射相称をしているが，全体的には左右相称である．多くの種で体の前後両端に向かって次第に細くなっている．体腔は上皮性細胞の裏打ちがない偽体腔．体表は角皮下層 hypodermis が分泌する柔軟で厚いクチクラに覆われる．体表はもとより体内細胞のみならず，精子にさえも鞭毛あるいは繊毛が全くない．皮下層にはよく発達した縦走筋をもち，環状筋はない．

　神経索は腹側に発達し，脳に相当する神経環 nerve ring が食道の中央部を囲う．体の前端に 4＋6＋6 本の感覚毛を備え，頭部左右には双器 amphid とよばれる化学受容器をもつ．後端には分泌腺が開口する．消化管は三放射相称の口，内腔が Y 字

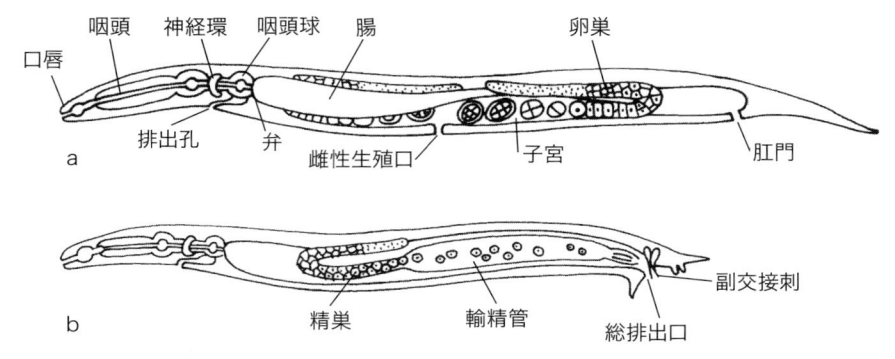

図 12.1 線形動物の一般体制（本川, 2009 より改変）
(a) 雌．(b) 雄．

形をなす細長い咽頭，筋肉質の食道，消化管，肛門からなり，体のほぼ全長にわたって直走する．口にはしばしば口針とよばれる穿孔器官がある．排出器官はいわゆる原腎管などではなく，レネット（第 10 講 Tea Time 参照）とよばれる 1〜2 個の腺細胞で，これに二股の管構造が加わることもある．循環系や呼吸器官を欠く．

ふつう雌雄異体で交尾による有性生殖を行う．雄では陰茎と肛門が開口を共有し総排出口となる．雄の尾部近くに交尾刺がある．雌は雄より大型で，体の中部に陰門をもつ．雌は交尾で受け取った精子を子宮内の受精嚢に保持する．受精は子宮内で行われ，受精卵は厚い 2 層構造の卵膜に包まれる．卵割はらせん型不等割で，割球の発生運命が卵割の初期に決まるモザイク型．幼生をもつことなく直接発生し，4 回脱皮して成体となる．このように発生が単純なことと，成体を構成する細胞数が非常に少ないことから，遺伝学や発生学において重要な研究材料となってきた．実験動物として特に有名な「C. エレガンス *Caenorhabditis elegans*」は体長 1 mm，わずか 3 日で成熟し，体は透明で，雌雄同体成虫は 959 個，雄は 1031 個の体細胞からなり，発生過程における細胞系譜が完全に解明されている．多細胞動物で初めて全塩基配列が解読された種でもある．ウマカイチュウの染色体数は $2n=2$ と動物中最も少なく，発生の早い時期から生殖細胞と体細胞とが区別しうる．

食性は様々で，小形の自活性線虫類は泥食性，大形種は肉食性のものが多く，砂粒表面の細菌等を削り取って食べる砂粒表面食性の種も知られている．自由生活種の群集構造は環境をよく反映し，環境指標生物として利用される．

植物にも動物にも寄生する．動物寄生の場合，宿主を問わずみな内部寄生で，消化器官，筋肉，血液など，寄生部位も様々である．節足動物に寄生するものの中には節足動物を中間宿主とするものもある．

カイチュウ *Ascaris lumbricoides* は代表的なヒトの寄生虫で，ヒトの糞便と共に排出された受精卵は経口的に消化管内に入り，小腸に寄生する．回虫の受精卵は土

壌中で数年の間生存可能である．世界人口の6人に1人が感染しているが，上下水道の整った地域ではまれである．フィラリア（フィラリア科 Filariidae およびそれに近縁な科に属する種の総称）はおもに熱帯世界の2億5000万人に感染している．その一種バンクロフト糸状虫 *Wuchereria bancrofti* は体長 10 cm に達し，リンパ系に生息して象皮病を起こす．フィラリアはしばしばイヌの病気の原因ともなる．植物寄生性種は農作物に重大な被害を及ぼす．マツクイムシの被害はマツノザイセンチュウ *Bursaphelenchus xylophilus* が原因である．寄生種は，寄生による形態的適応があまりみられず，通常，近縁の自活性の種類とほとんど形態差がない．

　線形動物はかなり均質なグループである．線虫類の分類はまだ一定していないが，ここでは，双器および双腺 phasmid をもつかもたないかで大別して2亜綱に分けた．一般に，自活性で特に海産の種は体の前方に感覚器の双器をもち，寄生性の種は体の後方に双腺を具える．双腺は肛門に接した開口をもつ腺状構造で，分泌や感覚あるいは浸透圧調節に関与するものと思われる．既知種およそ1万5000種は双器綱と双腺綱の2綱に分けられる．

　双器綱 Adenophorea は双器をもつが双腺をもたない．排出器は退化的または欠如．ほとんどが水産で自由生活を送るが，土中産や寄生性のものも含む．双器がポケット状，溝状あるいは管状のエノプルス亜綱 Enoplia は，海産または土中産の自活性種からなるエノプルス目 Enoplida，イソレムス目 Isolaimida，モノンクス目 Mononchida，ドリライムス目 Dorylaimida，および，すべて内部寄生性の鞭虫目 Trichocephalida，糸片虫目 Mermithida，ムスピケア目 Muspiceida からなる．双器が原則としてらせん状またはその変形であるクロマドラ亜綱 Chromadoria は，すべて自活性の5目，アレオライムス目 Araeolaimida，クロマドラ目 Chromadorida，デスモスコレックス目 Desmoscolecida，デスモドラ目 Desmodorida，そしてモンヒステラ目 Monhysterida を含む．

　双腺綱 Secementea は双器と双腺の両方をもつ．排出器官が複雑で，一部クチクラ化する．ほとんどが寄生性で，自活性のものはほとんど陸生．化石記録あり．2亜綱に分かれる．桿線虫亜綱 Rhabditia は食道が3部位に分化している．口器には可動の装飾物がなく，雄は交接嚢が発達する．自活性または寄生性の桿線虫目 Rhabditida，円虫目 Strongylida，回虫目 Ascarida を含む．旋尾線虫亜綱 Spiruria は口が6枚の偽口唇で囲まれるか，口唇が2枚の側口唇になる．乳頭状の側腹感覚毛を常にもつ．食道は管状の2部分に分かれる．しばしば長さが異なる陰茎が対をなす．すべて寄生性で，旋尾線虫目 Spirurida とカマラヌス目 Camallanida を含む．ディプロガスタ亜綱 Diplogasteria は小型で，体環が顕著．双器は穴状で，口器は一般に歯が顕著．自活性のディプロガスタ目 Diplogasterida，および自活性あるいは昆虫寄生性のハセンチュウ目 Aphelenchida とクキセンチュウ目 Tylenchida を含む．

類線形動物門 Phylum NEMATOMORPHA

　学名 Nematomorpha は，ギリシャ語の nema＝糸，morphe＝形，に由来し，和名ハリガネムシは体形を針金に見立てたもの．英名は horsehair worm あるいは hairworm．名は体を表し，体長数 mm〜数十 cm のきわめて細長い体の，左右相称の偽体腔動物．ハリガネムシ目と游線虫目に二分され，約 320 種が記録されている．一般にほとんど知られていないこの動物門のイメージを何とか喚起すべく，以下にハリガネムシ目の生活史を示す．

　受精卵はらせん型全等割の卵割を終え，胞胚や囊胚を経て，鉤を備えた吻（前体）を頭端にもつ幼虫となる．水中で孵化した幼虫は，吻を出入りさせながら水底を這いまわる．幼虫は中間宿主である水生昆虫の幼虫に食べられ，その体内で被嚢する．水生昆虫の幼虫が羽化し，カマキリなどの終宿主昆虫に食べられると，幼虫はその昆虫の血体腔へ移動し，発育を始める．吻はやがて消失し，胴は次第に長くなり，消化管も発育する．結局消化管は完成せず，栄養は体表から吸収する．成熟後は栄養を摂取しない．発育を終えて針金状となった成虫は夏から秋にかけて終宿主の肛門から水中へと出る．水中で自由生活を営み，雌を探しあてた雄は体の後部を雌に巻きつけて交尾する．翌春，雌は水中の草などに体を巻きつけて産卵する．以上の生活史は昆虫寄生性の線形動物門双器綱糸片虫目のそれによく似ている．交尾，産卵時以外にも体を巻いて「ゴルディウス（ゴルディアス）の結び目 Gordian knot」とよばれる状態になることがある．*Gordius* はハリガネムシ綱の 1 属の名（カスリハリガネムシ *Gordius japonicus* はその日本産種）で，転じて線形動物で広くみられる鉤を備えた吻を頭端にもつ幼虫のことをゴルディウス幼生 gordius larvae とよぶ．これは，現在のトルコの中央部に位置するフリギア Phrygia 地方の古代都市ゴルディウム Gordium の王 Gordius にちなむ名である．古代ギリシャの著述家プルタルコスの「英雄伝」によると，紀元前 334 年，弱冠 21 歳のアレキサンダー大王はペルシャを目ざして東征を開始する．翌年，ゴルディウムを占領した大王は，『ゴルディウス王の結び目をほどいた者は，アジアの支配者になる』との予言を耳にし，その複雑に結ばれた縄をほどくのではなく，剣で一刀両断した．この故事に由来して Gordian knot は「至難の問題」を意味し，「cut the Gordian knot」は一刀両断という意味に使われる．

　游線虫目の生活史はよくわかっていないが，幼虫は水生昆虫ではなく，十脚甲殻類に寄生，成体は海中で遊泳する．

　偽体腔は，ハリガネムシ目では大部分が柔組織で満たされるが，游線虫目では空所となる．体節はない．体表はクチクラで覆われる．消化管は直走するが，生涯を通じ退化的でほとんど機能しない．筋層は環状筋を欠き縦走筋のみ．神経系は表皮

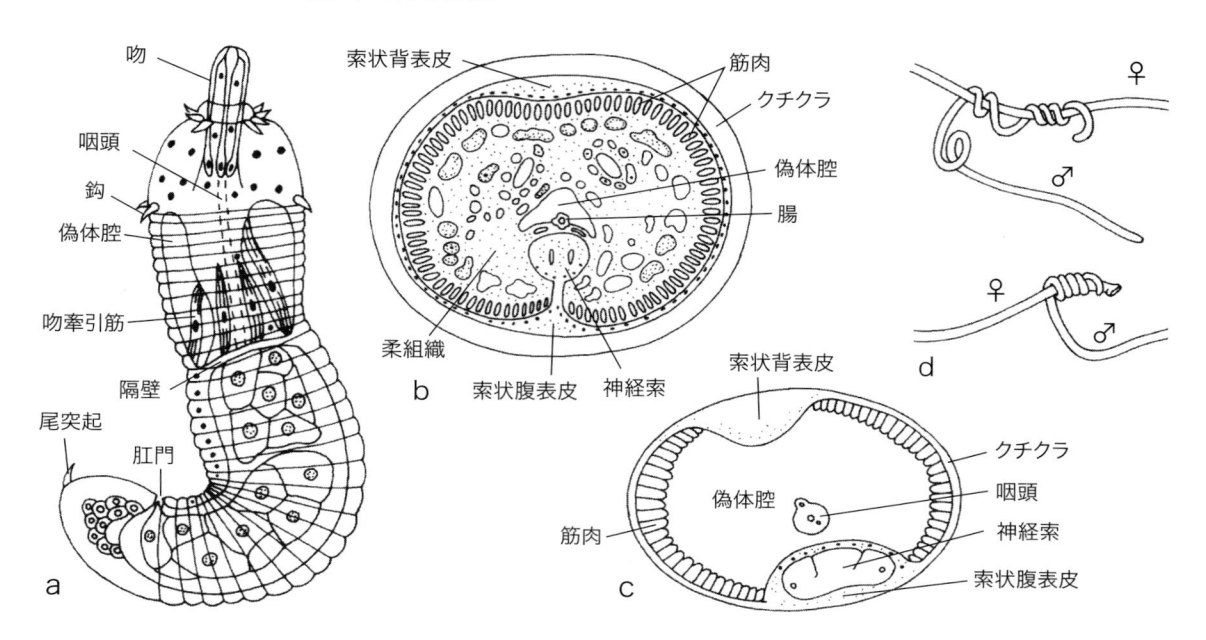

図 12.2 類線形動物の一般体制（Laverack & Dando, 1987; Brusca & Brusca, 2003 より改変）
(a) ハリガネムシの幼生．(b) ハリガネムシ類の横断面図．(c) 游線虫目 *Nectonema* の横断面図．広い原体腔がある．
(d) 交尾中の *Nectonema* の一種．

と融合しており，前方に脳神経節があり，腹神経索は体壁中に入り込んでいる．循環器官や排出器官を欠く．雌雄異体で生殖巣は消化管の背側にあり，生殖輸管は雌雄ともに尾端近くの総排出口に開く．

　類線形動物門は，頭部環と腹側神経からなる神経系をもつ点では腹毛動物門や動吻動物門に似ているし，幼生は動吻，鰓曳，鉤頭の各動物門に似ている．

　ハリガネムシ目 Gordioida はクチクラが厚く，柔組織が発達しているので偽体腔は狭い．すべて淡水産で全世界に広く分布．幼時は昆虫に寄生．化石は石炭紀に出ている．ゴルディウス科は体表面が平滑か網目状．雄の尾端は二叉し総排泄孔の後方に三日月形の隆起があり，雌の尾端は丸い．コルドデス科は体表面が粗く突起や乳頭がある．雄の尾端は二叉するか背腹に浅溝がある．雌の尾端は丸いか三叉する．*Gordius*, *Chordodes*, *Parachordodes*, *Paragordius* など．

　遊線虫目 Nectonematoida はクチクラが薄く，体表面に剛毛をもち，偽体腔内に柔組織はない．成体が刺と鉤を備えた吻をもち，ハリガネムシの幼生に似ている．すべて海産で幼時は十脚甲殻類に寄生する．ネクトネマ属 *Nectonema* を含む．

= **Tea Time** =

脱皮動物と冠輪動物

　脱皮動物は，形態学的特徴から設定された Ecdysozoa（Perrier, 1897）を，主として 18S リボソーム RNA 遺伝子の系統樹に基づいて現代化した動物群（Aguinaldo et al., 1997）．2008 年には様々な分子を用いた幅広い分子系統解析によって単系統群と認められ（Dunn et al., 2008），上門として用いられるようになった．その場合，第 1 講表 1.1 のとおり，かつての旧口動物の中の，節足，有爪，緩歩，動吻，胴甲，鰓曳，線形，そして類線形の 8 動物門を含むのが定説である．脱皮動物はその名の通り脱皮を行うというきわめてわかりやすい共通点をもつ．クチクラでできた外骨格を生長につれて定期的に脱ぐのである．さらなる共通点として，運動のための繊毛を欠き，精子はアメーバ状で，卵割はいわゆる旧口動物の特徴とされるらせん型ではない．

　冠輪動物 Lophotrochozoa は旧口動物の大系統群の一つである．主として 18S リボソーム RNA 遺伝子の系統樹に基づき設定された（Halanych et al., 1995）．狭義と広義，すなわち，扁平動物の群を含まない場合と含む場合とがある．担輪動物 Trochozoa と触手冠動物 Lophophorata の二群を含む．

　冠輪動物の一群である担輪動物は，トロコフォア型の幼生をもつことを特徴とする紐形動物門，軟体動物門，星口動物門，ユムシ動物門，環形動物門，曲形動物門を含む．有輪動物門の系統上の位置は未だ不明であるが，曲形動物門と単系統群を作るという結果も得られている．かつて環形動物は体節をもつことから節足動物とともに体節動物として扱われた．しかし，両動物門はトロコフォア幼生を出すか否かの他にも異なる点が多く，節足動物は上述の脱皮動物に含められた．

　冠輪動物の一群である触手冠動物については第 19 講の Tea Time を参照のこと．触手冠動物は胚発生過程で放射状卵割を行う点で特異であり，新口動物と考える研究者もいるが，分子系統解析により担輪動物とともに冠輪動物の一群とされた．

　冠輪動物に含まれる各動物門間の関係は完全に確定したわけではないが，触手冠動物と担輪動物のどちらも単系統群ではないと考えられている．

　毛顎動物も旧口動物であることを示唆するが，脱皮動物か冠輪動物か，あるいはそのどちらでもないかはわからないとする分子系統解析結果も得られている（Edgecombe et al., 2011. 著者らは，冠輪動物をらせん卵割動物 Spiralia のシノニムとする立場を取っている）．キャバリエ＝スミス（Cavalier-Smith, 1998）は，直線的で肛門をそなえる消化管と血液をもつ真体腔動物として，環形動物門と紐形動物門を合わせ，蠕虫動物 Vermizoa という新分類群を提唱している．

第13講

曲形動物門と有輪動物門

キーワード：無体腔　　スズコケムシ　　内肛動物　　上流採餌システム

曲形動物門 Phylum KAMPTOZOA

　水中に棲み，体がミリメートルサイズで小さく，動き回らずに他物に固着して暮らすいわゆる固着生物 sessile organism は，陸上に棲み，体はメートルサイズで動き回る人間にとって"どうでもいい"生き物であり，しかも人間生活に益にも害にもならないとなれば，関心は薄くならざるを得ない．曲形動物はそのようなマイナー動物群の典型である．しかし，分類学的には興味深い動物群である証拠に，学名は次のように変遷してきた．エーレンベルグ（Ehrenberg, 1831）が設立した苔虫類 Bryozoa を，肛門の開口が触手冠の外か内かを識別点としてニーチェ（Nitche, 1870）は外肛類 Ectoprocta（ギリシャ語：ectos＝外側，proktos＝肛門）と内肛類 Entoprocta（entos＝内側）に分けた．その後ハチェク（Hatchek, 1888）は2動物群が発生学的に遠縁であることを明らかにし，内肛類を門に格上げし，内肛動物とした．コリ（Cori, 1929）は Entoprocta と Ectoprocta という名称は互いに近縁であるとの誤解を生むとして，Entoprocta に対して曲形動物（曲虫類）Kamptozoa（ギリシャ語 kamptos＝曲がる）という名を提唱した．ここでは曲形動物を採用する．曲形動物は欧米でも知名度は低いため英名をもたない．

　単体または群体性．体は5mmに満たず，やわらかく左右相称．盃状の萼部（本体部）calyx とそこから延びた細い柄部 stem よりなるため，ゴブレット状と形容できる．諸器官はみな萼部にある．群体性の種では，柄部の基部は付着基上を網目状に走る走根でつながる．萼部上方には円形または馬蹄形の触手冠があり，触手冠の内側に，口，排出口，生殖口のほか肛門も開口する．消化管はU字形．循環系と呼吸系を欠き，神経系は食道神経球から上下に神経を派出する．原始排出器官が食道と神経球の間にある．発達した筋肉で触手を動かす．体腔は間充織細胞で埋まり，体腔と体節を欠く．

　一般に雌雄異体で，卵割はらせん型．体内受精した卵は，口と肛門の間のくぼみ

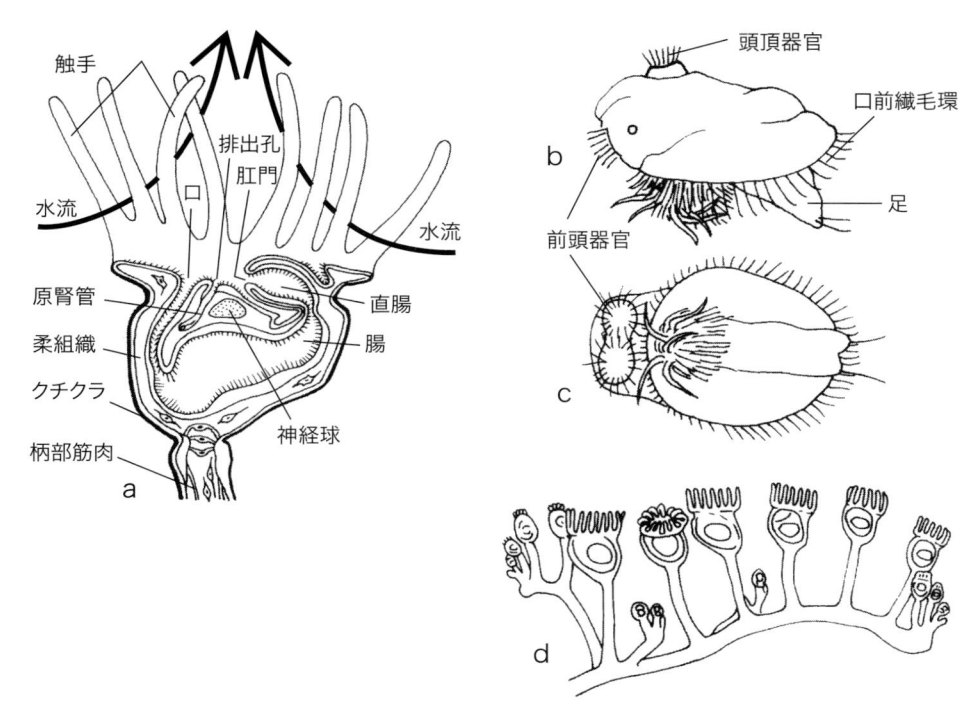

図 13.1 曲形動物の一般体制（Margulis & Chapman, 2009; 本川, 2009; Brusca & Brusca, 2003 より改変）．(a) *Barentia* の萼部断面図．(b) *Loxosomella* の幼生側面図．(c) 同腹面図．(d) *Pedicellina* の群体．

である前庭 atrium で保育される．変形トロコフォア型の幼生は遊泳型か卵栄養型で，口から肛門へと続く完全な消化管をもち，口前繊毛環 prototroch, 頭頂器官 apical organ, 前頭器官 frontal organ, そして繊毛の密生した足を具える．幼生はしばらく遊泳した後着生し，固着個体が出芽して群体ができる．単体性の種も出芽による無性生殖を行う．

ミズウドンゲ属 *Urnatella* のみ淡水産．他は海産．単体性種の多くは多毛類などの無脊椎動物に付着し，高度な宿主特異性を示す．固着せずに付着基上を自由に移動する単体性種もいる．

外観は刺胞動物門ヒドロ虫綱 (p.153) と似ているが，触手に繊毛が生えていることで容易に区別できる．第 20 講であつかう苔虫動物とは外観のみならず，触手冠，U 字形の消化管，そして前口動物特有の多繊毛性の上皮細胞をもち，幼生は他の動物群にはみられない光受容器をもつ，など類似点は多い．しかし，苔虫動物は肛門が触手冠外に開口し，排出器を欠き，真体腔性で，卵割は放射型であるなど，相違点も少なくない．さらには採餌システムが大きく異なる．曲形動物は，触手の基部から水を導き，触手の輪の先端から放出する"上流採餌システム upstream-collecting system"で水中の懸濁物を濾しとるのに対して，苔虫動物は，触手の繊毛が反対方向に打ち，水は触手の輪の上から下へと向かう"下流採餌システム

downstream-collecting system" を採用する．卵割様式も異なり，苔虫動物は放射型卵割を行う．

　門内の分類体系および系統関係に関してまだ定説はなく，約150種が4科に分類される．ロクソソマ科は単体性．ロクソカリプス科（1属1種）は走根を欠き，共通の盤上に群体を作る．ペディケリナ科とバレンチア科は群体性．日本産はスズコケムシ Barentsia discreta や淡水産のシマミズウドンゲ Urnatella gracilis など約30種．Barentsia によく似た化石がジュラ紀から知られている．

有輪動物門 Phylum CYCLIOPHORA

　1995年12月に記載された新しい動物門．近年発見された動物門の多くは生息環境が特殊で体サイズが小さい．有輪動物も例に漏れず，甲殻類十脚目の口器の剛毛上に付着し，体長は1 mm以下で，これまで見落とされてきたのももっともといえよう．学名 Cycliophora の語源はギリシャ語の cyclion＝小さな輪，phoros＝もつもの．和名はその直訳で，繊毛が輪状に生えた口器に由来する．無性摂食世代，パンドラ幼生 pandora larva，有性世代の雄と雌，そして脊索幼生 chordoid larva の4世代間で世代交代を行い，以下のような複雑な生活史を送る（図13.2b）．

　甲殻類十脚目の口器の剛毛上に固着した無性摂食世代は体内で子を無性出芽する．この出芽個体は親の体内で成長し，最終的に親のもつ摂食器官，腸，神経系と置き換わる．一種の再生と考えることができるこうした奇妙なクローン個体交代を繰り

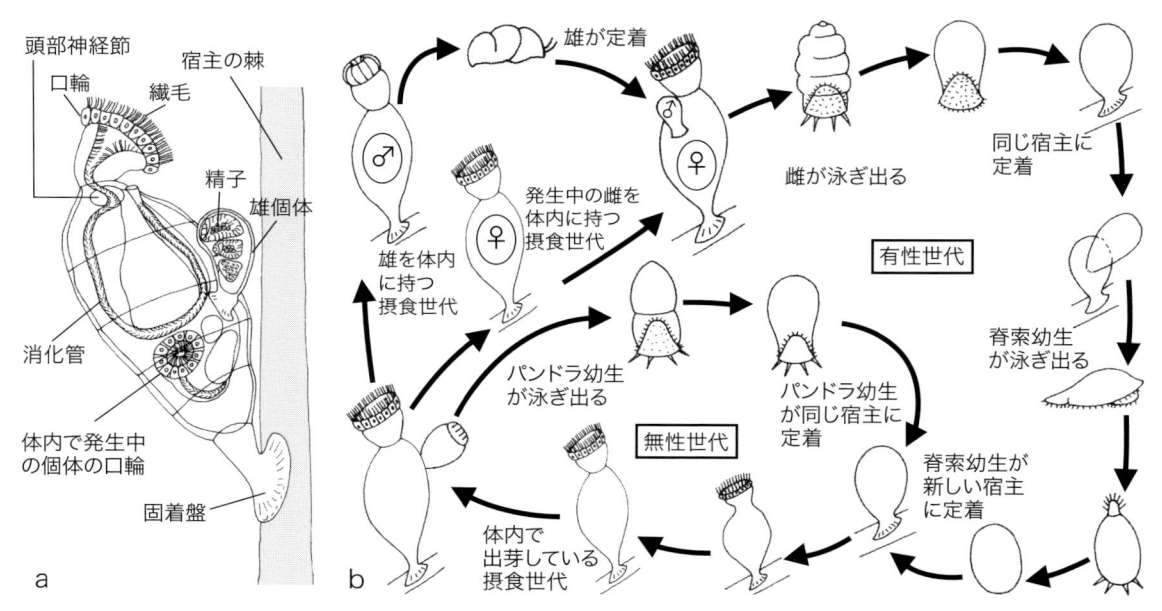

図13.2　有輪動物の一般体制（Brusca & Brusca, 2003；本川，2009 より改変）
（a）Symbion pandora の体内構造．（b）有輪動物の生活史．

返しながら無性摂食世代は体の大きさを増す．性成熟に達すると無性摂食世代の体内にパンドラ幼生が出芽で生じ，発育過程を経て体外へ放出される．放出されたパンドラ幼生は同じ宿主に定着して無性摂食世代へと変態する．こうして無性的生活環が繰り返される．一方，宿主が脱皮しそうになると，無性摂食世代はやはり体内出芽で有性世代の雄か雌を作る．雄は体長 100 μm 以下と無性摂食世代よりかなり小さく，消化管や摂食器官を欠く一種の矮雄 dwarf male である．この矮雄は無性摂食世代の体外へ放出され，発生中の雌を体内にもつ別の無性摂食世代の上に付着し，雌と交尾する．交尾後の雌は無性摂食世代から放出され，同じ宿主に定着する．雌の体内では卵が脊索幼生へと発生する．その後母親の死に伴い，母体の殻から抜け出した脊索幼生は運動性の繊毛で遊泳し，新しい宿主へと移動し，そこに定着して無性摂食世代へ変態する．こうして新しく無性摂食世代の生活環が始まり，宿主が次に脱皮するまで続く．このような並外れた再生能力に支えられた複雑な世代交代を行うのは脱皮する動物に外部寄生しているためと考えられる．

　全世代を通じて体表はクチクラで覆われる．体壁と腸の間の空間は間充織細胞で満たされていて体腔を欠く．循環系や呼吸系はない．動物門名が由来するところの繊毛が輪状に生えた口器は無性摂食世代だけがもち，その繊毛の運動で作り出す水流は濾過食に使われる．左右相称で，口器の下部には諸器官が収まる卵形の胴部があり，柄と固着盤で支えられる．口器中央に口が開口する消化管は途中で反転し，口器付近に肛門が開口する．消化管の内表面も繊毛で覆われる．神経節を備えた神経系をもつ．有性世代の雄は 1 対の陰茎をもつ．脊索幼生世代のみが多繊毛性の終端細胞からなる 1 対の原腎管，および脳をもつ．

　真有輪綱 Eucycliophora シンビオン目 Symbiida にノルウェー産のアカザエビの一種の口器に外部寄生するシンビオン・パンドラ Symbion pandora 他 2 種が知られている．

　有輪動物の系統的位置はよくわかっていない．口器にある輪状の繊毛を使って下向流によって摂食し，多繊毛細胞をもつという二つの特徴を共有するのは，輪形動物に限られる．しかし，有輪動物がもつ並外れた再生能力を輪形動物はもたない．一方，クチクラの微細構造は，線形動物および腹毛動物と類似している．さらに，脊索幼生の中胚葉の微細構造と類似の構造が腹毛動物の一部にみられる．他方，曲形動物は多繊毛性の終端細胞を原腎にもち，これは有輪動物の脊索幼生とよく似ている．輪形動物と鉤頭動物とが姉妹群をなし，さらに有輪動物がこれらと近縁であることを示唆する分子系統解析結果も得られている．

===== Tea Time =====

ボディプランの多様性（5）骨格系

　動物の骨格には基本的に2つのタイプ，硬い骨格とやわらかい骨格がある．前者は硬い脊索や骨，骨片あるいは繊維束でできた脊索動物，棘皮動物，あるいは海綿動物の内骨格，そして硬いクチクラ板でできた節足動物の外骨格が相当する．後者は体のやわらかい動物にみられ，流体を骨格として使う静水力学的骨格 hydrostatic skelton である．

　脊索に起源をもつ脊椎動物の骨格系は骨が組み合わさった内骨格であり，頭骨から四肢骨まで，様々な役割を果たす骨からなる．一方，節足動物は体の表面を覆う硬いクチクラが外骨格となって体を支える．棘皮動物や海綿動物も骨片や繊維の束からなる内骨格を有する．他物に固着して動かない生活を送る海綿動物では，骨格は捕食者から食べられるのを防ぐ役を果たすと考えられている．

　脊椎動物の内骨格は体を支えるだけでなく，関節でつながり，筋肉系と協調することで，複雑精緻で効率的な高速運動を可能にする．2本の骨を関節や軟骨でつなぎ，1本の筋肉の2つの付着点をそれぞれの骨に付着させる．こうして筋肉を収縮させると関節を境にして2本の骨が動く．しかし，収縮した筋肉は外力をかけないと元へ戻らない．そこで，もう1本の筋肉を反対側に付着させてそれを収縮させれば骨は元の位置に戻ることになる．

　一方，体節の項でもふれた，環形動物にその典型がみられる静水力学的骨格もやはり筋肉との協調によって動物体の移動を可能にする．詳細は第14講の Tea Time を参照のこと．

第14講

環形動物門（1）
貧毛綱とヒル綱

キーワード：蠕虫　多体節　ミミズ　ゴカイ　ヒル　静水力学的骨格

環形動物門 Phylum ANNELIDA

　ミミズ，ゴカイ，ヒルなど人間生活となじみの深い種を含む約1万6500種が海，淡水，陸上と様々な環境に広く生息する大きな動物門．基本的には蠕虫 worm，つまり細長い体をうねらせて動く虫であり，寄生性の種も多い．学名 Annelida はラテン語の annellus（annulus）＝輪，の縮小型で，和名はその直訳．英名もそのままの ringed worm.

　体は体軸に沿って筒状の体節が連なり，体内の裂体腔性真体腔は中胚葉性の体腔上皮 peritoneum に覆われ，体節ごとに隔壁 septum（複数 septa）で仕切られる．体腔内の体液は膨らませた風船のように各体節に剛性を与え，静水力学的骨格（第13講および本講 Tea Time 参照）の役を果たす．体はクチクラに覆われ，体長0.3 mm〜3 m，左右相称の旧口動物．体の前端は体節群の前に位置する口前葉で，次の体節は口が開口するため囲口節 peristomium とよばれる．体の後端は体節群の後に位置し，肛門が開口する肛節 pygidium に終わる．前後端部以外は，同構造の体節が並ぶ同規体節制 homogeous segmentation が基本で，体節ごとに筋肉系や疣足 parapodium や剛毛などの運動器官および排出器官が繰り返される．皮膚下の筋肉層には，環状筋，縦走筋，また背腹筋がよく発達する．排出器官は多くの場合繊毛の生えた漏斗状の後腎管であるが，原腎管をもつもの，また両方を備える場合もあり，原則として体節ごとに体外へ開口する．

　外観上体節がはっきりしない場合も体内構造は隔膜で仕切られ，なによりも神経系に神経節が並ぶことから体節構造は明らかである．神経系は腹側を走り，いわゆるはしご状の神経系をもつものが多い．中枢神経節は口前葉の背側にあり，咽頭神経環を経て腹側神経系に連結している．消化管は口から肛門まで直走し，咽頭には筋肉がよく発達する．閉鎖血管系で，ヘモグロビンなどの呼吸色素をもつ．

　雌雄同体と雌雄異体があり，生殖巣は体腔上皮上に生じ，生殖細胞は後腎管また

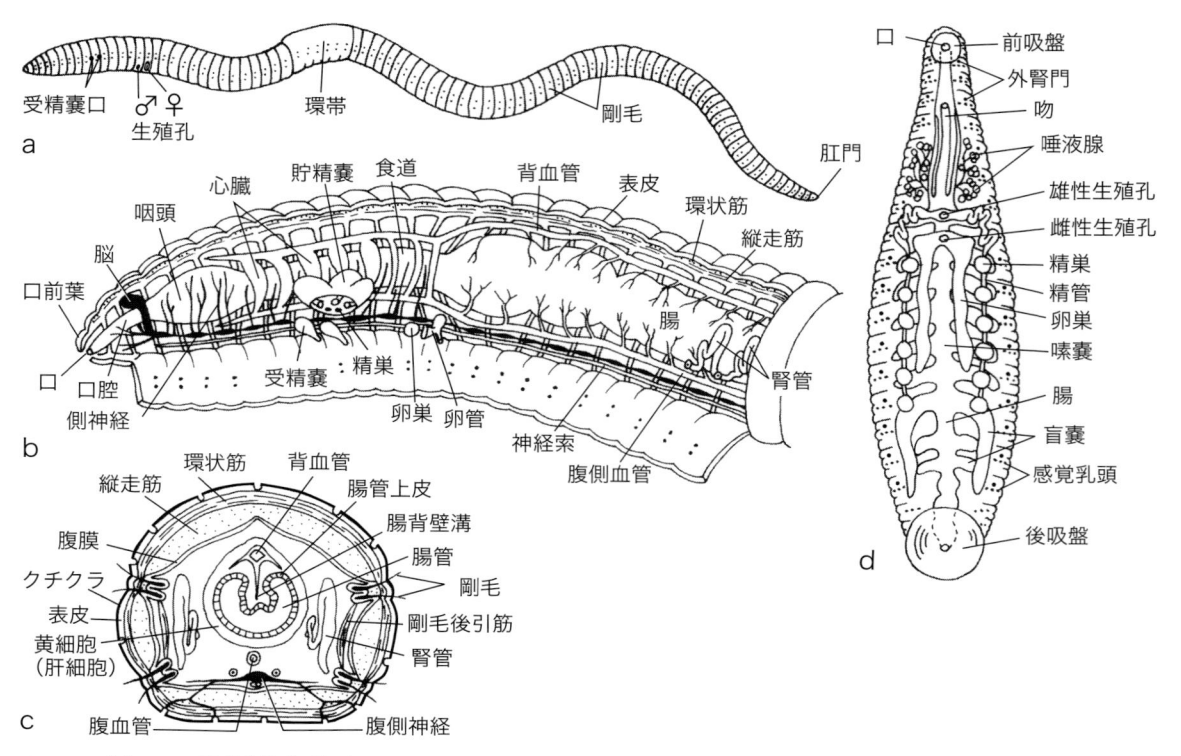

図 14.1 環形動物貧毛綱とヒル綱の一般体制（Hickman *et al.*, 2009; Brusca & Brusca, 2003 より改変）（a〜c）ミミズ *Lumbricus* 属の一種を例にした貧毛綱の一般体制．(a) 外形．(b) 体前部の内部構造．(c) 断面図．(d) イボビル *Pracobdella* 属の一種の体内構造．

は輸精管や輸卵管を通って体外へ運ばれる．卵割は原則としてらせん型．海産種はトロコフォア幼生を経て変態するが，陸生，淡水産種は幼生をもたない．

環形動物がもつ体節，つまり繰り返しの単位に体を分ける"分節化 segmentation"は動物進化史における体制上の大きな変革であった．体節をもつ利点として，上記のように静水力学的骨格による活発で複雑な運動を可能にしたことに加え，身体機能と構造を単位ごとに制御できることがあげられる．たとえば，体節ごとに異なる器官を組み合わせ，生殖，採餌，運動，呼吸や排出などの機能に特化することが可能となるのである．同規体節制が変化すると，体節ごとの機能の特殊化および体節の融合が進む．そのような異規体節制 heterogenous segmentation は節足動物でみることができる．ただし，環形動物と節足動物の体節性獲得は独立して生じ，その相対時間的前後関係は不明である．

以上の基本体制に基づきながらも，環形動物は貧毛綱，ヒル綱，多毛綱の3綱に大別され，それぞれのおもな種に対応した英名，earthworm, leech, bristle worm，および和名では，ミミズ，ヒル，ゴカイ，が一般に使われる．このことは，3綱が互いに外観も生息域も異なり，人間生活においても異なった局面で遭遇する

ことが多く，容易に区別できることを示している．ただし，おそらくは特定の形質が退化したためかなり特殊にみえる動物群も含まれる．本講では貧毛綱とヒル綱を説明し，次の第15講で多毛綱，および近年多毛綱へ編入された有鬚動物とユムシ動物を扱う．

貧毛綱 Class Oligochaeta

　いわゆるミミズの仲間約5000種を含み，そのうちの約2/3が陸産，残りが海産および淡水産である．少数ながら外部寄生種も知られる．和名は学名 Oligochaeta（ギリシャ語 oligos＝少ない，chaeta＝剛毛）に基づく．陸産で土中にすむ種は，口前葉に触手も眼点もなく，胴体節には少数の剛毛があるが，疣足などの付属肢はない．雌雄同体で，生殖巣は体前方部の数体節に1対ずつある．成熟すると体前方部数体節の体壁がふくらんで環帯 clitellum ができる．一般に交尾を行い，受精嚢内に貯蔵された精子で産卵時に卵が受精する．受精卵は環帯からの分泌物で作られる卵包に包まれ，その中で発生が進む．幼生期をもたず，直接発生を行う．

　庭の土を掘り起こすと姿をあらわすミミズ類は，口から取り入れた泥を砂嚢でかみ砕き，泥中の有機物を腸で吸収した後，残りの泥を代謝残物と共に肛門から排泄する．土中のミミズの個体数は膨大で，相当量の泥がミミズの消化管を通るため，土壌改良に役立つとされる．

　4目26科に約280属5000種を含む．化石はオルドビス紀から発見されている．ツリミミズ目 Lumbricida は3対の後生殖門をもち，ツリミミズ科・ジュズイミミズ科・アリューロイデス科をはじめとした大型類を含む．イトミミズ目 Tubificida は2対の原生殖門をもつ．ミズミミズ科やヒメミミズ科をはじめとした小型類を含む．かつてのイトミミズ科は近年，ミズミミズ科に併合された．オヨギミミズ目 Lumbriculida は4対の前生殖門的な生殖巣をもつ小型類．オヨギミミズ科のみを含む．ナガミミズ目 Haplotaxida は2〜4対の原生殖門をもつ小型類．ナガミミズ科のみを含む．

ヒル綱 Class Hirudinea

　いわゆるヒルの仲間約680種を含み，主に淡水産の捕食者あるいは吸血者である．和名は学名 Hirudinea（ラテン語 hirudo＝ヒル，inea＝語尾）に基づく．多体節であるが，体節の区切りと外観の縞とは一致しない．背腹方向に平らな体はたいてい剛毛を欠き，体前部の背側に数対の眼点，体の後端に吸盤を具える．間充組織がよく発達し，体腔は非常に狭い．前方に口，後方吸盤の上に肛門を開き，各体節の腹面に排出口が開く．腸には各体節に1対ずつの盲嚢がよく発達する．貧毛綱と同じく，雌雄同体でおのおのの生殖口が体の前部に開き，成熟期には環帯が生じ，交尾

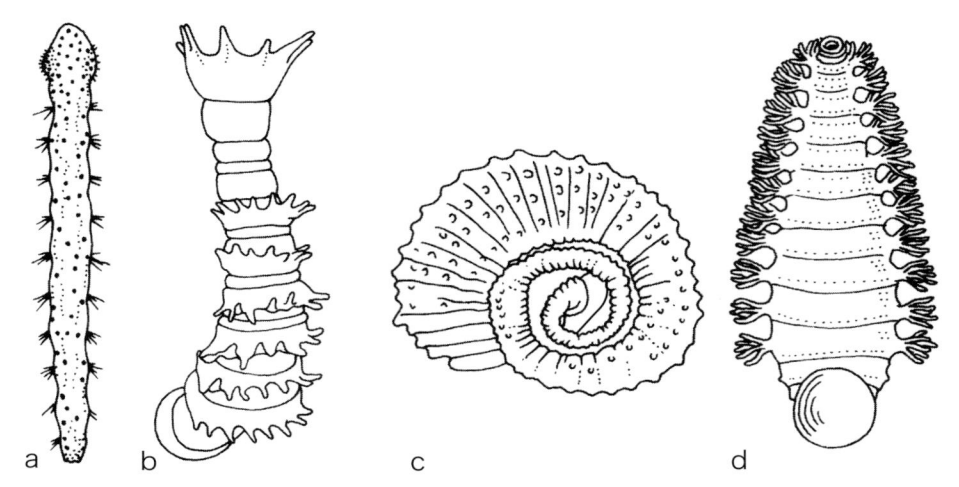

図14.2 貧毛綱とヒル綱の多様性（岡田他, 1965; Brusca & Brusca, 2003 より改変）
(a) 貧毛綱ベニアブラミミズ *Aelosoma hembrichi*. (b) ヒル綱カムリザリガニミミズ *Cirrodrilus cirratus*. ザリガニの体表に付着. (c) ヒル綱ケビル亜綱 *Acanthobdella peledina*. 淡水魚に付着. (d) ヒル綱フンヒル目シナエラビル *Ozobranchus jantseanus*. 淡水産カメ類の体表に付着.

による体内受精の後，卵包が形成される．

　最もよく知られている医用ヒル *Hirudo medicinalis* は，体長 10～12 cm，刃のようなキチン質の顎で患者の皮膚をこすって穴を開ける．流出する血液の凝固を防ぐ抗凝固剤を傷口内に分泌し，強力な吸引筋で素早く血液を吸い出す．

　3亜綱2目14科に約140属500種を含む．化石は発見されていない．ヒル亜綱 Euhirudinea は寄生種と捕食種の両方を含む．体は34節からなり，1節は2～14体環に分かれる．体の前・後部に吸盤がある．1対の卵巣と3対以上の精巣がある．剛毛はない．消化管の先端が外翻性の吻に変形し，閉鎖血管系を具え，ウオビル科など3科を含むフンビル目 Rhynchobdellida と，吻はなく単に筋肉質の襞あるいは歯を具え，血管系を欠き，ヒルド科・ヤマビル科など8科に分類されるフンナシビル目 Arhynchobdellida に分けられる．ケビル亜綱 Acanthobdellidea はサケ科魚類に寄生．体は30節からなり，1節は4体環に分かれる．前吸盤を欠く．各1対の精巣と卵巣がある．第2～6節に2対の剛毛をもつ．体腔が体節的に区分されている．ケビル科1科からなる．ヒルミミズ亜綱 Branchiobdellidea は，淡水ザリガニ類の体表や鰓室に寄生または共生し，体は15～16体節からなり，1節には2体環がある．体の前・後部に付着器がある．1～2対の精巣と1対の卵巣があり，環帯は9～10節に発達する．

================ Tea Time ================

ボディプランの多様性（6）運動系（筋肉系）

　動物は運動する．運動にはエネルギーがいる．エネルギーを使ってまで運動するにはわけがある．それは，食物を獲得し，敵に食べられることを防ぎ，環境悪化から逃れ，地理的分布を広げ，配偶相手を見つけるなど，動物の基本的要求を満たすためである．運動の力学的な原理は共通で，分子機構で細胞を変形させることであらゆる運動が可能になる．しかし，運動を実現させる方法は動物ごとに様々である．多細胞動物の運動の原点は原生生物にある．アメーバは細胞内の原形質流動によって，進行方向へ細胞質が流れるに従い，体の形を変えて動く．この運動をアメーバ運動という．多細胞動物の体内で様々な細胞がアメーバ運動を行うが，その典型は白血球が異物を取り込む運動にみられる．ミドリムシは鞭毛を波打たせて移動する．同様に精子は鞭毛運動によって卵子へ向かって泳ぐ．海綿動物では，胃腔を裏打ちする襟細胞群が鞭毛を動かして水流を起こし，水中懸濁物を餌として取り入れる．ゾウリムシは体表面に生えた繊毛を使って運動する．繊毛運動は，ヒトにおいても，鼻孔粘膜，気管などの気道，および卵管の粘膜上皮細胞表面でみられ，混入する異物の排除などに役立つ．水生動物の幼生は体表に帯状に生えた繊毛帯を使って泳ぎ，分布を拡大する．成体で繊毛運動を移動手段とする動物は概して1 mm以下と小さい．これは，推進力を増やすには繊毛の数を増やす，つまり体の表面積を増やすしかないが，表面積は長さの2乗に比例するのに対して体重は3乗に比例するため，

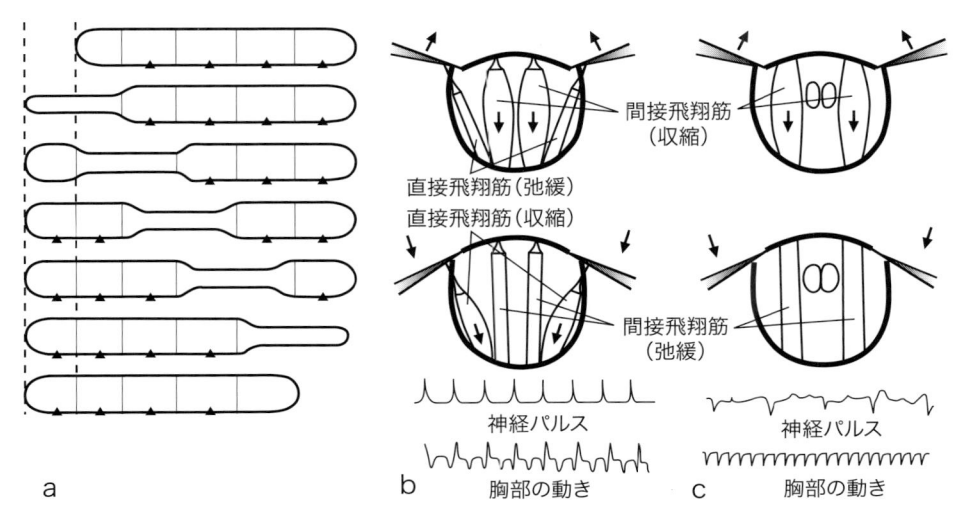

図14.3　筋肉を使った運動の多様性（本川，2009；Hickman *et al.*, 2009より改変）
(a) 静水力学的骨格を用いたミミズ類の移動運動．(b), (c) 飛翔機構．(b) 直接飛翔筋と間接飛翔筋を使うバッタ，トンボ，ゴキブリなどの大型昆虫の飛翔機構．神経パルスと飛翔筋の動きが同期している．(c) 間接飛翔筋のみを用いるハエ，ハチ，ユスリカなど小型昆虫の飛翔機構．神経パルスより高頻度で筋収縮が起きる．

表面積をむやみに増やせないからである．腹面に生えた繊毛を動かして滑るように移動する扁形動物渦虫類が極端に扁平なのは，体重を増やさずに繊毛数を稼ぐためと考えられる．例外は有櫛動物で，繊毛が多数融合してできた櫛板を使って体と同じ密度の海水中を毎秒 15 mm で移動する．

　繊毛や鞭毛によるものを除けば，動物の運動は筋肉によってもたらされる．筋肉運動は，アクチン actin とミオシン myosin というタンパク質がそれぞれらせん状につながったフィラメントが互いに滑ることで起こる．ATP が ADP へ分解されるとき放出されるエネルギーを使ってフィラメントは滑り，筋肉は収縮する．収縮した筋肉を元へ戻すには外力が必要である．筋肉は，意識して動かすことが可能かどうかという点で随意筋 voluntary muscle（骨格筋のみ）と不随意筋 involuntary muscle（心筋・平滑筋）に分けられる．動物の運動を司るのはもちろん随意筋の骨格筋 skeletal muscle である．骨格筋が運動を担えるのは，力を伝える骨格系があるおかげである．骨格筋は 2 カ所の付着点で骨格に付着する．組織学的に筋肉は，横紋筋 striated muscle，平滑筋 smooth muscle，心筋 cardiac muscle に分けることができる．骨格筋が横紋筋で，アクチンとミオシンが規則正しく交互に並んでいるため横紋がみられる．骨格筋の筋原繊維（線維）は細胞を貫いて並ぶために細胞の区分はなく，いわゆる多核のシンシチウム syncytium（合胞体，細胞が複数の核をもつこと）である．心筋も横紋筋であるが不随意筋で，単核（まれに 2 核）の細胞でできている．平滑筋では細胞内にアクチンとミオシンの繊維がばらばらに入っている．

　体のやわらかい無脊椎動物が物体上を移動するとき，接地点を通して物体表面に力を作用させる．たとえば環形動物ミミズは静水力学的骨格を変形させ，接地点を次々と移動させることで前進する．まず各体腔を裏打ちする環状筋を収縮させると，体節は絞られ，体腔内圧が高まる．体液は隔壁によって体節内に閉じ込められているので，練り歯磨きのようにチューブから押し出されることはなく，その代わり体節は伸張して細くなる．続いて縦方向に走っている縦走筋を収縮させることで体節は元の姿に戻る．このとき，体節ごとに体外へ向かって生えている剛毛が足場を確保し，体が前進するのである．

　水や空気などの流体中の運動，すなわち遊泳や飛行では接地点を作る必要はないが，流体を動かす力が必要になる．昆虫の飛行では，翅の根元の内側に直接つながった直接飛翔筋が主に羽を動かす場合と，胸部内壁の背腹をつなぐ間接飛翔筋を使い，てこの原理で翅を動かす方法が知られている．

第15講

環形動物門（2）
多毛綱，有鬚動物，ユムシ動物

キーワード：ゴカイ　ヒゲムシ　ユムシ　ボネリムシ　後天的性決定
　　　　　　矮雄　吻　単体節　U字形消化管

多毛綱 Class Polychaeta

　約8000の種を含むゴカイの仲間で，主として海産であるが，汽水から淡水にも入り込み，砂泥中あるいは巣穴に潜み，水中で泳ぎ，浮遊し，着生し，あるいは陸上に上る等々，様々な自由生活を送る．胴部体節の左右に疣足をもち，そこからたくさんの剛毛が束となって生える．和名は学名 Polychaeta（poly＝多い，chaeta＝剛毛）の直訳．口前葉に眼点，感触手 antenna，副感触手 palp，感触鬚 cirrus，頸器官 nuchal organ などの感覚器を具え，肛節に肛触鬚 pygidial cirrus をもつこともある．食道にはキチン質の強力な顎や歯が具わり，唾腺などが付属することもある．有性生殖で生じるトロコフォア幼生は成長過程を経て成体へ変態する．成体胴部の体節はトロコフォア幼生の後部が伸長することで形成される．出芽繁殖や母体からの切断など，無性生殖も珍しくない．

　生殖群泳 swarming が知られている．太平洋のサモア・フィジーに生息するイソメ科のタイヘイヨウパロロ *Palola siciliensis* は，繁殖期になると個体の一部の体節群が変形して生殖個体となり，毎年10〜11月の決まった月齢の明け方に切り離されて雄または雌個体となり，海面へ向って大量に水中に泳ぎ出し，生殖群泳が行われる．本種は日本中部以南の太平洋沿岸にも普通にみられ，小規模ながら晩夏に群泳が確認できる．タイセイヨウパロロ *Eunice fucata* や日本産のゴカイ科イトメ *Tylorhynchus heterochaetus* にも生殖群泳が知られている．ゴカイ科やシリス科の種は，成熟すると一般に剛毛などが変形し，体全体が生殖群泳に適した形態になる．

　25目89科に約1100属約8500種．多毛類全体の90％近い種が，それぞれ数百から数千の種を含む6目，サシバゴカイ目，イソメ目，スピオ目，イトゴカイ目，フサゴカイ目，ケヤリムシ目に分類される．他の目は数十〜百数十種程度からなる小グループである．なかでもスイクチムシ目 Myzostomida はウミユリ類などの棘皮動

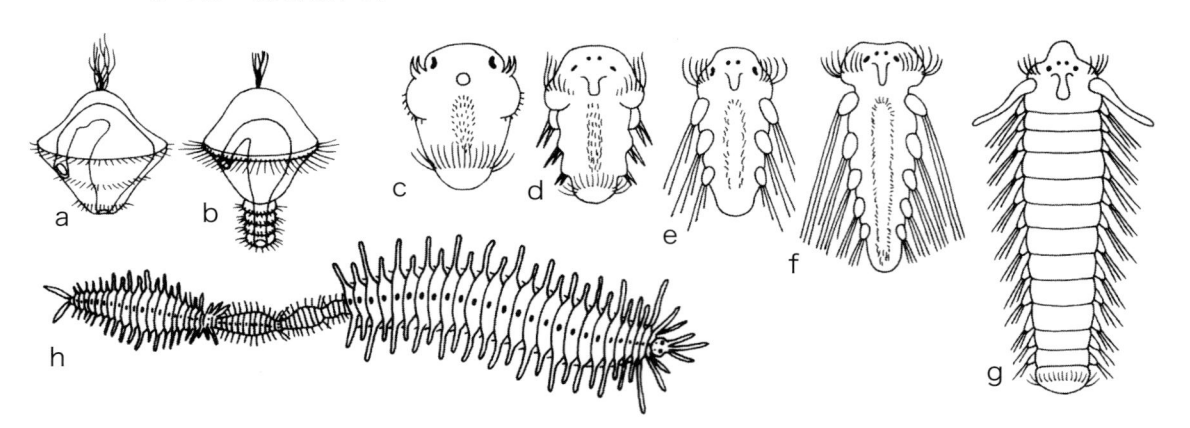

図 15.1 多毛類の幼生と無性生殖（Pechenik, 2010；本川, 2009 より改変）
(a) 多毛類の典型的トロコフォア幼生．(b) 発達中のトロコフォア幼生．幼生の後方に体節が追加されている．新しい体節は，肛節の直前に次々と追加される．この後すぐに各体節に疣足ができる．(c)～(g) チマキゴカイ目チマキゴカイ属 *Owenia* の幼生発生段階．(c) 浮遊幼生．(d) 3 体節形成途中．(e) 3 体節が完成．(f) 遊泳用剛毛の発達．(g) 定着前．(h) サシバゴカイ目シリス科 *Autolytus* の生殖群泳に起こる無性生殖．繁殖期になると個体の一部の体節群が変形して生殖個体となり，その後切り離されて雄または雌個体となって海面へ向かい，生殖群泳が行われる．

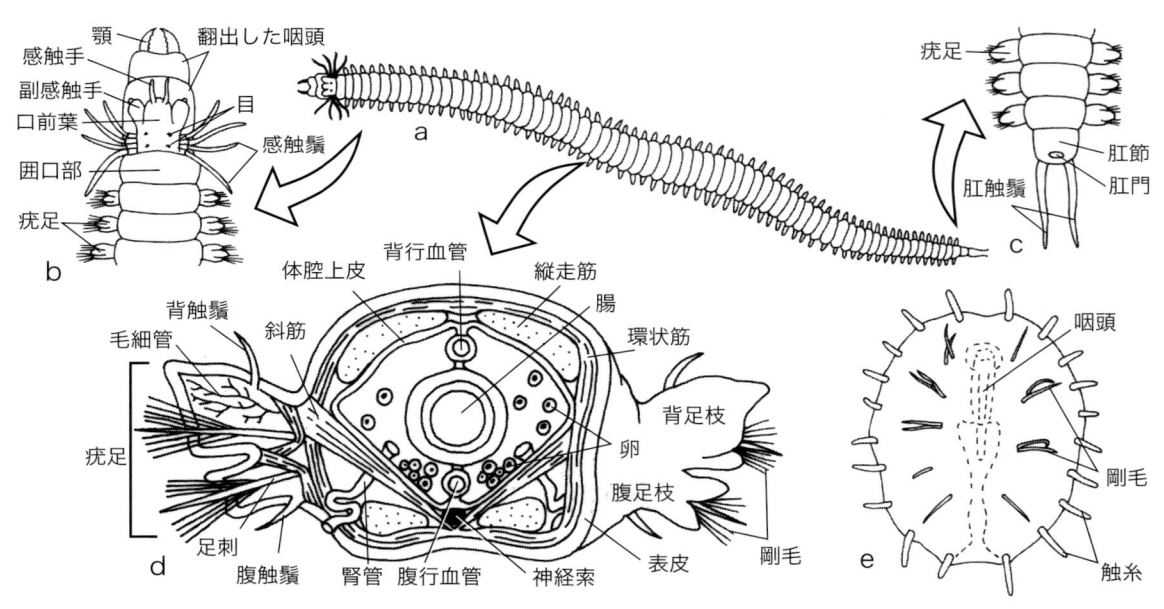

図 15.2 多毛類の一般体制（Hickman *et al.*, 2009；Laverack & Dando, 1987 より改変）
(a)～(d) *Nereis* 属を例にした多毛類の一般体制．(a) 全体図．(b) 頭部．(c) 尾部．(d) 胴中央部断面図．(e) スイクチムシ *Myzostoma* 属の一般体制．

物に寄生する点で特異である．体腔を欠くが，不完全ながら体節があり，体は円盤状で，5 対の疣足が並び，その間に 4 対の吸盤をもつ．系統的位置はまだはっきりしていない．

有鬚動物　POGONOPHORA

　環形動物ケヤリムシ目 Sabellida 有鬚動物科 Sibogrinidae（クダヒゲ動物科）は，海底の棲管中に棲む蠕虫状の動物で，口もなければ腸，肛門などの消化器官を全くもたないという，動物の常識から外れた生き物である．寄生性の扁形動物には消化器官が退化しているものが知られているが，自由生活をする後生動物で消化管を欠くのはこの動物群だけであろう．

　学名 Sibogrinidae は，最初に記載された *Siboglinum weberi* に由来する．この種は，M. Caullery（1914）がマレー群島産の分類学上不明の動物を，それを採集した有名な海洋調査船 Siboga 号にちなんで記載したものである．その25年後，P. V. Ushakov（1932）が管住多毛類の一種として記載したオホーツク海産の *Lomellisabella zachsi* を，K. E. Johansson（1939）が研究し，その内部形態が多毛類とは全く異なっていることから，有鬚動物 Pogonophora という綱を作った．さらにその後，A. V. Ivanov は，綱を門へ格上げし，*Siboglinum* もこの門に含め，十数の属と60種以上の種を記載した（Ivanov, 1963）．この動物は，神経が表皮中に存在すること，腹血管上に心臓があること，卵割が放射型に似ていること，見かけ上

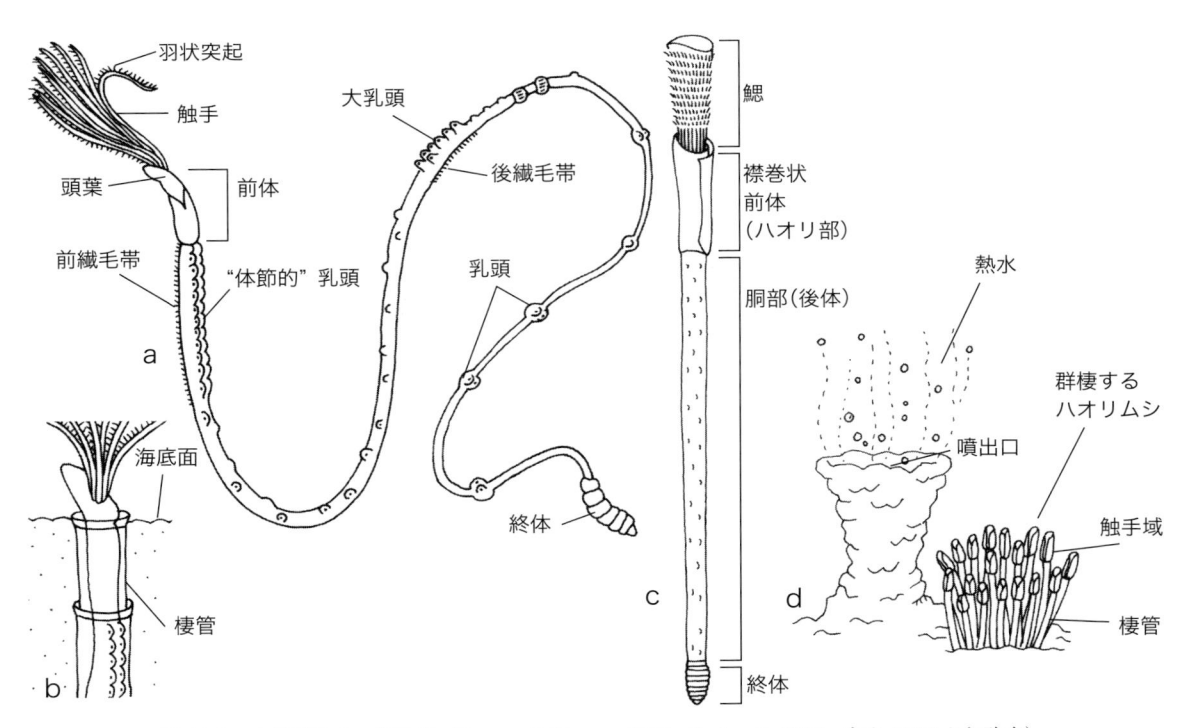

図15.3　有鬚動物の一般体制（Brusca & Brusca, 2003; Pechenik, 2010; 白山, 2000 より改変）
(a), (b) ヒゲムシ．(a) 全体図．(b) 生息状態．海底の泥の中に棲管を分泌してその中にすむ．(c), (d) ハオリムシ．(c) 全体図．(d) 生息状態．熱水噴出口のそばに群生する．

3体節性であることなどに基づき，当時は半索動物に近縁とされていた．ところが1964年に，体の最後部に多体節性の終体 opisthosoma（固着器官）をもった完全個体が採集され，環形動物との関係が明らかになった．以上はヒゲムシ類 Perviata の研究史である．

　有鬚動物にはもう一つの動物群，ハオリムシ類が含まれる．ハオリムシ類は，1969年にカリフォルニア沖の深海生態系から *Lamelibrachia* が発見されたのが最初である（Webb, 1969）．その後，1977年にアメリカの潜水調査船アルビン号によって，ガラパゴス島沖の水深2500 m の熱水噴出口近くから棲管の長さ3 m，直径4 cmに達する巨大なガラパゴスハオリムシ *Riftia pachyptila* が発見された（Jones, 1981）．以来研究が進み，ハオリムシ動物門 Vestimentifera とされたこともある．ハオリムシ類の分布は，中央海嶺・背弧海盆の大洋底拡大軸の熱水噴出口域，あるいはプレートの沈み込み帯の冷湧水地域に限られる．こうした地域の地殻から浸出する水は硫黄化合物やメタンなどの低分子炭化水素を多量に含む．実は，ハオリムシの体内には硫黄酸化細菌が共生している．ハオリムシは，広大な表面積をもったハオリ部分，つまり鰓突起から硫化水素を吸収し，循環系を通して体内の共生細菌へ送り届ける．硫化水素に加えて酸素，二酸化炭素の供給を受けた共生細菌は，無機独立栄養代謝によってエネルギーを獲得し，炭酸同化作用により有機物を合成する．ハオリムシはその有機物を栄養として取り入れるため，自身で消化管をもつ必要がないのである．硫化水素は通常，ヘモグロビンの酸素運搬能力を失わせ，細胞内呼吸に重要な酵素活性を阻害する猛毒物質である．しかし，ハオリムシのヘモグロビンには，酸素と硫化水素に特異的に結合する部位があるため，血液が硫化水素と酸素を同時に担い，かつ毒性の発揮を阻止できるのである．

　ハオリムシの研究が進んだことにより，硫黄酸化細菌などと共生して生きている動物が他にも発見され（シロウリガイ *Calyptogena soyoae* など），深海の熱水噴出口や冷水湧出域には化学合成微生物を生産者とした独自の生態系，すなわち"化学合成生物群集"が存在していることが明らかとなった．

有鬚動物の多様性

　有鬚動物は合わせて約110種が知られ，2類25属に分類される．ヒゲムシ類とハオリムシ類は後体の神経索の数（3と1），後体体腔の状態（不対と対），ハオリ部の有無などにより区別される．

　ヒゲムシ類 Perviata は有機物の多い富栄養な浅海〜深海まで分布する．海底の棲管の中に棲む．ハオリや明瞭な殻蓋部を欠く．学名はラテン語 pervius（＝開いている）に由来（棲管の入り口をふさぐ殻蓋部を欠くことを意味する）．幅1 mm以下で長さ10〜100 cm の体は前体，中体，体のほとんどを占め，対になった乳頭を備

える後体（または胴部），剛毛を備えた多体節の終体 opistosoma に分かれ，中体と後体は深い溝で分かれる．前体には細長い触手が1〜数百本ある．和名および英名 beard worm はこの触手をヒゲ（鬚）に見立てたもの．前体に続く中体は分泌腺に富む．中体先端の腹側中央から斜め前方に向かう隆起部を手綱 frenulum とよぶ．雌雄異体．後体の体腔中に生殖巣が生じる．卵割は全不等割，胚発生初期に原口および消化管が一時現れ，後期胚には繊毛環と剛毛が生じる．

　ハオリムシ類 Obturata の学名はラテン語 obturo（＝閉じた）に由来し，殻蓋部 obturaculum をもつことを示す．和名は頭部に続く特徴的なハオリ（羽織）状構造に由来する．英名は tubeworm．幅10〜30 mm で長さ30〜100 cm の体は，殻蓋部（前体），ハオリ部（中体），栄養体部（後体または胴部），そして，剛毛を具え，5〜100の体節からなる終体に分かれる．卵割はらせん型，トロコフォア幼生が知られる．基本的な体制はヒゲムシ類に等しい．雌雄異体．性的二型が知られている種もある．後体体腔中に生殖巣をもつ．胚発生で原口ができ，消化管も出現するが，後に消失する．

ユムシ動物 ECHIURA

　海底の砂泥に潜ったり岩盤などに穿孔して生息している蠕虫状の左右相称動物．和名は，釣り餌や食用として利用されてきたユムシ *Urechis unicinctus* が，古くからゐ，ゆむし，いむし，などとよばれることに由来する．漢字は蟣虫．釣り餌としてはカレイやマダイ，スズキなどの大型魚用として知られ，北海道の一部などでは「るっつ」とよばれて食用にされる．韓国では「ケブル（개불，イヌのペニスという意味）」，中国の一部では「ハイチャン（海腸）」と称してやはり食用とされる．学名 Echiura はギリシャ語で，毒蛇（＝echis）の，尾（＝ura）という意味で，一部の種で体後端に鋭いトゲが生えている様子に由来する．英名の spoon worm は吻の形をスプーンに模したもの．

　左右相称で円筒形の細長い体は吻部と胴部に分かれ，吻は体の中には引き込まれず，吻のない種がある一方，非常に長く伸びる種もある．日本沿岸の泥底に棲むサナダユムシ *Ikeda taenioides* は胴部が50 cm，吻は150 cm にも達する世界最大種．ボネリムシ類の吻は前端が二つに分岐する．

　体壁はクチクラ，上皮，筋肉の3層からなり，単体節性で，裂体腔性の広大な真体腔を一つもつ．全体が腸膜で支えられる消化管は非常に長く，吻部の溝から通じる口から，口腔，咽頭，食道，嗉嚢，間腸，中腸，後腸と複雑に屈曲し，体の後端の肛門に終わる．口の直後や肛門の周囲に環形動物門と似たクチクラ製の剛毛をもつものがある．神経系は食道神経環と腹側神経索からなるが，環形動物の他の群より単純で，脳や神経節は形成されない．血管系は閉鎖型で，吻部に3本の血管が通

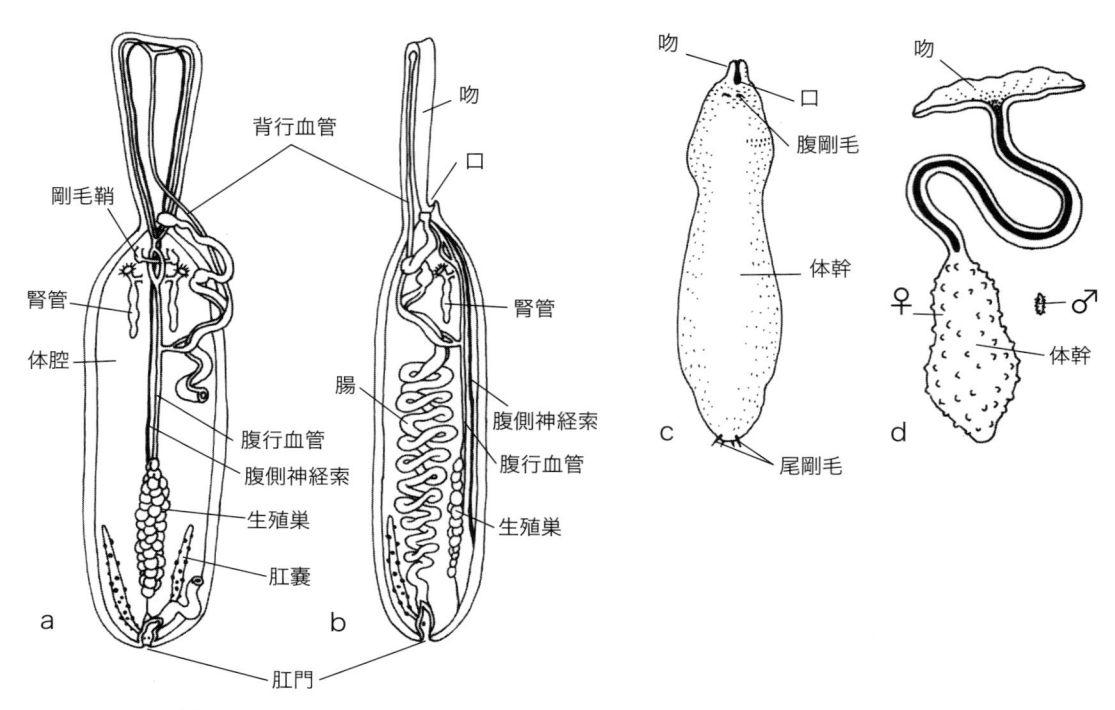

図 15.4 ユムシ動物の一般体制（Laverack & Dando, 1987；白山, 2000 より改変）
（a）〜（b）*Echiurus* 属の体内構造．（a）背面から開いた解剖図．消化管の前半部はずらし，後半部は除去してある．（b）側面図．（c）ユムシ *Urechis* 属の一種．（d）ボネリムシ *Bonellia* 属の一種．

り，胴部に短い背管と長い腹管をもつ．排出器官として 1〜400 個の後腎管が体腔および体外に開口し，生殖輸管の役も果たす．

　雌雄異体で，一般に生殖巣は体の後方の腹側血管の腹膜上に位置する．卵割は典型的ならせん型．トロコフォア型の浮遊幼生をもつ．

　ボネリムシ類には顕著な性的二型がみられる．雄は退化した顕微鏡的な矮雄で，雌の後腎管などに寄生し，そこで卵を受精させる．受精卵は卵割後トロコフォア幼生となり，そのまま海中で自由生活を続けると変態して雌となる．一方，幼生が雌の吻に付着すると発達がとまり矮雄となる．雌の吻に付着していた時間の長短によって幼生は種々の程度の雌雄の中間型となる．後天的性決定の古典例として著名．雌の吻が"男性化物質"を出すとされているが，2 匹の幼生が一緒になると一方が雌，もう片方が雄となり，海水を酸性にすると雄への分化が起こるなどの実験結果も得られている．

　ユムシ動物は，幼生に体節がみられるとしてかつて環形動物の 1 綱とされたが，これは外観上のしわにすぎず，一生を通じて単体節であることが明らかとなった．しかし，隔壁のない体腔は多毛類の一部やアブラミミズ *Aeolosoma* でもみられ，長い吻は体制の簡単な淡水産貧毛類の口前葉に似ており，貧毛類のように埋没したキ

チン質の剛毛と後腎管をもち，血管系は背側，神経系は腹側を走り，卵割はらせん型でトロコフォア幼生を出すなど，環形動物としての形質を具えている．

ユムシ動物の多様性

分子系統解析の結果，ユムシ動物はイトゴカイ目に含まれるとされるが，その場合の分類体系が定まっていないため，ここでは便宜的にユムシ動物を綱のレベルで扱う．現生既知 145 種ほどが 2 目 3 科 37 属に分類される．日本沿岸にはすべての科から 16 属 21 種が知られる．キタユムシ目 Echiuroinea は，体壁の筋肉が外側から，環筋，縦筋，斜筋の順に並ぶ．明瞭な血管系をもつ．キタユムシ科とボネリムシ科の 2 科を含む．前者は性的二型を示さず，吻端は分岐しない．後者は性的二型が顕著で，一般に吻端が 2 分岐する．かつてサナダユムシ目とされていたグループは，キタユムシ科に配属された．干潟の埋め立てや水質汚濁など生息環境悪化のため，現在では希少．発生などまだよくわかっていない．ユムシ目 Xenopneusta は，体壁の筋肉が外側から，環筋，縦筋，斜筋の順に並ぶ．直腸壁が呼吸器官として特殊化する．血管系ははっきりしない．吻は短小．ユムシ科 1 科のみ．ユムシ属 *Urechis* に世界で 4 種が知られる．

環形動物門内の系統

環形動物は，まず多毛類に似た祖先が海で出現し，貧毛類とヒル類は多毛類から特化したグループと考えられている．多毛類では多数の剛毛が疣足とよばれる肉質突起に生じるが，貧毛類では少数が直接体表に生じ，ヒル類では剛毛を欠く（ケビル類は例外）．また，多毛類では多くの場合，各体節で左右に対をなす神経節が前後に連絡して腹側神経索を形成するが，貧毛類とヒル類では中央の神経索 1 本に融合している．ちなみにハオリムシ類は体先端部の 2 本の神経索がハオリ部後部から 1 本に融合している．貧毛類とヒル類は一様に雌雄同体で相互交尾を行い，環帯をもつことから環帯類 Clitellata にまとめることができる．貧毛類はおそらく汽水域から河口域そして川へと進出することで多毛綱から分かれたと思われる．ヒル類は貧毛類から進化し，外部寄生虫としての生活に特殊化したと一般に認められている．分子系統の結果を踏まえて，環形動物を貧毛綱，環帯綱（貧毛亜綱＋ヒル亜綱＋ヒルミミズ亜綱），そしてアブラミミズ綱 Aeolosomata の 3 綱に分ける説もある．この説では，原始的な貧毛亜綱とされていたアブラミミズは，環帯綱とは独立の進化を遂げたものと考える．アブラミミズは，体長せいぜい数 mm の微小環形動物で，淡水または汽水の間隙環境に生息する 25 種ほどが知られる．繊毛の生えた口前葉と，長めの髪の毛のような剛毛をもつ．雌雄同体で，卵巣のある 1 個の体節の前後に隣接した 2 体節に精巣が分化する．アブラミミズの環帯は腹側の分泌腺からなり，環

帯綱の背側の環帯と相同ではないとされる．

　これまで別門とされていた有鬚動物やユムシ動物が環形動物門多毛綱に含められ，星口動物門も環形動物門の一部である可能性が捨てきれないとされるように，環形動物門は多様な動物群を含んでおり，門内外の分類体系はまだはっきりしない点が多い．

表 15.1　環形動物の分類体系と主な種

貧毛綱 Oligochaeta（3000 種）
　ナガミミズ目 Haplotaxida
　オヨギミミズ目 Lumbriculida
　イトミミズ目 Tubificida
　ツリミミズ目 Lumbricida

ヒル綱 Hirudinoidea
　ヒルミミズ亜綱 Branchiobdellida
　ケビル亜綱 Acanthobdellida
　ヒル亜綱 Hirudinea
　　フンビル（吻蛭）目 Rhynchobdellida（ウオビルなどを含む）
　　フンナシビル（無吻蛭）目 Arhynchobdellida（ヒル，ヤマビル，イシビルなどを含む）

多毛綱 Polychaeta
　サシバゴカイ目 Phyliodocida（ウロコムシ，サシバゴカイ，ユメゴカイ，チロリ，ゴカイ，オトヒメゴカイ，シリスなどを含む）
　ユンドラシア目 Yndolacida
　ウミケムシ目 Amphinomida
　ヒレアシゴカイ目 Spintherida
　イソメ目 Eunicida
　ディウロドリルス目 Diurodrilida
　ホコサキゴカイ目 Orbiniida
　クエスタ目 Questida
　スピオ目 Spionida（スピオ，ツバサゴカイ，ミズヒキゴカイなどを含む）
　クテノドリルス目 Ctenodrilida
　パレルゴドリルス目 Parergodrilida
　ギボシゴカイ目 Psammodrilida
　コスラ目 Cossurida
　ハボウキゴカイ目 Flabeliigerida
　ウキナガムシ目 Poeobiida
　ダルマゴカイ目 Sternaspida
　イトゴカイ目 Capitellida（イトゴカイ，タマシキゴカイ，タケフシゴカイなどに加えて，ユムシ動物を含む）
　オフェリアゴカイ目 Opheliida
　ホラアナゴカイ目 Nermida
　イイジマムカシゴカイ目 Polygordiida
　ムカシゴカイ目 Protodrilida
　チマキゴカイ目 Oweniida
　フサゴカイ目 Terebellida
　ケヤリムシ目 Sabellida（ケヤリムシ，カンザシゴカイ，ウズマキゴカイなどを含む．かつての有鬚動物は本目の 1 科クダヒゲ科 Siboglinidae に属す）
　スイクチムシ目 Myzostomida

================ Tea Time ================

ボディプランの多様性（7）制御系 1　神経系

　器官系はそれぞれの機能を通じて進化してきた．しかし，自然選択は，体内の個別の機能に作用するわけではなく，個体に対して作用する．したがって，各機能を調節し，まとめ，制御するためのシステムが，進化における成功の鍵を握っている．そのシステムとは，神経系およびそれに付随する感覚系と内分泌系である．

　体の内外の環境変化をモニターする感覚系の情報は，神経細胞中を電気インパルスで，神経細胞間を神経伝達物質で伝わる．その間に情報の取捨選択を行い，時に内分泌系を用い，体内の器官系の機能を調節し，系間のコミュニケーションをはかりながら個体全体を制御 regulate するのが制御系である．このシステムはリアルタイムで働くのみならず，記憶装置を備え，過去の経験を生かした情報応答，および適切な行動パターンの形成を可能にする．さらには時計機能を備え，自己個体の成長，そして次世代形成過程である生殖のタイミングを制御する．

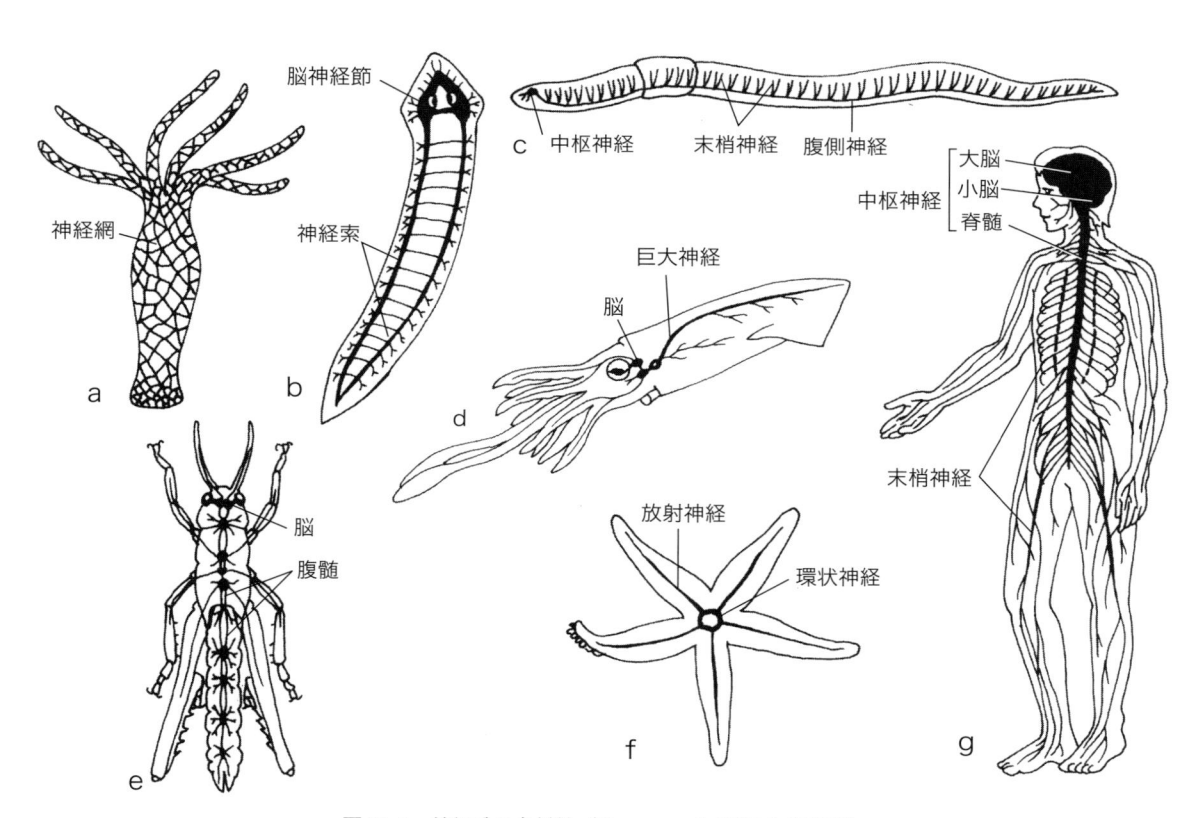

図 15.5　神経系の多様性（Raven *et al.*, 2005 より改変）
(a) 刺胞動物の網目状神経系．(b) 扁形動物のはしご状神経系．(c) 環形動物の中枢神経系．(d) 軟体動物頭足類の中枢神経系．巨大神経がある．(e) 節足動物昆虫類の中枢神経系．(f) 棘皮動物の放射状神経系．(g) 脊索動物脊椎動物の中枢神経系．発達した脳を具える．

神経系とはおもに神経細胞の働きによって情報の伝達と処理を行う一連の器官のことであり，その意味において海綿動物と平板動物は神経系をもたない．しかし，海綿動物では，情報の細胞間伝搬が知られ，出水口の周囲を収縮させたり，幼生を放出するような協調的収縮活動がみられる．

　動物における最も単純な神経系は，基本的に同形のニューロンが網目状に結合した散在神経系（神経網，網目状神経系）で，どの点からも情報が様々な方向へ伝搬する分散型のネットワークを形成する．刺胞動物でみられるこの神経系は筋細胞と協調し，傘の開閉などの単純な運動をおこなう．扁形動物門渦虫類の神経系はいわゆるはしご状で，2本の縦走神経索を各所で横連合がつなぎ，それらの結合部から外側へ末梢神経が伸びる．2本の神経索は体の前端部で未発達な脳神経節を形成し，ここには介在ニューロンも含まれる．

　環形動物では，体節ごとに一組ある外胚葉性の神経節が体軸に沿って結合することで1本の腹部神経索が形成される．これは，はしご状神経系の2本の縦走神経索が腹側で1本に融合したものと考えることができる．腹部神経索の前端は消化管を囲み，食道の上部に脳とおぼしき大型の神経節を作る．この中枢神経系から体の隅々まで末梢神経が走る．節足動物では体節の融合に伴い，神経節がいくつかまとまって複合神経節が形成され，そのうち前端のものは脳へと発達する．軟体動物の神経系は神経節が縦横に連結し，前端では食道を囲んで神経節が融合し，食道神経環が形成されることが多い．

　棘皮動物は中枢神経系を欠き，外側系，下側系，そして頂上系のそれぞれ独立した神経系を有するのが一般的である．外側神経系は，外胚葉性の神経組織が体表にとどまり，感覚と運動の両方を司るもので，体中央の環状神経から各腕の下面にそって1本の放射神経が伸びる．

　神経系が最もよく発達しているのが脊索動物であり，前方部分が脳に分化した中枢神経系をもつものが多い．特に脊椎動物の脳は前脳，中脳，後脳の三つの領域に分化し，それぞれの発達程度が動物群によって異なる．魚類では後脳が最大の領域を占め，中脳は視覚情報，前脳は嗅覚におもにかかわる．陸生の脊椎動物では，前脳の神経情報処理が支配的になる．脊索動物の神経索は管状である点において，その他すべての動物の中実神経と異なる．中枢神経系が背面を走る点も，腹面を走る環形動物や節足動物などとの区別点である．

第16講

星 口 動 物 門
Phylum SIPUNCULA

キーワード：ホシムシ　　吻　　単体節　　U字形消化管　　ペラゴスフェラ幼生

　左右相称でやわらかく，体長はふつう数cm，最大でも50cmほどの細長い蠕虫様の海産動物．砂泥底に穴を掘り，貝殻や環形動物が放棄した棲管を利用し，あるいはサンゴや泥岩に穿孔してすむ．学名Sipunculaは「管」を意味するラテン語の縮小形sipunculusに由来し，小さな管のような虫を意味する．英名のpeanut wormは体をピーナッツに模したもの．和名は触手が放射状に並ぶ様子を星に見立てた独語名Sternwürmer（Stern＝星，würmer＝虫）に基づく．一般にホシムシ（星虫）類とよばれる．

　円筒状の体は前方の陥入吻と後方の胴部からなる．全長の半分ほどに伸びる吻は1〜2対の強力な牽引筋により胴部へ引き込むことができる．生時には活発に吻の翻出入を繰り返す．吻先端に突起や触手をもつ．体表はクチクラに覆われるが剛毛を欠き，腺細胞と感覚細胞が分布する．裂体腔性の真体腔には隔壁を欠き，単体節性．

　消化管はU字形で，吻の先端に開く口から後方に伸び，体後端付近で反転してらせん状にねじれて前方へ向かい，吻と胴部の境界付近の背面に肛門が開く．単一または1対の後腎管があり，排出口は肛門の前方腹側に開口する．循環系や呼吸系を欠く．神経系は前方の脳，食道を囲む神経環，および腹正中を走る1本の分節しない腹神経索からなる．

　雌雄異体．卵や精子は後腎管を通じて体外へ放出され，海中で受精し，らせん卵割後にトロコフォア幼生となるか，あるいは幼生期を経ずに直接発生する．トロコフォア幼生は，卵黄栄養（非摂餌）性あるいはプランクトン栄養（摂餌）性のペラゴスフェラ幼生pelagosphera larvaに変態する種もある．単為生殖や無性生殖も少数知られる．

　星口動物は，らせん卵割でトロコフォア幼生を生じ，裂体腔型真体腔形成を行う単体節性の前口動物である点において環形動物ユムシ動物とよく似ている．

　200種を越す現生既知種は2綱4目6科17属に分類され，日本にはすべての科から14属約50種が知られている．口を囲む触手をもつスジホシムシ綱Sipunculidea

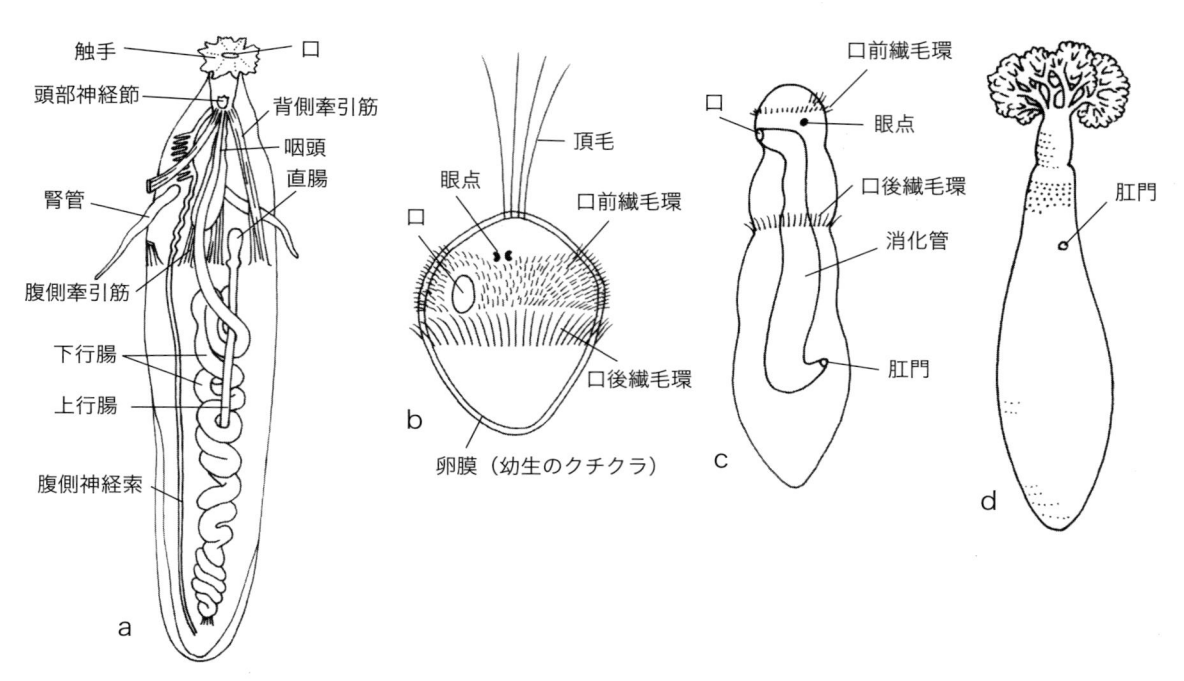

図16.1 星口動物ホシムシの一般体制（Brusca & Brusca, 2003；Laverack & Dando, 1987 より改変）
(a) *Sipunculus* 属の体内構造．(b) *Golfingia* 属のトロコフォア幼生．(c) *Phascolosoma* 属のペラゴスフェラ幼生．(d) *Themiste* 属の一種の成体．

は2目に分かれる．スジホシムシ科1科を含むスジホシムシ目 Sipunculiformes は，体壁の縦筋が分離して束となる．フクロホシムシ目 Gomngiiformes の体壁の縦筋は分離しない．フクロホシムシ科・マキガイホシムシ科・エダホシムシ科の3科のうち，前2者は触手が分岐せず，後者では枝状に分岐する．触手が口を囲まないサメハダホシムシ綱 Phascolosomatidea はサメハダホシムシ目 Phascolosomatiformes とタテホシムシ目 Apsidosiphoniformes からなる．

=========== Tea Time ===========

ボディプランの多様性（8）制御系2　感覚系

　感覚器とは，何らかの感覚情報を受け取る器官のことで，受容器ともいう．受け取った情報は神経系へ伝わる．外部感覚と内部感覚が区別できる．ヒトは外部感覚として，光に対する視覚，音に対する聴覚，化学物質に対する嗅覚と味覚，機械刺激に対する触覚のいわゆる五感を，それぞれ目，耳，鼻，舌，皮膚などで感受する．さらにヒトは五感以外の感覚情報も処理できる．たとえば温度は皮膚で，重力は一種の平衡胞である半規管で感受する．電気や磁場を感受できる動物もいる．動物の体外感覚器の種類と性能は，生息環境を反映する．体内感覚器官としては，たとえ

ば筋紡錘は筋肉の収縮ぐあいを感知する．

　光が存在する環境に棲む動物にとって視覚は重要な情報をもたらす．視覚は，放射エネルギーを自由エネルギーに変換する光受容分子，つまり視物質が司る点においてその原理は普遍的である．視物質の一種ロドプシンはある種の藻類からヒトに至る様々な生物で見つかっている．眼は，同様なタンパク質を使いながらも，複雑な構造を伴う光学装置として様々な動物群で個別に多数回進化しているが，遺伝的には相同の遺伝子がかかわっている deep homology と考えられる．しかし，たとえば脊椎動物の眼と軟体動物頭足類の眼は，形質からみると相似構造である．脊椎動物の視覚を司る眼は受容器がシート状に広がった網膜，そこに光の焦点を結ぶためのレンズつまり水晶体，入射光量を調節する絞り，およびピント調節機構を具えたいわゆる「カメラ眼」である．軟体動物頭足類のタコやイカは発達したカメラ眼をもつ．しかし，発生過程を比べると，頭足類の眼の組織は主に表皮から生じるのに対して，脊椎動物の眼は角膜の外層と水晶体以外は脳由来である．一般に，無脊椎動物の眼は皮膚由来である．

　網膜とレンズを具えるがピント調節や絞りなどの機能をもたない眼が単眼である．光の強さと方向の情報が得られる．複眼は単眼とよく似た構造の個眼が多数集合したものである．個眼は半球状に配列し，個眼どうしは光を通さない隔壁で隔てられる．複眼はおもに動きを捕らえる役割をもち，カメラ眼に比べて解像度は低い．昆虫類に典型的にみられるが，多くの節足動物，あるいは環形動物や軟体動物の限られた種でも知られる．個眼の数は数十から数万まで種ごとに様々で，一般に数を増やせば解像度は上がるが感度は低下する．動物ごとに必要とする解像度と感度のバランスが個眼の数を決める．

　最も構造の簡単な光受容器が眼点である．色素細胞と感覚細胞からなり，ある種の原生生物はもとより，ほぼすべての主要な動物分類群で知られ，簡単なレンズを具えたものまで知られる．形を見分けることはできないが，光の強弱を感じ，光周性の調整や概日リズムの同期に役立つ．入射光を色素で遮断することで，光の方向を特定できるものもある．

　化学受容器は，細胞の膜タンパク質が細胞外液中の特定の化学物質と結合することで神経細胞へ信号を発する．ヒトの舌にある味蕾は表面に微絨毛を具え，鼻腔の粘膜にある嗅覚細胞の表面は嗅繊毛の房を具える．化学受容に限らず，一般に受容器は細胞の繊毛あるいは微絨毛が特殊に分化したもので，多くはそれらが束となって表面積を増加させている．

　陸生脊椎動物は空気振動である音波を感知する．音波に共鳴した鼓膜の振動は耳小骨を経て内耳にある有毛細胞の繊毛束を振動させ，感覚神経を刺激する．魚類は水中生活者であるため，空気振動ではなく水圧や水流の変化を感じとる側線系を備える．これは，鱗を貫通した小孔から体両側の皮膚下を走る側線管へつながる管構造で，管中に並んだ側線器が水の動きを捕らえる．側線器は，クプラとよばれるゼラチン塊中に繊毛束を伸ばした有毛細胞の集合からなり，水の動きでクプラが傾く

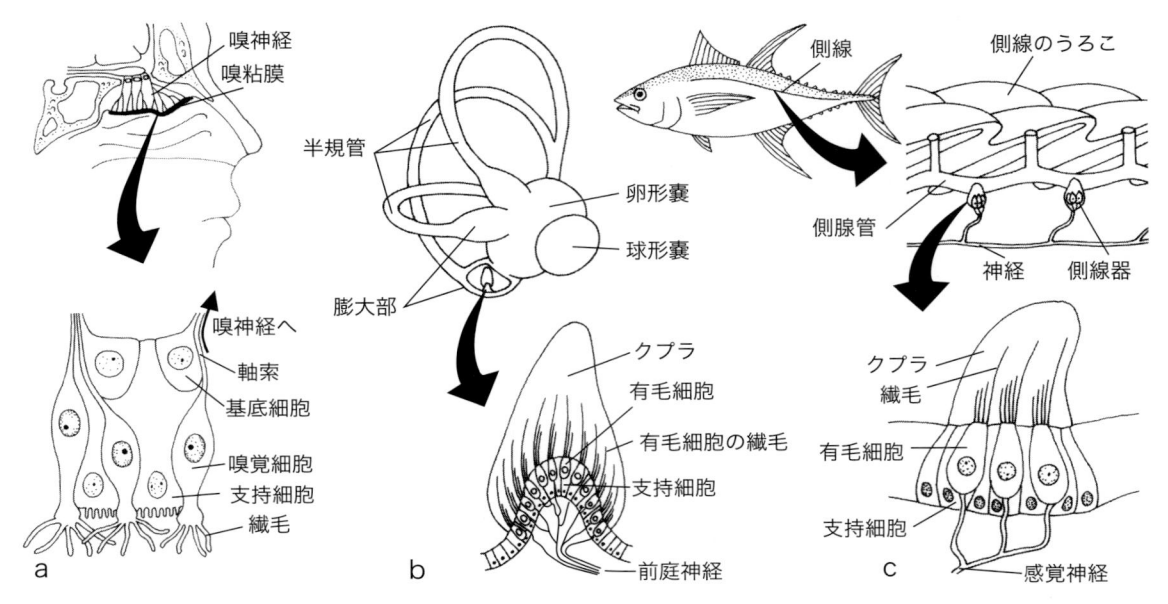

図 16.2 感覚受容器官のいろいろ（Raven *et al.*, 2005 より改変）
感覚受容器官の心臓部は有毛細胞であることがわかる．(a) ヒトの嗅覚受容器．(b) ヒトの内耳の半規管膨大部にある加速度受容器．(c) 魚類の側線器官．

と繊毛束も傾き，感覚神経を刺激する．

　脊椎動物では，内耳の卵形嚢，球形嚢，および半規管が平衡感覚を司る．半規管は角加速度を感じる．ヒトを含む脊索動物のほとんどは半規管を3つもつため三半規管とよばれるが，無顎上綱のヤツメウナギ綱の半規管は2つ，ヌタウナギ綱では1つである．半規管それぞれの末端膨大部には，魚類の側線器と類似のクプラ構造がある．動物が頭を回転させると半規管内部のリンパ液が動いてクプラが傾き，繊毛束が傾いて有毛細胞から感覚神経へ刺激が伝わる．卵形嚢と球形嚢はいわゆる平衡胞の一種であり，水平方向や垂直方向の加速度を感知する．両者とも繊毛を具えた有毛細胞からなり，繊毛は炭酸カルシウムの結晶が埋まったゼラチン状の基質を支える．この炭酸カルシウムの結晶が平衡石で，ゼラチン基質の質量を増大させる役を果たす．動物の体が傾くとゼラチン基質が動いて繊毛が曲がり，有毛細胞から神経細胞へ情報が伝わる．大きさや細胞数の違いこそあれ原理と構造の同じ平衡胞が多くの無脊椎動物でみられる．脊椎動物の平衡胞にある平衡石は耳石とよばれ，魚類のものが有名．

第17講

軟体動物門
Phylum MOLLUSCA

キーワード：左右相称　貝殻　足　外套膜　歯舌　囲心腔　腎臓
　　　　　　ヴェリジャー幼生　二枚貝　巻貝　頭足類　ヒザラガイ
　　　　　　カセミミズ

　軟体動物は10万を超える種数を誇り，節足動物に次ぐ大群であるとともに，節足動物と肩を並べて人間生活と切っても切れない関係をもつ動物群である．アサリやホタテなどの二枚貝やツブやカタツムリなどの巻貝，そしてイカやタコなどの頭足類が食料になるほか，美しく優美で珍しい貝殻は収集家を虜にし，アコヤガイを利用した真珠やアワビ類の殻の真珠層は装飾品となる．しかし，マイナス面もあり，ナメクジやカタツムリは農業害虫になり，フナクイムシは海中の木材に穴を開け，イガイは船の底に付着して速度を鈍らせる汚損生物 fouling organism，ミヤイリガイなどは人体寄生虫の中間宿主となる．以上，人間生活に密接な種はほとんど，腹足綱，二枚貝綱，そして頭足綱の3綱のいずれかに属す．その他の5綱には，ヒザラガイやカセミミズなど，なじみの薄い海産種が含まれる．

　軟体動物は，いわゆる「貝の仲間」とよばれるように貝殻をもつことが大きな特徴である．貝殻は外套膜が分泌し，石灰質を含んでいて堅い．しかし，ウミウシなどは殻を失い，ナメクジやイカなどは，たいてい石灰化していないやわらかいクチクラ製の殻を体内にもつ．多くは自由生活をする海産底生動物だが，淡水や陸上にも進出を果たし，浮遊性や寄生性の種類もある．体の大きさは数 cm の種が多いが，顕微鏡サイズから巨大なものまで様々である．深海に棲み，ときどき海岸に打ち上げられるダイオウイカ *Architeuthis* は全長21 m 体重250 kg に達し，シャコガイの仲間シラナミガイ *Tridacna maxima* は全長1.5 m，体重270 kg 以上の記録があり，それぞれ最大・最重量の無脊椎動物である．

　以上のように，形態や生態において多様性を誇りながらも軟体動物はいくつかの特徴を共有し，他の動物門とははっきりと区別されるまとまった動物群である．英名 mollusk の元になった学名 Mollusca は，mollis＝柔らかい，esca＝肉体，を意味する．和名はその直訳で，分泌した殻を除けば体はやわらかい．つまり，堅い殻は

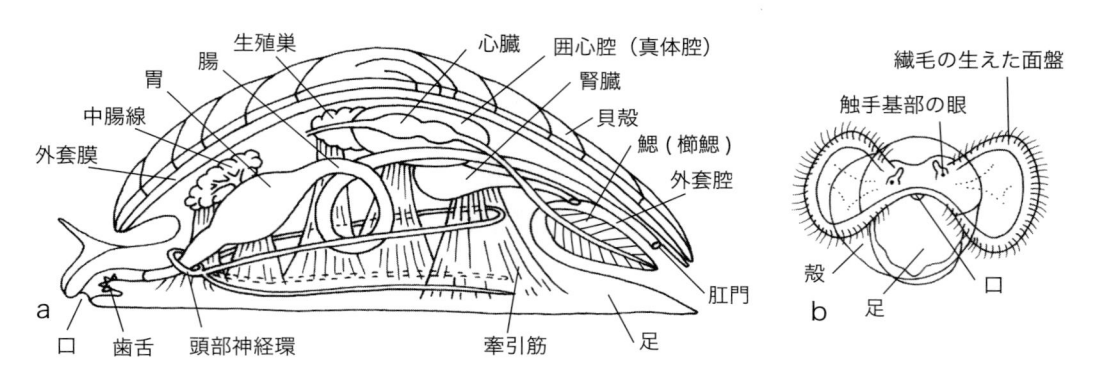

図17.1 軟体動物の一般体制（Hickman *et al.*, 2009; Pechenik, 2010 より改変）
(a) 成体の断面図．(b) ヴェリジャー幼生．

外骨格として体を支えるとともに，やわらかい体を外界から守る役を果たす．

軟体動物は，真体腔をもつ左右相称動物で，単体節性．体は頭部，内臓塊，足からなり，外套膜 mantle が内臓塊あるいは背面全体を覆う．外套膜から分泌される殻は，キチン質の薄い殻皮 periostracum と，色素を含み，炭酸カルシウムの密な結晶からなる厚い殻質層 ostracum，そして光沢があって真珠層 nacre とよばれる殻質下層 hypostracum の3層で成り立ち，真珠層に筋肉が付着する．外套膜と体の間には外套腔 mantle cavity とよばれる腔所がある．足は筋肉質で，移動，付着，餌の捕獲，あるいはそれらの機能を併せもつ．粘液を分泌して作った通路上を滑って移動する種もある．頭足類の触手（腕）は足が変形したもので，自由遊泳する外洋性の種の足は翼や薄い鰭状に変形している．

消化系は口に始まり肛門に終わる．口腔には粘液腺，唾液腺が開口し，二枚貝類以外では歯舌 radula を具える．歯舌は基本的には数千個にも及ぶ微細なキチン質の歯の列で，藻類などを削り取ったり，獲物の殻に穴を開ける役に立つ．胃には中腸腺（肝臓）mid-gut gland が開口し，腸は長くて旋回していることが多い．肛門は外套腔の中に開口する．

呼吸系として水生種は1～多数対の櫛状の鰓（櫛鰓 ctenidium ともよぶ）をもつ．鰓は外套腔内に露出し，表面は繊毛で覆われ，内部は血管に連絡している．鰓上の繊毛により生じる絶え間ない水流が外套腔を出入りすることで酸素をもたらし，食物を運び込み，老廃物や配偶子を運びだす．陸生種の腹足類では鰓は退化し，二次的に外套膜の変化した肺をもつことがある．排出器官は中胚葉由来の管状あるいは嚢状の1～2個の腎臓で，囲心腔と連絡し，繊毛が並ぶ漏斗状の開口かららせん状に巻いた細管へとつながり，外套腔内に排出口が開く．循環系は開放型で心臓は背側の囲心腔の中にあり，心耳と心室に分かれる．ヘモシアニンを含む血液は組織の間隙を流れ，血体腔とよばれる体内の腔所を形作る．真体腔は退化的で，囲心腔およ

び生殖巣と排出器の内腔に限定される．神経系は，はしご状神経をもつものと，神経節が頭部に集中している中枢神経系をもつものがある．一般に雌雄異体だが，雌雄同体の種類もある．卵割はらせん型の全割で，トロコフォア幼生からヴェリジャー幼生 veliger larva を経る浮遊幼生期が知られる．

　以下 8 綱に分類される．門内の系統関係は，様々な仮説が提唱されている中，多くの子孫形質を共有する介殻亜門が単系統群であることに関しては，ほとんど異論がない．古生代以降に化石が知られる．

頭足綱 Class Cephalopoda

　Cephalopoda（cephalos = 頭，podos = 足）の英名はイカ類が squid，タコ類は octopus，オウムガイ類は nautilus．すべて海産の大形捕食者で，素早く泳ぎ，魚や甲殻類などを捕らえて食べる．足は，吸盤あるいは鉤を備えた 1 組の触手（腕）に変化している．イカは 10 本，タコは octopus（oct = 8，podis = 足）の名のとおり 8 本，オウムガイは 80〜90 本の触手をもつ．

　餌動物を触手で捕らえ，くちばしに似た 1 対の強力な顎でかみつき，舌のような歯舌を動かして口中に引き込む．発達した神経系に独特の脳をもち，無脊椎動物の中で最も高い知能を誇る．複雑なカメラ眼は脊椎動物のそれとよく似た構造をもつ（第 16 講 Tea Time 参照）．軟体動物中で唯一閉鎖循環系をもつ．貝殻は多室構造を

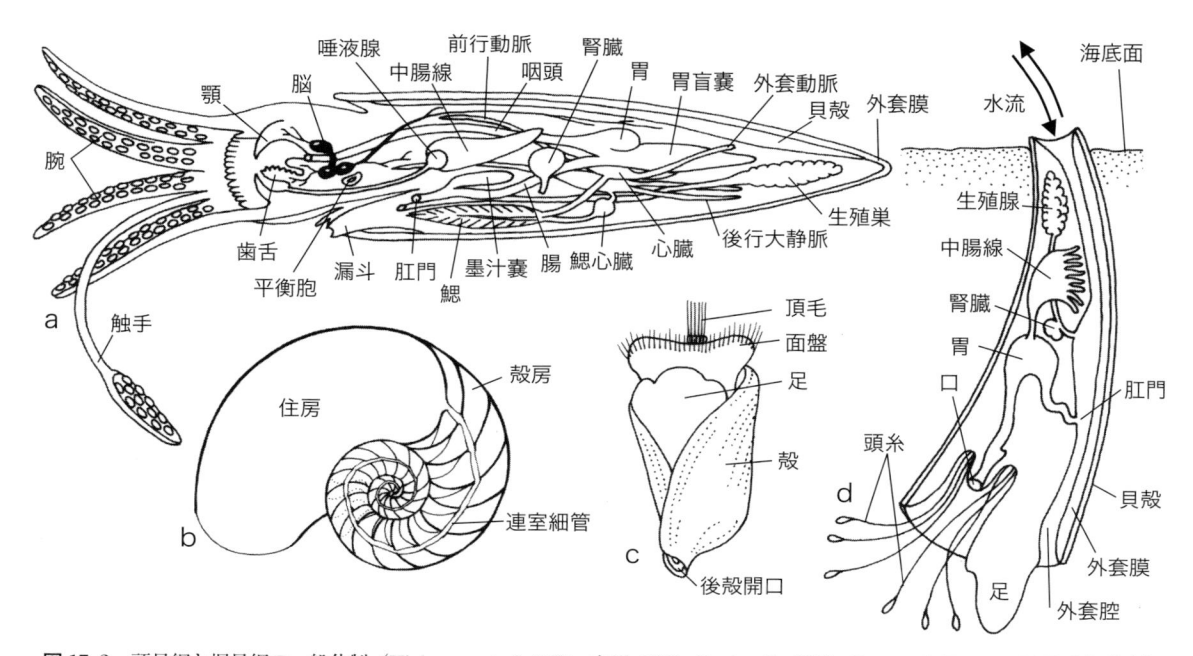

図 17.2　頭足綱と掘足綱の一般体制（Hickman *et al.*, 2009; 本川, 2009; Pechenik, 2010; Brusca & Brusca, 2003 より改変）(a)〜(b) 頭足綱．(a) イカの体内構造．(b) オウムガイの殻の構造．(c)〜(d) 掘足綱．(c) ヴェリジャー幼生．(d) 成体の断面図．

示し，退化的で一般に内在性．オウムガイ類だけがらせん状に巻いた大きな外在性の貝殻をもつ．コウイカ類では背部外套膜中に退化した殻が内在するが，タコ類などでは全くみられない．雌雄異体で交尾を行う．発生様式は他の綱と著しく異なり，卵割は盤割 discoidal cleavage で，直接発生する．現生約 650 種はオウムガイ亜綱（四鰓亜綱）と鞘形亜綱（二鰓亜綱）に大別される．オウムガイ亜綱の現生種はいわゆる"生きた化石"で 10 種に満たない．鞘形亜綱はコウイカ目，ダンゴイカ目，ツツイカ目，八腕形目，コウモリダコ目に分けられる．

掘足綱 Class Scaphopoda

Scaphopoda（scapho＝舟形の（えぐり掘られたもの），pous＝足）の英名は tusk shell．前後に細長く伸長した体は，両端が開いた筒状の特徴的な「ツノ」のような貝殻に収まるため一般にツノガイとよばれる．外套膜も筒状で，前後両端が開いた外套腔を形成する．外套腔内に鰓を欠く．頭部に眼や触角はないが，長く突き出た口吻の周囲に左右対になった多数の頭糸 captacula, cephalic filament をもつ．頭糸は長い柄の先端に繊毛や感覚器を備えた伸縮可能な細長い触手で，これを用いて食物を口に運ぶ．すべて海産で，筋肉質で細長い足を殻口から突き出し，足の筋肉を収縮させることで砂泥底に潜り，有孔虫や珪藻などを食べて生活する．口内には口球があり顎板と歯舌を具える．循環系は退化的で心房や血管を欠き，胃の腹側にある囲心腔には心室の痕跡があるのみ．雌雄異体で体外受精した卵は卵黄が多く，不等卵割を行い，トロコフォアおよびヴェリジャーの両浮遊幼生期を経る．発生の初期段階は二枚貝類に似て貝殻は左右対になって背側から発達するが，後に左右両縁が腹側で融合して筒状の胎殻となる．胎殻は成長過程で失われる．初期発生過程の類似は，掘足類と二枚貝類の近縁性を示す証拠とされる．現生約 500 種はツノガイ目とクチキレツノガイ目の 2 目に分類される．日本に約 60 種が産する．

二枚貝綱 Class Bivalvia

Bivalvia（bi＝二つの，valva＝扉）の英名は bivalve．重要食用種であるアサリ，ホタテ，カキなどを含むいわゆる二枚貝の仲間．潮間帯から深海にかけての海の他，汽水や淡水にも生息する．砂泥底に潜るものが多いが，固着性のイガイ類 *Mytilus*，穿孔性のイシマテ *Lithophaga curta* やカモメガイ *Penitella kamakurensis*，あるいは寄生性のオオブンブクヤドリガイ *Scintillona stigmatica* など生態は多様．一般に濾過食性だが，小形の甲殻類などを捕食する肉食種，あるいはフナクイムシ類のように木材に穴を開けて食べるものもある．シャコガイ類やシロウリガイ類は，それぞれ渦鞭毛藻や化学合成細菌を体内に共生させ，その代謝産物を栄養とする．カラスガイ類に特有のグロキジウム幼生 glochidium larva は淡水魚の鰓などに付着して

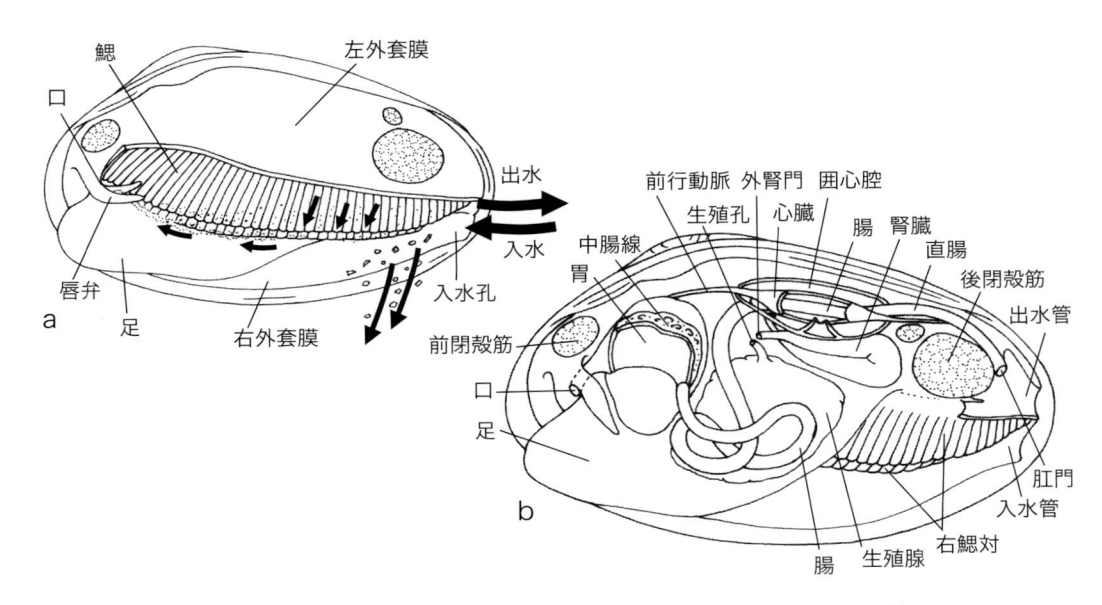

図 17.3 二枚貝綱（Hickman *et al.*, 2009; Brusca & Brusca, 2003 より改変）
(a) 淡水産二枚貝の摂食機構．短い矢印は取り入れた餌の動き，細長い矢印は砂やゴミなどの不要物の動きを示す．
(b) 淡水産二枚貝の体制解剖図．心臓は 2 心房 1 心室．腸が心臓を貫いている場合が多い．

吸血する．左右相称の体を 2 枚の貝殻が左右から包む．通常，2 枚の貝殻は左右相称で，靱帯 ligament によって背側で連結される．左右の外套膜は後方で縁が部分的に融合し出水管 exhalent siphon と入水管 inhalant siphon を形成する．斧足類 Pelecypoda の別名があるとおり足は一般に斧状あるいはくさび状で，筋肉が発達し，這う，穴を掘る，体を掃除する，あるいは体を固定するなどの役を果たす．歯舌や口球等の咀嚼器官を欠くかわりに 1〜2 対の唇弁 labial palp を用いて食物を口へ運ぶ．体の前後にある大きな閉殻筋 adductor muscle（いわゆる貝柱）を収縮させて 2 枚の貝殻を閉じる．トロコフォアおよびヴェリジャーの浮遊幼生期がある．軟体動物の中では腹足綱に次いで大きな分類群で，現生種約 8000 は 5 亜綱 12 目に分類される．

腹足綱 Class Gastropoda

Gastropoda（gaster＝腹，pous＝足）の英名は snail あるいは gastropod．いわゆる巻貝やナメクジの仲間で，現生種だけで 4 万を超える軟体動物門中最大の分類群．深海から淡水，陸上に至る様々な生息環境に生息し，寄生種，殻を失った種，足で泳ぐ種等々，適応放散が著しく，体制も多様である．一般にらせん状に巻いた貝殻をもつが，ウミウシなどの裸鰓類では殻は退化して跡形もない．内臓にも「ねじれ torsion」が生じ，体は左右非対称である．後鰓類や有肺類ではねじれ戻り detorsion が起こり，非対称性は二次的に解消されている．一般に先端に眼を備えた 1 対の触

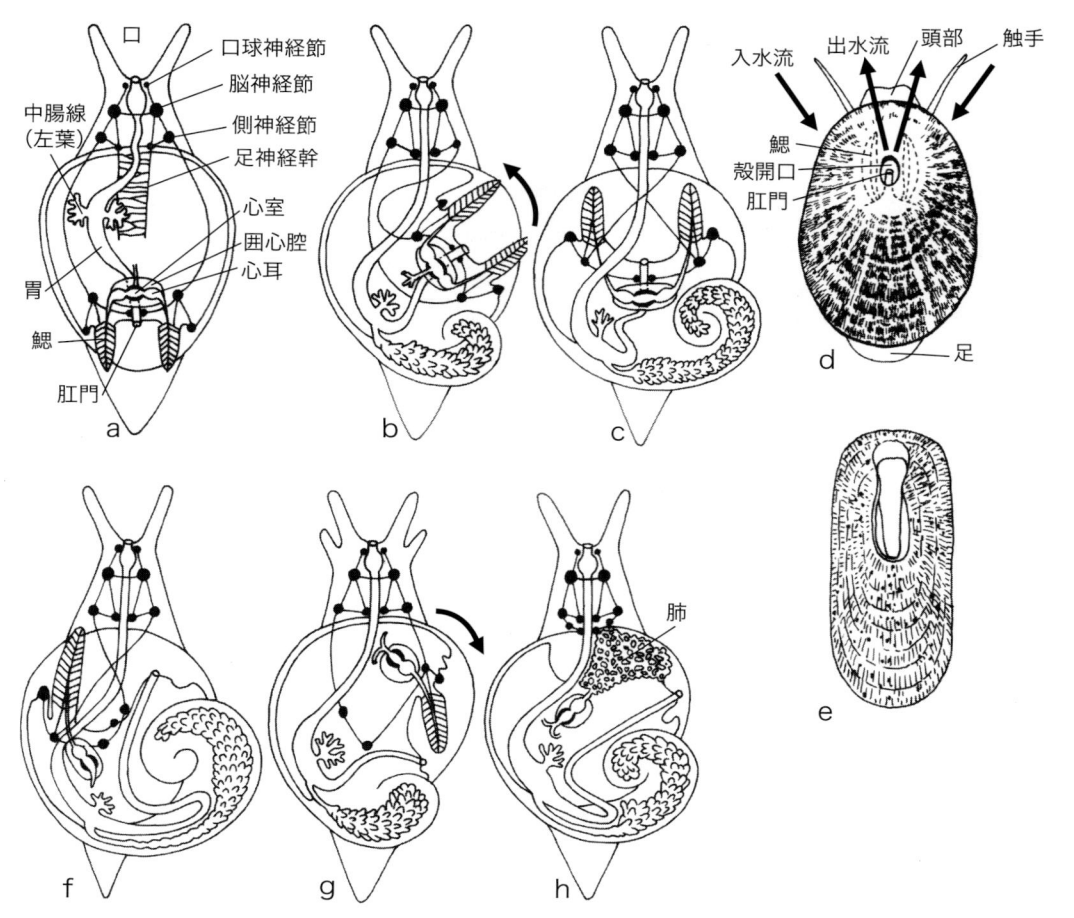

図17.4 腹足綱のねじれとねじれ戻りの模式図（岡田他, 1965；Pechenik, 2010 より改変）
神経系，消化管，鰓のみに着目して描いてある．曲がり矢印はねじれあるいはねじれ戻りの方向を，直矢印は水流の方向を示す．（a）以外は足神経系を省略してある．（a）腹足綱の原型（仮想図）．（b）ねじれの途中の状態（仮想図）．（c）ねじれが完了した状態．（d）ねじれが完了した状態に近いカサガイの仲間．水流に注意．（e）カサガイの一種スカシガイ *Macroschisma sinennsis* の殻．頂部に大きな出水口があいている．（f）さらにねじれが進み，左鰓だけが残った前鰓類．（g）ねじれ戻りが起こった後鰓類．（h）鰓を失い，外套腔が肺に変化した有肺類．

角を頭部にもつ．カタツムリやナメクジなど陸生の有肺類は鰓を失い，外套腔が肺に変化している．歯舌は，摂食様式の多様化に伴って変化し，藻類食から作物や園芸植物を食べる農業害虫，あるいは腐食者や捕食者まで，こすりとり，穴を開け，あるいは獲物に毒を注入する役を果たす．海産類は一般に浮遊幼生期をもち，トロコフォア幼生とヴェリジャー幼生を経て稚貝に変態する．陸産や淡水産種は直接発生を行うものが多く，卵胎生も知られている．現生分類体系は，4亜綱14目に分ける体系の他，笠型腹足上目のみを含む始腹足亜綱とその他のグループを含む直腹足亜綱の2亜綱分類も検討されている．

単板綱 Class Monoplacophora

　Monoplacophora（monos＝単一の，plakous＝平板，phoros＝もつもの）は古生代に栄え，現在は少数種が深海に生息するだけの"生きた化石"．扁平な体の背面に1枚の笠形の貝殻をもつ．鰓は外套腔内に5または6対（*Micropilina*では例外的に3対），貝殻と足をつなぐ筋肉は8対，腎臓は3〜6対，生殖巣は2または1対等々，諸器官の配置に明瞭な体節様の繰り返しが認められる唯一の軟体動物．しかし，相互の器官は厳密には対応せず，節足動物のような真の体節とは異なる．このことは，多板綱の8枚の殻や並んだ鰓とともに，多体節性の名残りなのか，二次的に生じた形質なのか，解釈は一定していない．現生種の多くは深海の泥底に生息する．一般に雌雄異体．1950年代の初記録以来世界の各地で発見が相次ぐ．十数種に上る現生種はすべてネオピリナ目に含まれる．日本近海からは未発見．

多板綱 Class Polyplacophora

　Polyplacophora（poly＝多い，plakous＝平板，phoros＝もつもの）の英名はchiton．扁平な体に8枚の重なり合った石灰質の板をもつヒザラガイの仲間．海産．広く平らな足で這いまわり，海藻などを削り取って食べる．足は溝状の外套腔に縁どられ，その中に6〜88対の鰓が並ぶ．2対の神経節から2対の神経索が出る．多

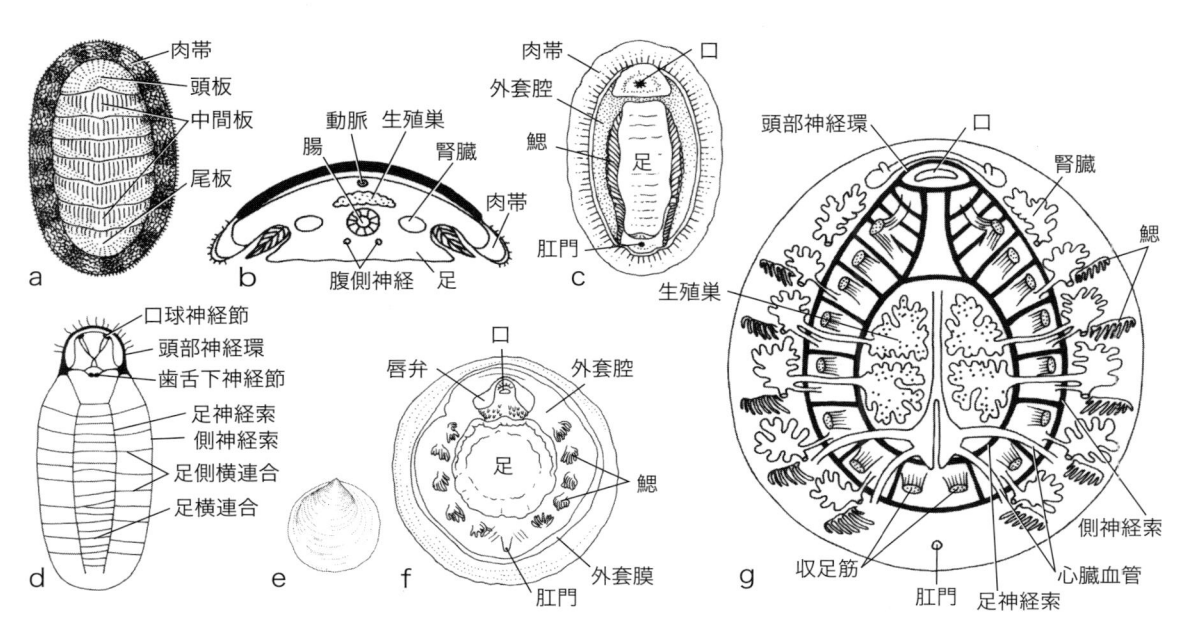

図17.5　単板綱と多板綱の一般体制（白山，2000; Brusca & Brusca, 2003; Hickman *et al.*, 2009 より改変）(a)〜(d) 多板綱．(a) ヒザラガイの背側外形．(b) 同横断面図．(c) 同腹側外形．(d) 同神経系．(e)〜(g) 単板綱．(e) ネオピリナの貝殻．(f) 同腹側外形．(g) 同体内構造．

くは雌雄異体で体外受精，トロコフォア幼生を出す．現生約800種は新ヒザラガイ目にまとめられる．オオバンヒザラガイなど日本産は約100種．

溝腹綱 Class Solenogastres

Solenogastres（solenos＝溝，gaster＝腹）は蠕虫様で貝殻をもたず，目や触角，排出器官を欠く点に加え，消化管と神経索の構造も，次に述べる尾腔綱によく似ている．通常は1cm以下だが30cmを越える種もある．側方向に扁平で，体軸に沿って腹側に溝があり，そこに足の痕跡と考えられる小隆起線が数本ある．体の後端に小さな外套腔をもつが本鰓を欠く．種類によって外套腔の内壁が突出して二次的な鰓褶を生じる．雌雄同体で，2個体が絡まって交尾する．トロコフォア幼生が知られる．約200種が4目に分類される．日本からは，サンゴノフトヒモ *Neomenia yamamotoi*，カセミミズ *Epimenia babai* など約10種が記載されている．

尾腔綱 Class Caudofoveata

Caudofoveata（cauda＝尾，foveola＝穴）は最大でも十数cmほどの蠕虫様軟体動物で，海底の軟泥底に縦穴を掘って棲む．貝殻を欠くが無数の石灰質の骨片が体表を覆う．足は退化的で，体の前端部にのみ存在する．体の後端に小さな外套腔があり1対の鰓を具える．目や触角，排出器官を欠く．食道上にある1対の脳神経節から側神経索と腹神経索が1対ずつ後方へ伸びる．雌雄異体で体外受精を行うと考えられ，トロコフォア幼生も知られている．世界で約70種が1目3科に分類される．日本からは，アッケシケハダウミヒモ *Chaetoderma akkesiense* とヤマトケハダウミヒモ *C. japonicum* の2種が記載されている．

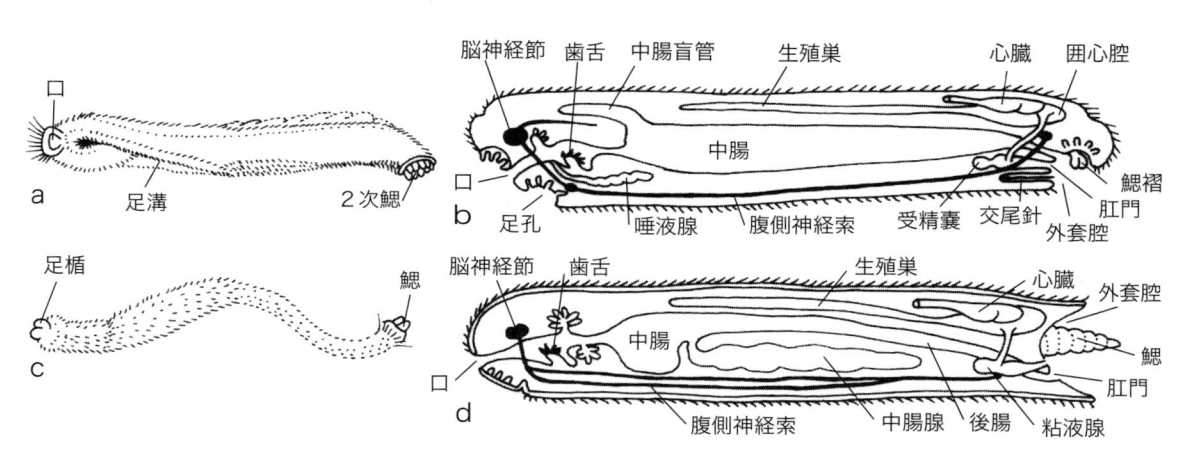

図17.6 溝腹綱と尾腔綱の一般体制（本川, 2009；白山, 2000；Brusca & Brusca, 2003 より改変）
(a), (b) 溝腹綱．(a) カセミミズ *Epimenia* 属の一般外形．(b) 溝腹綱の体内構造．(c), (d) 尾腔綱．(c) 外形．(d) 体内構造．

表 17.1 軟体動物の分類体系と主な種

頭足綱 Cephalopoda
    輪形亜綱 Coleoidea（二鰓亜綱 Dibranchiata）
        コウモリダコ目 Vampyromorpha
        八腕形目 Octopoda
        ツツイカ目 Teuthoidea
        ダンゴイカ目 Sepiolida
        コウイカ目 Sepioidea
    オウムガイ亜綱 Nautiloidea（四鰓亜綱 Tetrabranchia）
        オウムガイ目 Nautiloida

腹足綱 Gastropoda
    直腹足亜綱 Orthogastropoda
      異鰓上目 Heterobranchia
        有肺目 Pulmonata
        後鰓目 Opisthobranchia
      "異旋類" Heterostropha（原始的な異鰓類を暫定的にまとめた人為的な分類群．ミズシタダミ上科，トウガタガイ上科などを含む）
      新生腹足上目 Caenogastropoda
        吸腔目 Sorbeoconcha
        原始紐舌目 Architaenioglossa
      アマオブネ上目 Neritopsina
      古腹足上目 Vetigastropoda
      ワタゾコシロガサ上目 Cocculiniformia
    始腹足亜綱 Eogastropoda
      笠型腹足上目 Patellogastropoda

掘足綱 Scaphopoda
        クチキレツノガイ目 Gadilida（Siphonodentalida）
        ツノガイ目 Dentalida

二枚貝綱 Bivalvia（Pelecypoda）
    異歯亜綱 Heterodonta
        異靱帯目 Anomalodesmata
        オオノガイ目 Myoida
        マルスダレガイ目 Veneroida
        トマヤガイ目 Carditoidea
    古異歯亜綱 Palaeoheterodonta
        サンカクガイ目 Trigonioida
        イシガイ目 Unionoida
    翼形亜綱 Pteriomorphia
        カキ目 Ostreoida
        イタヤガイ目 Pectinoidea
        ミノガイ目 Limoida
        ウグイスガイ目 Pterioida
        イガイ目 Mytiloida
        フネガイ目 Arcoida
    原鰓亜綱 Protobranchia
        クルミガイ目 Nuculoida（古多歯目 Palaeotaxodonta）
        キヌタレガイ目 Solemyoida

単板綱 Monoplacophora
        ネオピリナ目 Tryblidida

多板綱 PolypIacophora
    新ヒザラガイ目 Neoloricata
    古ヒザラガイ目 Paledoricata †

溝腹綱 Solenogastres（Neomeniomorpha）
    カセミミズ目 Cavibelonia
    ステルロフスチア目 Sterrofustia
    サンゴノヒモ目 Neomeniamorpha
    フォリドスケピア目 Folidoscepia

尾腔綱 Caudofoveata（Chaetodermamorpha）
    ケハダウミヒモ目 Chaetodermamorpha

═══════════════ Tea Time ═══════════════

ボディプランの多様性（9）制御系3　内分泌系

　動物の体内において，ある器官で合成され，血液（体液）中に直接分泌され，血液（体液）を通して標的器官まで運ばれ，そこで特定の効果を発揮する生理活性物質をホルモン hormone と総称する．生体内の特定の器官の働きを調節するための情報伝達を担う物質である．汗などが体外へ分泌される外分泌 exocrine と対比して，ホルモンは体内に分泌されることから内分泌 endocrine とよぶ．下垂体，甲状腺，胸腺，副腎，膵臓，生殖腺などの内分泌器官 endocrine organ（内分泌腺 endocrine gland）が内分泌器系を構成する．内分泌器官の多くは体内で離れて存在し，互いに血管以外ではつながっていない点で他の器官系とは異なる．内分泌系ももちろん神経系に制御される．神経細胞どうし，あるいは神経細胞と筋細胞や腺細胞などの間の情報伝達は，シナプス間隙に分泌される神経伝達物質とよばれる化学物質で行われることから，神経細胞も広い意味では内分泌器官であるといえる．ヒトにおいては様々な化学物質が様々な役割をもったホルモンとして働き，標的器官も多様である．昆虫類においては，前胸腺から分泌され加齢・蛹化・羽化にかかわるエクジソン ecdysone（エクダイソン），アラタ体から分泌され，幼虫を若い状態に保つ幼若ホルモンなどが知られる．しかし，その他の無脊椎動物では内分泌の研究は進んでおらず，内分泌器官と同定されているものはきわめて数少ない．

第18講

紐形動物門
Phylum NEMERTEA

キーワード：ヒモムシ　吻　ピリディウム幼生　デゾール幼生　裂体腔

　おもに海底の石の下や砂泥中に潜み，やわらかくて伸縮自在の細長い紐のような体の先端から体長と同じくらいの長さに伸びる有針あるいは無針の吻を突出させて獲物を襲う左右相称の裂体腔型真体腔動物．かつては無体腔と考えられていたが，軟体動物や環形動物などと姉妹群をなすとの分子系統解析の結果を受けて発生学的な再研究が行われ，体内唯一の空所である吻腔 rhynchocoel は裂体腔であることが明らかとなった．吻腔は筋肉性の長い管で，体液で満たされ，静水力学的な力で吻を押し出す．学名 Nemertea（Nemertinea, -tina, -tini とも表記される）は属名 *Nemertes* に由来し，海神ネレウス Nereus とその妻ドーリス Doris の美しい娘たちの一人ネメルテス Nemertes にちなむ．ギリシャ神話から属名をつける慣習の産物で，ちなみに Nereus に由来する *Nereis* は環形動物ゴカイの一属，*Doris* は軟体動物ウミウシの一属として名を残す．英名は ribbon worm あるいは proboscis worm. 一般にヒモムシ（紐虫）とよばれる．

　紐形動物の体は背腹に平たく，体長は数 mm から十数 m に達する．環形動物など，その他のいわゆる蠕虫型無脊椎動物と比べると，体幅に比べて体長の割合がきわめて大きく，糸，紐，リボンなどを連想するのももっともである．異紐虫目の *Lineus longissimus* は体長 30 m の記録があり，十分に伸びればその 2 倍に達すると思われる世界最長の無脊椎動物である．体表にクチクラはなく，繊毛の生えた表皮で覆われる．表皮の内側に環状筋や縦走筋があり，これらと内臓諸器官の間は柔組織で埋まる．前頭部に頭端器や頭感器などの感覚器官を備える．前方腹面に口が開き，消化管は咽頭，胃，腸を経て後端の肛門に開口する．循環系は，消化管の背側を走る背血管と体の左右を走る側血管が体の前後両端でつながり，さらにいくつかの横走血管で互いに連絡する．一部の種はヘモグロビンをもつ．吻を囲むように神経節があり，背側には背神経が，腹側からは左右の体側神経が走る．呼吸器官を欠く．浸透圧調節の役も果たす排出器官は食道の両側にある原腎管で，それぞれ枝管を出し，1 個〜数個の排出口をもつ．

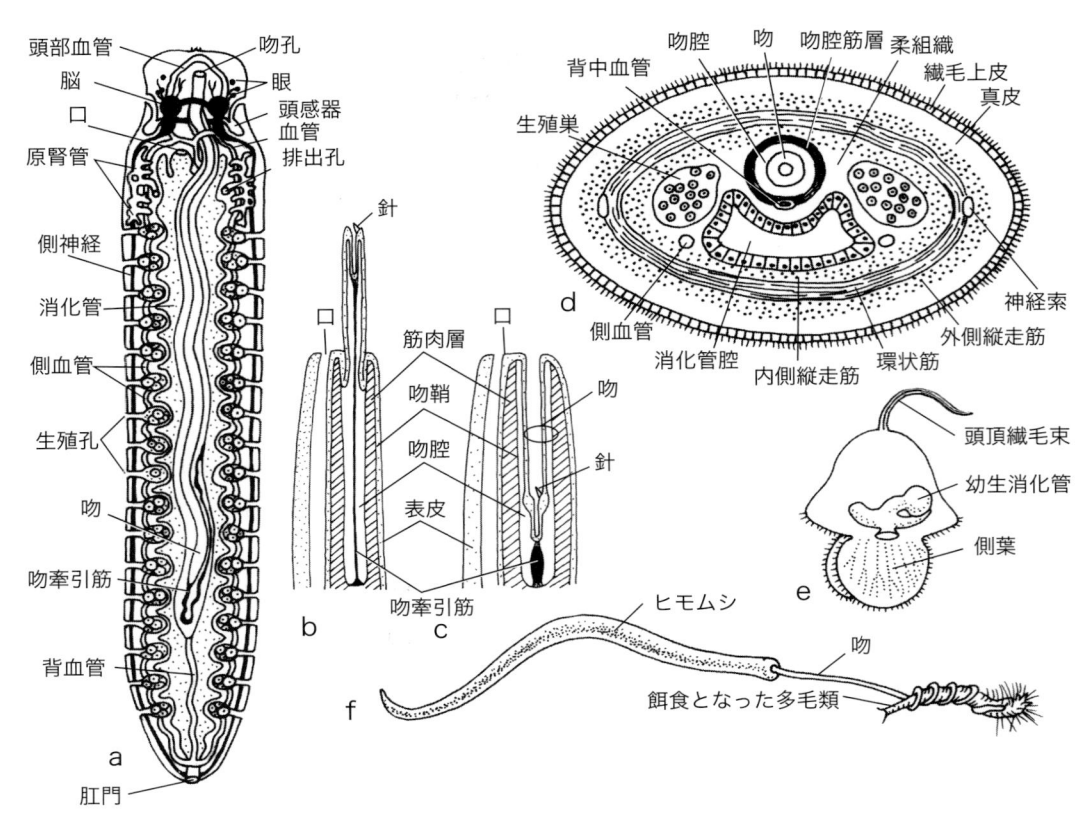

図 18.1 紐形動物の一般体制（Laverack & Dando, 1987; Pechenik, 2010 より改変）
(a) ヒモムシの基本的体内構造．(b) 吻が翻出されたところ．(c) 吻を引き込んだところ．(d) 横断面図．(e) ピリディウム幼生．(f) 吻を伸ばして獲物を捕らえたところ．

　大部分の種は雌雄異体で有性生殖を行い，卵割は全割らせん型．直接発生する種が多い．異紐虫類ではピリディウム幼生 piridium larva やデゾール幼生 Desor's larva，あるいはその中間の幼生が一時浮遊生活を送る．これらはトロコフォア型であるが，肛門がないのでプロトロクラ幼生 protrochula larva とよばれる．再生力が強く，体の微小な一部分から完全な1個体ができる種，あるいは体がばらばらに砕片分離することで無性的に増殖する種も知られる．砕片分離は体に強い刺激を受けた場合に起こり，側神経索の一部を含む砕片は完全に1個体にまで再生しうる．
　多くの種は海産の肉食性あるいは腐食性の自由生活者で，体から粘液を分泌し，繊毛と筋肉の運動で海底表面を這いまわる．浮遊，遊泳する種，あるいは発光する種も知られている．淡水中あるいは湿った地上や樹上に棲む種，寄生性の種も知られ，多様な生活形態を示す．
　紐形動物の分類は，16世紀の最初の記録に始まって今日までで既知種は1000種を超え，神経節の位置や吻の中の針の有無によって2綱に分類される．口が脳の前

方にあり，一般に，吻に針が備わる有針綱 Enopla には，多針亜目 Polystyliferoidea と単針亜目 Monostyliferoidea を含む針紐虫目 Hoplonemertea，および蛭紐虫目 Bdellonemertea に約 790 種が報告され，口が脳の後方にあり，吻に針状構造がない無針綱 Anopla の約 610 種は，原始紐虫目 Archinemertea, 古紐虫目 PaIaeonemertea, 異紐虫目 Heteronemertea の 3 目に分類される．

========== Tea Time ==========

生物多様性とバイオミメティクス

　生物多様性およびその研究である分類学が先端技術に不可欠である例を一つあげる．生物規範工学とも訳されるバイオミメティクス Biomimetics とは，生命体 (bio) の構造や機能，生産プロセスを模倣 (mimetic) することで人間社会に役立つものを作り出そうとする技術で，自然に学ぶ技術，つまりネイチャー・テクノロジー nature technology の一つである．絹糸を模倣した合成繊維に代表されるように，古くから知られた考え方であるが，今世紀になって，ナノテクノロジーの発展が生物学（とくに分類学）と材料科学および工学の学際融合に基づいた新しい学問体系を生み出すことになった．具体的には，細胞内部や表面に形成される数百 nm～数 μm の「サブセルラー・サイズ構造」がもつ機能の解明によって「生物の技術体系」を明らかにし，それを模倣することで，省エネルギー，省資源型のモノ作りを可能としようというわけである．持続可能性社会実現へ向けてあらゆる分野に技術革新をもたらす技術として研究が進められている．

　生物は日々生きていくために様々な技術を用いている．たとえば，ヤモリは垂直の壁を上り，天井を逆さになって這い回って餌を探す．ヤモリの指を走査型電子顕微鏡で拡大して見ると，表面には分岐した極微細毛が密集して生えている．そのため表面積が増大し，微弱エネルギーである van der Waals 力が蓄積し，ヤモリは壁に張り付くことができるのである．この「ヤモリの技術」は，接着テープや粘着剤などにすでに応用されている．

　バイオミメティクスが発展した背景には分類学の貢献がある．生物の暮らしぶりを研究するのは生態学や行動学，形を研究するのは形態学，機能を探るのは生理学や生化学であるとしても，それらの生物学データを統合して生物世界に位置づけ，その証拠として自然史標本を博物館等施設に保管する役割は分類学が担っている．分類学の知識に基づき，自然史標本を用いてサブセルラー・サイズ構造を明らかにすることからバイオミメティクスは始まる．このような複数の学問の利的協力は新しい展開を生むのである．バイオミメティクス発展の意義は，人類の自然認識体系として本来一体のものであるべき学問を再架橋することなのかもしれない．

第19講

腕足動物門と箒虫動物門

キーワード：シャミセンガイ　　ホウキムシ　　触手冠　　U字形消化管
　　　　　　アクチノトロカ

腕足動物門 Phylum BRACHIOPODA

　九州・中国地方の産地で食用とされ，有明海ではメカジャ（女冠者）とよばれるミドリシャミセンガイ *Lingula anatina* を含むことで人間生活と少々かかわりをもつ動物門．体長1 mm～10 cm，すべて海産，底生性で固着性の無脊椎動物で群体は作らない．真体腔をもつ新口動物．現生約350種が知られる．和名はギリシャ語のbrachion＝腕，pous＝足からなる学名 Brachiopoda の直訳で，1対の腕が触手冠を支えることから名づけられた．しかし，かつては軟体動物二枚貝と間違われていたことからもわかるとおり，英名は lamp shell，ミドリシャミセンガイを漢字で書くと緑三味線‘貝’となり，二枚の貝殻をもつことが外観上の最大特徴である．二枚貝類との区別点は，二枚の殻が左右ではなく背腹に位置し，互いに形が異なり，各殻が左右対称形であるなどである．

　殻の内部には外套腔がある．外界とつながったこの空所は，動物本体である内臓嚢と，背腹の殻を裏打ちする外套膜とに囲まれる．外套からの分泌物で殻が作られる．外套腔内に突出して花のように開いているのが，摂食と呼吸を司る触手冠である．触手冠は多数の細い触手を備え，基本的には円形だが，学名が由来するところの上述の‘腕’を1対発達させ，それに支えられてらせん形に巻くことが多い．体腔は隔膜によって左右に分けられる．口は触手冠の中央にあり，消化管はU字形に曲がり，肛門は触手冠の外側に開く．神経系は表皮にあり，食道神経節を中心として諸器官に分枝する．開放血管系が腸の背側に位置し，心臓をもつ．排出器官は1～2対の後腎管で，漏斗は体腔に開き，排出口は外套腔に開口する．後腎管は生殖巣から生殖口へ卵や精子を運ぶための生殖輸管も兼ねている．ほとんどが雌雄異体．卵割は全等割放射型でトロコフォア型の幼生へ発達する．

　腕足動物のほとんどは永久的に他物に付着して生活する．しかし，砂の中に自分

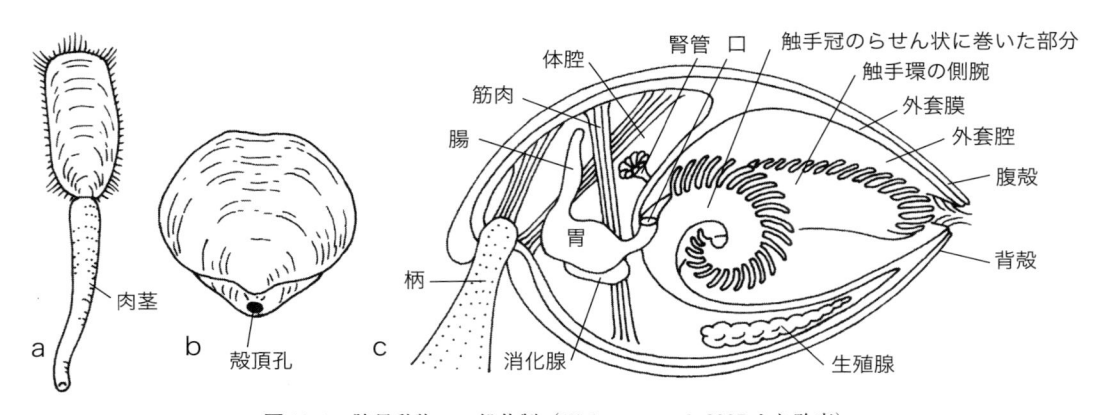

図 19.1 腕足動物の一般体制（Hickman *et al.*, 2007 より改変）
(a) 無関節類シャミセンガイ類の外形．(b) 有関節類チョウチンガイ類の外形．(c) 腕足類の体内構造．

で穴を掘ってすむもの，海底に自由に横たわるもの，あるいは，帆立貝のように殻を開閉させて泳ぎ，短距離ながら移動する種も知られる．

腕足動物門内の多様性

　腕足動物門は外観はもとより体制もかなり異なる2綱，有関節綱 Articulata と無関節綱 Inarticulata に大別される．チョウチンガイやホウズキガイを含む有関節綱は蝶番によって連結された炭酸カルシウムを主成分とするふくらみのある殻をもつ．腹殻は背殻より大きくてふくらみも強い．外套端にキチン質の棘あるいは剛毛を備える種が知られ，これらは外套の延長として，防御や感覚の役を果たすと考えられている．背殻内部には触手冠を支えるための腕骨が発達する．幼生・成体とも肛門が退化している．殻頂孔を通って伸びた柄部で岩石などに付着する．外套腔内で受精卵を保育する種が多い．幼生は卵黄栄養型で殻をもたず，短い浮遊期間を経て付着・変態し成体となる．

　上述のミドリシャミセンガイを含む無関節綱は，キチン質性リン酸カルシウムあるいは炭酸カルシウムからなる殻をもつ．この殻はふくらみが少なく，蝶番を欠き，筋肉で連結する．腕骨を欠く．多くは幼生・成体ともに肛門を有する．背腹両殻の間から伸びた肉茎とよばれる筋肉質の柄部を泥の中に挿入するか，あるいは腹殻で直接岩石などに付着して生活する．幼生はプランクトン栄養型で変態せずにそのまま着生して成体となる．

　腕足動物に前体はなく，触手冠を支える小さな中体の後に小さな後体が続く2体節性動物である．有関節類の体腔は腸体腔性で，原腸から出る一対の体腔嚢として生ずる．無関節類では，原腸由来の中胚葉細胞塊の中に裂体腔的に形成される．

　有関節類と無関節類は殻の開閉機構が異なっている．有関節類の外套腔は広く，触手冠は大型で複雑化しており，背腹の殻を結ぶ筋肉の収縮で殻を開閉する．一方

の無関節類は，体腔液の詰まった常に一定の体積をもつ体腔に縦走筋が働き，水圧で背腹の殻を押し開ける．そのため殻の間の空所はほとんど筋肉と体腔で占められていて，相対的に外套腔が狭い．この違いは，前者が岩などに付着して暮らす表底生性であるのに対して，後者の多くは砂泥底で埋没生活を送るという生活型の違いと密接な関係がある．

腕足動物門内の分類

現生約350種に対して化石種は3万種を越す．カンブリア紀前期に出現し，古生代に繁栄し，その末期に激減した．5億年以上にわたる化石記録はよく保存されている．年代を特定する示準化石としてしばしば用いられる．シャミセンガイは古生代よりほとんどその形態の変化がなく，"生きた化石" とも言われる．

2綱に分類される．有関節綱2目のうち，嘴殻目 Rhynchonellida の日本産種はテリチョウチンガイ *Neohemithyris lucida*，クチバシチョウチンガイ *Hemithylis psittacea* など．穿殻目 Terebratulida の日本産種はカメホウズキチョウチン *Terbratalia coreanica*，マルグチホウズキガイ *Dallina raphaelis*，カクホウズキガイ *Laqueus quadratus* などを含む．

無関節綱は3目．舌殻目 Lingulida はシャミセンガイ科1科2属のみを含み，日本にはミドリシャミセンガイ *Lingula anatina* などシャミゼンガイ属 *Lingula* のみが産する．盤殻目 Discinida 盤殻科 Discinidae の現生3属のうち日本産は *Discinisca* 属のみ．頭殻目 Craniida 頭殻科 Craniidae イカリチョウチン属 *Craniscus* の唯一の現生種イカリチョウチン *C. japonicus* は肉茎をもたず，腹殻表面で岩などに付着して日本近海の水深20m以浅から採集される．

箒虫動物門 Phylum PHORONIDA

世界で20種に満たず，人間生活とほとんどかかわりのない小さな動物門．たくさんの触手が馬蹄形に並んだ箒のような触手冠が特徴であることは，和名のホウキムシはもとより英名の horseshoe worm（直訳すれば馬蹄虫）からも明らかである．しかし，学名 Phoronida の由来する属名 *Phoronis* はギリシャ神話でゼウスに愛された美しい女司祭フォロニス Phoronis にちなむ．この名は，触手冠をいっぱいに広げた姿に美しい神話上の女性を重ね合わせたと考えられる．触手冠という一つの形質を表現するにあたって各言語の歴史的，文化的な違いが興味深い．

自身で分泌したキチン質の棲管中にすむ蠕虫様の動物．体はやわらかく，先端に馬蹄形または渦巻状の触手冠をもつ．環形動物多毛類のカンザシゴカイ類に似るが，単体節で疣足を欠くことで見分けられる．すべて海産で主に砂泥中にすみ，成体はしばしば密集して群生する．横分裂や出芽によって無性生殖することがその原因の

図 19.2 箒虫動物の一般体制（白山，2000; Hickmann *et al.*, 2007 より改変）
(a) ホウキムシ *Phoronis* の外形．(b) ホウキムシ *Phoronis* の体内構造．(c)〜(e) 幼生発生の変態過程．(c) アクチノトロカ幼生．(d) 変態途中の幼生．(e) 変態を完了した定着直前の幼生．

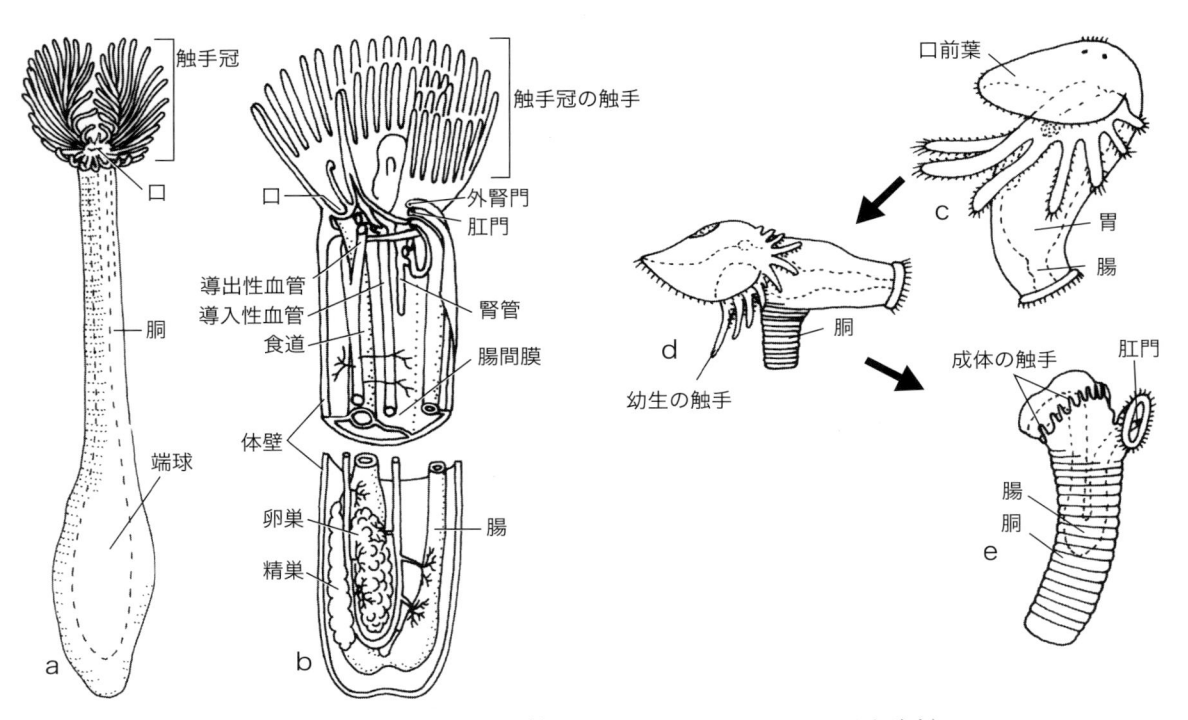

一つと考えられる．棲管どうしは癒合しているが群生個体間に組織上の連絡はない．

体長数 mm〜30 cm，左右相称で，よく発達した3つの体腔をもつ少体節性真体腔動物である．触手冠で濾過した海中の懸濁物を触手冠の中央にある口へ運ぶ．消化管はU字形で，肛門は触手冠の外側に開口する．閉鎖血管系で，ヘモグロビンをもつため血液は赤い．心臓はなく，太い血管の壁が収縮して血液を送り出す．体前方部にある1対の後腎管は生殖輸管を兼ねる．肛門の左右にある開口は，成熟した生殖細胞を体外へ放出するための生殖口を兼ねる．口と肛門の間に脳神経節，触手冠の根本に環状神経がある．

雌雄異体または同体．生殖巣は腹膜に生じ，雄性先熟．精子はV字形で，精胞に包まれる．体内受精．卵割は放射型あるいは二放射型で，二細胞期は調整能をもつ．囊胚形成は陥入で起こり，原腸が体腔となる．原口はアクチノトロカ幼生の口になる．幼生は対になった炎細胞からなる原腎管をもつ．

幼生発生は以下に示す三つの型あり．日本産2種を含む「保育型」では，V字型の成熟精子は体内で凝集し，精包 spermatophore となって体外へ放出される．海中を浮遊する精包はやがて卵巣をもつ個体の体内へ取り入れられ，そこで受精が起こる．受精卵は体外へ放出された後，親の体表に付着して卵割を終え，アクチノトロ

カ幼生となって泳ぎ出る．この幼生は，口の上を覆う口前葉とよばれる帽子状構造と触手および胴部からなる特異な形をしており，対をなす炎細胞を備えた原腎管をもつ．Müller (1846) がこれを独立の動物と間違え，*Actinotrocha branchiata* と名づけたことに幼生名は由来する．浮遊生活を送った幼生は適当な基盤を見つけ，急激に変態して成体となり，棲管を分泌して固着生活に入る．「放任型」は卵を体表につけて保育する習性をもたず，受精卵は海中で自由生活を送りながら発生の全過程を終える．「保護型」(*P. ovalis* のみが含まれる) では精包を作らず，卵は親の棲管内に保護されて卵割を終え，ナメクジ様幼生となって這い出る．

箒虫動物は熱帯から亜極まで世界中に分布し，発見から150年以上経つが，その研究は数えるほどしかない．しかし，体腔動物の進化を考える上で欠かせない重要な研究対象である．箒虫動物は伝統的に腕足動物および苔虫動物とともに触手動物あるいは触手冠動物としてまとめられてきた．この3動物門の類縁関係に関しては本講の Tea Time で考察する．

触手冠と胴部の間に襟襞をもつ *Phoronopsis* とそれを欠く *Phoronis* の2属のみ．日本近海には1属3種が知られる．体長4 mm ほどのホウキムシ *Phoronis australis* は約1600本の触手からなるらせん状に巻いた濃紫色の触手冠をもち，ムラサキハナギンチャクの棲管内に共生していることが多い．淡紅色で太さ1 mm ほどのヒメホウキムシ *Phoronis ijimai* は砂泥中に群生し，馬蹄形の触手冠に約230本の触手をもつ．箒虫の棲管あるいは棲んでいた穴と思われる化石がデボン紀以降に出ている．

―― **Tea Time** ――

触手冠動物

箒虫，苔虫，腕足の3動物群に対して触手という共通点を強調して Hatcheck (1888) は触手動物 Tentaculata という名を提唱した．しかし，触手を備える動物群は他にもあるため，Hyman (1959) は，3動物群を特徴付けるのは触手冠という摂食のための特殊な構造であり，触手冠動物 Lophophorata という名が適当とした．彼女は，触手冠を「触手の生えた中体の延長部分で，口を包含するが肛門は含まず，体腔空所をもつ」と定義した．触手冠はその機能において一連のものである．触手側面に生えた繊毛の運動が起こした水流は上方から触手冠へ入り，口へ向かい，触手と触手の隙間から排出される下流採餌システムをなす．これは第13講で述べた曲形動物の上流採餌システムと対比される．

Hyman による触手冠の定義は，触手冠動物は体が前体，中体，後体に分かれていて，各体部が真体腔をもつ3体節性真体腔動物であることを暗に含む（第26講 Tea Time 参照）．実は，この基準をすべての触手冠動物が満足するわけではない．腕足

動物の成体は体節性が明らかではない．幼生は無関節類，有関節類とも外見上は3体節性にみえるが，その体腔形成はまだ明確になっていない．はっきりした3体節性が確認されているのは箒虫動物のみである．箒虫動物の前体は幼生では口前葉，成体では口上突起 epistome に相当する．アクチノトロカ幼生口前葉内の前体腔は成体への急激な変態の折におおかた失われるが，一部は口上突起原基 epistome primordium となって残り，これが姿を変えて成体の口上突起となる．このとき，口前隔膜が新生されて成体の前体腔が完成する（Emig, 1982）．

苔虫動物裸喉綱では前体を欠き，唯一掩喉綱の口上突起が前体とされる．中体である触手冠は，円形，馬蹄形，あるいは複雑ならせん状まで分類群によって様々である．触手冠内部の空所が中体腔である．後体はやはり箒虫動物において明瞭である．アクチノトロカ幼生の胴部が後体に相当し，その中の後体腔は変態後そのまま成体の胴部全体を占め，U字形の消化管の大部分が収まる．すなわち成体の胴部が後体である．苔虫動物裸喉綱では触手冠以外の体全部が後体と見なされる．

触手冠動物として一括される動物群間には，その他様々な相違点がある．たとえば，群体を作るのは苔虫動物だけであるし，閉鎖血管系をもつのは箒虫動物だけで，腕足動物は不完全な開放型の循環系をもち，苔虫動物は循環系を欠いている．触手冠とU字形消化管をもつこと，および頭部の欠如という共通点を固着生活への適応とみれば，触手冠動物の単系統性は疑わしくなってくる．

触手冠動物内の系統関係の分析は，これまで，旧口・新口動物を対立させる構想の中で行われてきた．個体発生と形態形質を用いた分岐分析では触手冠動物は新口動物に近いとの結果が出ている（たとえば，Brusca and Brusca, 1990; Schram, 1991; Eernisse *et al.*, 1992; Backeljau *et al.*, 1993）．例外は Nielsen（1995）で，苔虫動物は曲形動物と近い旧口動物で，箒虫動物と腕足動物は新口動物であるという．

20世紀終わりから21世紀初頭にかけて行われた様々な分子系統解析の多くは，触手冠動物を旧口動物に含めることを支持し，旧口動物の中で担輪動物と併せて冠輪動物としてまとめられた．一方，キャバリエ＝スミスは，触手冠動物の3群の中で，苔虫動物は異なる系統に属し，腕足動物と箒虫動物は単系統を形成することから，後者2群をまとめた腕動物門 Brachiozoa を提唱した（Cavalier-Smith, 1998）．その後，箒虫動物は腕足動物に内包されると述べた研究（Cohen *et al.*, 2000），腕動物の単系統性を支持し，紐形動物がその姉妹群になるとする論文（Helmkampf *et al.*, 2008），腕足，箒虫，紐形の3動物群が単系統を形成するが，腕足動物に最も近縁なのは箒虫動物ではなく，紐形動物であると推定した論文（Dunn *et al.* 2008）等々が続き，触手冠動物近辺の類縁関係に未だ定説はないようだ．

第20講

苔虫動物門
Phylum BRYOZOA

キーワード：コケムシ　　群体性　　個虫　　触手冠　　サイフォノーテス

　固着生物である苔虫動物は人間生活とほとんど関係をもたず，一般に知られていないため，他のよく知られた生物，刺胞動物門のサンゴやヒドロ虫，あるいは海藻などと混同されることが多い．自身では動かずに水中の石や岩，貝殻，他の動植物などの表面に固着して生活する固着生物は，分類群が異なっても外観は似ているのである．事実，19世紀中頃には，苔虫動物はヒドロ虫などとともにZoophyta（しいて訳せば動植物類）と名づけられたグループに分類されていた．学名Bryozoaは，苔植物を指すBryophytaの語尾phyta（植物という意味）を動物を指すzoaに変えたもので，和名，および英名moss animalもその直訳，すなわち苔に似た虫という意味である．別名，外肛動物Ectoprocta，あるいは多虫動物Polyzoa．一般にコケムシとよばれる．

　苔虫動物は群体動物である．1 mm前後の微小な個虫が無性出芽で数を増やして群体（特に苔虫動物の群体をzoariumとよぶ）を作る．群体の形は様々で，チゴケムシ *Watersipora* の仲間は石の上をべったり覆い，陸上の苔そっくりの群体を作る．フサコケムシ *Bugula* の仲間の起立性茂み状群体は海藻やヒドロ虫と，ツノコケムシ *Adeona* の仲間の鹿角状群体はサンゴとよく間違われる．

　群体と個虫の関係を知るため，ヒラハコケムシ *Membranipora serrilamella* を例にあげて生活史を以下に概観する．ヒラハコケムシが成熟すると，群体中の一部の個虫の体腔内で卵が作られる．成熟卵は触手冠の根元にある触手間器官とよばれる開口部から進入してきた他群体の個虫の精子で受精され，水中に放出される．受精卵は水中で卵割を終え，左右二枚のクチクラ製の殻に包まれたサイフォノーテスcyphonautes（キフォナウテスともよぶ）幼生となる．この幼生は餌をとりながらしばらく海中を遊泳した後，コンブなどの大型海藻の表面に付着し，変態して初虫ancestrulaとなる．初虫はその前端部から無性的に個虫を出芽する．個虫は次々に無性出芽を繰り返し，海藻上をシート状に覆う大きな群体となる．無性出芽した個虫は遺伝子構成が互いに等しいクローンである．

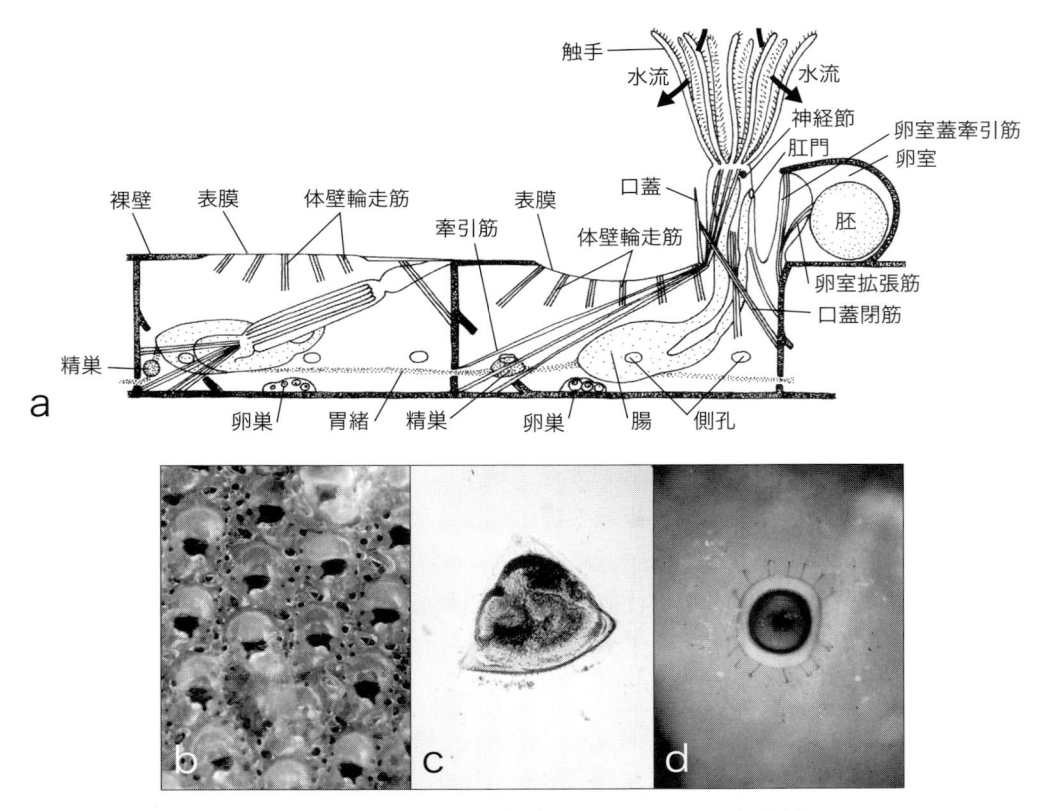

図 20.1 苔虫動物の一般体制（図は Ryland, 1970 より改変）
(a) 裸喉綱唇口目の体内構造．左は触手冠を引っ込めた個虫．右は卵室をもつ個虫が触手冠を翻出したところ．下流採餌システムの水流を矢印で表してある．(b) 群体表面拡大図．虫室口の上方に卵の入った卵室がみえる．(c) サイフォノーテス幼生．(d) 掩喉綱の休芽．

個虫は真体腔をもち，寒天質，クチクラあるいは石灰質などで補強された虫室 zooecium と，その中に収まった虫体 polypide で構成される．虫体の前端には多数の触手を備えた触手冠がある．筋肉の収縮によって虫室内の圧力が高まると，虫体の前方部が開口部から外へ押し出され，触手冠が花のように開く．触手には繊毛が一面に生えていて，その協調運動によって水流を起こし，ガス交換を行うと同時に水中の微生物や有機物片を濾しとって口へ運ぶ．消化管は，触手冠中央に開く口から繊毛をもった咽頭，食道，胃，腸，直腸と続き，途中で反転して U 字形となり，肛門は触手冠の外側に開く（苔虫動物の別名である外肛動物はこの特徴に由来する）．

神経系には口と肛門の間に 1 個の神経節がみられる．循環系と排出系を欠くが，胃緒 funicle とよばれる間充織のネットワークが血管のような働きをする．

一般に雌雄同体で，体内受精．卵割は全等割放射型で，原口は口にはならない．非摂食短期遊泳型のトロコフォアあるいはその変形である摂食遠洋遊泳型の上述のサイフォノーテス幼生に発達する．

苔虫動物は，オルドビス紀前期に初めて出現して以来，ジュラ紀の初期に始まり現代まで続く爆発的放散期まで，5億年にわたって海産底棲動物群集の主要構成要素であった．緯度を問わず，すべての海，潮間帯から深海まで分布する．砂の間隙から堅い付着基上まで生息場所は様々で，自身が他の動物の付着基になるし，ある種は礁を作るほどになる．寄生性種は知られていない．人間生活との関連においては，海藻やヒドロ虫，ホヤなどとともに，漁網や船底，あるいは人口海中構造物に付着して人間生活に害を与える汚損生物とされる．

苔虫動物門内の多様性

既知の現生種約 4000 種は 2 綱 4 群に分類される．絶滅群は 4 目，化石種多数．裸喉綱 Gymnolaemata は海産または汽水産．個虫は口上突起を欠き，円形の触手冠をもち，個虫間の境界は明瞭．裸喉綱の現生種は 2 亜綱 3 目に分類される．狭喉亜綱 Stenolaemata の管口目 Tubuliporata（円口目）は虫室に石灰質を含み，個虫は背腹の区別なく円筒形．円形の開口は個虫の先端にある．口蓋 operculum なし．一つの卵室を数個虫で共用し，多胚発生する．広喉亜綱 Eurylaemata は 2 目よりなる．櫛口目 Ctenostomata はクチクラの虫室をもち，個虫先端の開口は巾着状に閉じる．卵室 ovicell, ooecium を欠き，卵および幼生は個虫の体内で育つ．唇口目 Cheilostomata はおもに海産で種類数多し．虫室は石灰質を含み，卵室をもつ．個虫は背腹の区別があり，腹面前端付近の個虫開口は口蓋で閉じられる．一番繁栄しているグループで，個虫分化がみられる種を含む．化石はオルドビス紀から出ているが，白亜紀以後に出るものが多い．掩喉綱 Phylactolaemata（被口綱，被喉綱）は淡水産種のみを含み，個虫は口上突起と馬蹄形の触手冠をもつため原始的と考えられている．体腔を個虫間で共有し，自身で分泌した寒天質の中に埋まる．休芽 statoblast を作って悪環境に耐える．他物に固着せず，多少移動する種もいる．

=== Tea Time ===

群体の意味

出芽などの無性生殖によって生じた子，つまり'出芽個体'が親の体を離れず，次々と出芽が続くと群体が形成される．群体をつくる動物は，脊索動物のホヤやサルパ，刺胞動物のヒドロ虫，クダクラゲ，サンゴ，そして曲形動物や苔虫動物と多岐にわたる．遺伝的に見れば，個々の群体は単独性動物における個体 individual に相当する．

群体を構成する出芽個体は特に個虫とよばれ，遺伝的には単独性動物個体における細胞に相当する．個虫にも細胞にも多型現象がみられる．たとえば，苔虫動物の

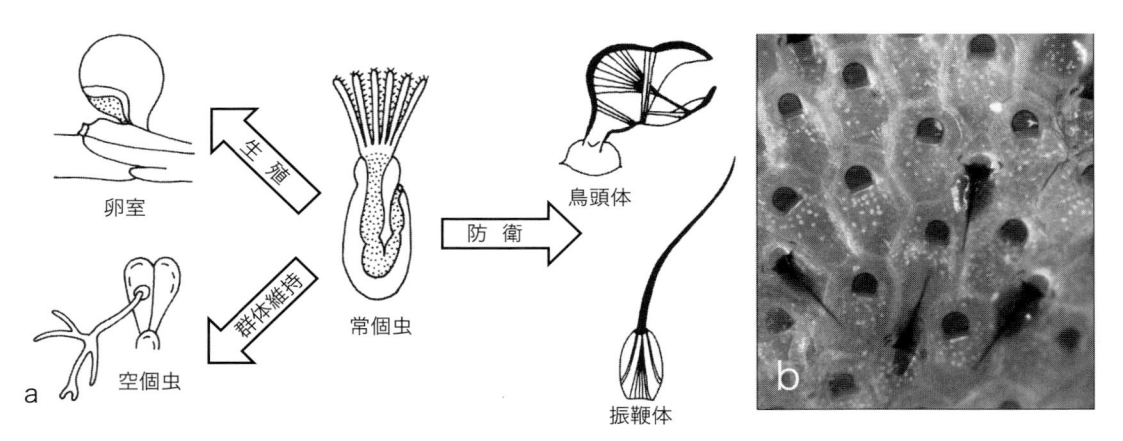

図 20.2 苔虫動物における異形個虫の分化（図は白山, 2000 より改変）
(a) 常個虫から生殖，防衛および群体支持の役割を果たす異形個虫が分化する．(b) 振鞭体．

　個虫は，鳥頭体 avicularium や振鞭体 vibilaculum など，口蓋の変形物を発達した開閉筋で動かし，外敵を撃退したり群体表面の清掃などを行う役割に特化し，生殖に関与しない異形個虫 heterozooid に分化することがある．一方，単独性動物個体の細胞は，筋肉細胞，腺細胞，骨細胞など様々な役割に分化する．

　個虫や細胞が様々に分化する理由は，有性生殖と無性生殖の違いを考えれば説明がつく．有性生殖では減数分裂が起こり，配偶子（卵と精子）は親の染色体の半分を受け取る．その折，遺伝子組換えがおこり，遺伝子構成の様々な配偶子ができる．一組の両親から同じ染色体構成の子が生まれる確率はゼロに近い．兄弟姉妹，顔立ちも性格も頭の程度も皆違うゆえんである．

　一方，群体を構成する個々の個虫は体細胞分裂という一種の無性生殖で生まれる．無性性生殖では遺伝子の組換えは起こらず，親個虫の遺伝子がそのままコピーされて子個虫ができるので，個虫たちは互いに等しい遺伝情報をもつクローンであり，遺伝子の共有度合いをあらわす血縁度は最大の値，すなわち1になる．1個体中の細胞がクローンであり，クローン細胞はいわば個体の部品であるのと同じく，クローン個虫は群体の部品である．部品である細胞を様々に分業させることで一つの個体が維持されるように，部品である個虫を様々に分業させることで群体が維持されるのである．これが群体中の個虫が機能分化し，多形現象を示す理由と考えられる．しかし，上述のヒラハコケムシでは異形個虫は分化せず，群体中の個虫はすべて瓜二つである．サンゴやホヤの群体も個虫はすべて瓜二つである．なぜ群体動物は個虫分化したりしなかったりするのか？その答えは未だ得られていない．

第21講

腹毛動物門
Phylum GASTROTRICHA

キーワード：イタチムシ　　オビムシ　　粘着管　　無体腔　　直接発生

　代表種のイタチムシ *Chaetonotus nodicautus* は，背側が鱗に覆われ，各鱗の後ろに生える曲がった刺がまるで毛のようにみえ，頭部の下あたりがくびれ，胴部が少々幅広の独特の体形をしている．この体をくねらせて這いまわる姿は，体の後端部の二股突起を後ろ足に見立てれば，確かにイタチによく似ている．ただし，腹毛動物は哺乳類のイタチと比べて4桁ほども小さく，ほとんどは体長1mm以下（最大でも4mmほど）の水生微小動物である．自由生活を送り，淡水種は腐食した植物の遺骸など，海産種は海底の砂の隙間や泥底などにすみ，世界から450種ほど知られているが，大学の動物学実習でもなかなかお目にかかれず，一般の人々はおそらく生涯出会うことがない動物群である．学名 Gastrotricha はギリシャ語の gaster＝胃（腹），thryx＝毛の意味で，腹側に繊毛が帯になって生えていることに由来し，和名はその直訳である．この繊毛を使って水底を滑るように移動する．英名の hairy back は体表の毛にちなむ名である．寄生性や着生性の種は知られていない．

　顕微鏡下でほぼ透明にみえる腹毛動物の体は，一般に左右対称，ほぼ扁平で細長く，背面は鱗状のクチクラに覆われる．クチクラは甲殻類のそれのようにキチン質ではなく，脱皮もしない．不明確ながら頭部と腹部に二分され，頭部には口と感覚器官がある．表皮には多くの腺が発達する．本門に特徴的な粘着管 adhesive tube は，一方の管から粘着性の物質を分泌して他物に接着し，離れるときには別の管から剥離性の物質を分泌する．表皮細胞は背側で1本，腹側では多数の繊毛をもつ．運動系として内側環状筋と外側縦走筋がある．消化管は，断面が3方相称の咽頭をもち，前端の口から後端の肛門まで直走する．口器の繊毛の動き，あるいは咽頭の吸引動作によって起こした水流で運ばれてくる細菌，原生生物，デトリタスなどを食べる．体腔と体節を欠く．呼吸系や循環系を欠く．神経系は頭部にある1対の神経節から1対の縦走神経索が伸びる．淡水産の種では1対の原腎管をもつ．

　卵割はらせん型で，卵割腔がそのまま体腔になる．孵化時にすでに成体と同じ形態をもち，幼生期はなく，直接発生する．

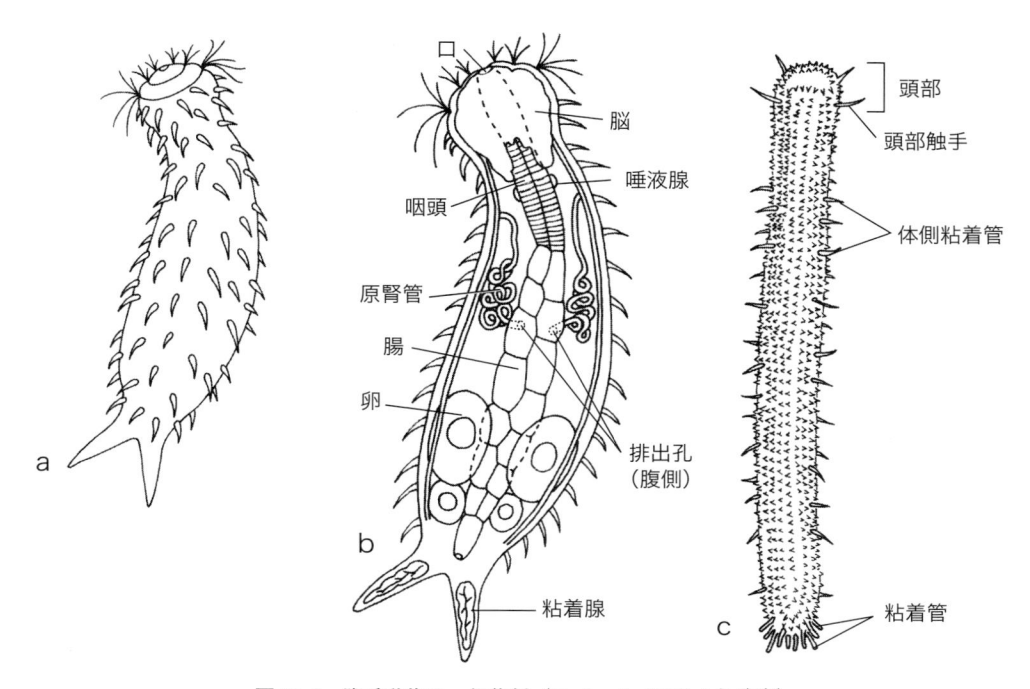

図 21.1 腹毛動物の一般体制（Pechenik, 2010 より改変）
(a)〜(b) 毛遊目の *Chaetonotus* の一種．(a) 背面．(b) 体内構造．(c) 帯虫目の *Tetranchyroderma* の一種．

　移動に繊毛を用いるという共通点から輪形動物と，体表のクチクラが層状をなし，咽頭が筋上皮からなり，発生様式が類似するなどから線形動物と，あるいは単繊毛上皮をもつという共通点から顎口動物と，それぞれ類縁が推測されている．
　約 450 種が 1 綱 2 目 13 科 46 属に分類される．
　毛遊（イタチムシ）目 Chaetonotida は一般に小型で，頭部の下あたりがくびれ，胴部は少々幅広．咽頭の孔および頭・体側部の粘着管を欠く．体の後端部は二分岐し，その先端に 1 対の粘着管をもつ．体表は鱗で覆われる．大多数は淡水産だが，少数の海産種も含まれる．おそらく単為生殖をする．卵胎生の種も知られる．イタチムシ科などの 7 科 19 属から構成される．本邦産の記録はすべてイタチムシ科で，イタチムシ属 *Ichthydium*，カエトノッス属 *Chaetonotus* などの 5 属約 30 種が知られる．帯虫目 Macrodasyida の体は幅が一定の帯状．多数の粘着管が左右相称に分布する．すべて海産で，雌雄同体．交尾を行い，互いに精子を受け渡す．咽頭は 1 対の孔によって外部と通じていて，摂食中に取り入れた水の出口として機能すると考えられている．6 科 27 属を含む．本邦産はオビムシ科のイカリトゲオビムシ *Tetranchyroderma dendricum* 他 3 種のみ．

===== Tea Time =====

ボディプランの多様性（10）外皮系

　生物がアイデンティティを保てるのは外界と混じり合わないからである．もし，生物が全身水のような液体であったら，あるいは空気のように気体であったら，外界の水や空気と混ざり，外界との区別がなくなるばかりでなく，生物個体間の境界も存在しなくなる．生物体は，単細胞のアメーバのように本体は液状であってもその外側は膜で覆われ，外界から隔てられ，アイデンティティを保てるのである．多細胞動物の体も基本的には細胞表面あるいはその分泌物からなる外皮系で外界から隔てられている．外皮系とは，皮膚 skin，およびその付属物である髪，羽毛，鱗，爪，皮膚腺とそれらの生成物である汗，粘液など，さらにはそこに埋め込まれた感覚器官を含む器官系で，動物を外界から区別し，分離し，守り，環境に関する情報を収集する．

　動物群ごとに非常に多様性に富む皮膚のおもな機能を構造に絡めて以下に整理する．

　境界の形成と保護：ほぼすべての動物の皮膚は，細胞が敷石状に並んでお互い結合し，細胞外マトリックスや体表への分泌物などをともない，内部構造が外へ飛び出さないよう体を包み，体の形を維持している．厚く発達した皮膚は，外界から力が加わってもそれを跳ね返す．皮膚の一部が変化してできた頭髪や体毛などの毛，鳥類の羽毛，爬虫類や魚類の鱗などの構造は，皮膚に強度を加える．節足動物は体表に分泌したクチクラが強固な外骨格となり，体を保護するだけでなく，筋肉の付着点となって複雑な運動を可能にする．他の多くの無脊椎動物も体表にクチクラをもち，体の保護と体形の維持に役立てる．さらに皮膚は，外敵である微生物の侵入に対する最初の防壁でもある．呼吸器や消化器，あるいは泌尿生殖系の管の内面も，体外とつながることから一種の外皮であり，外敵の侵入から体を守る重要な防壁である．それらの管の壁の細胞は粘膜を分泌してその役目を果たす．

　物質の透過性：皮膚は外界のすべてを遮断するわけではなく，動物体にとって必要なものは通過させる．皮膚の物質透過性は動物群ごとに異なる．陸生動物は一般に，体内の水分を奪われないよう，皮膚の水分透過性は低い．陸生脊椎動物は，表皮細胞が内部にケラチンを蓄積して死滅し，角質化することで，強靭な集合体を形成し，水分の透過を防ぐと同時に物理的に体を保護する．表皮の角質化が進むと，鳥類やカメなどのくちばし，あるいはサイの角など強固な構造ができる．透過性の程度は，その動物が適応できる環境の乾燥程度と関連する．カイメンやクラゲなど多くの海産無脊椎動物の体液は海水と浸透圧が等しく，皮膚は海水が体内に入るのを遮断する必要がないばかりでなく，皮膚を通して酸素を含む海水を取り入れ，老廃物を含んだ体液を排出することができる．体液濃度が海水よりも低い動物，たとえば海産魚などは海水の浸入を防ぐと同時に体内の水分が奪われないように，水分

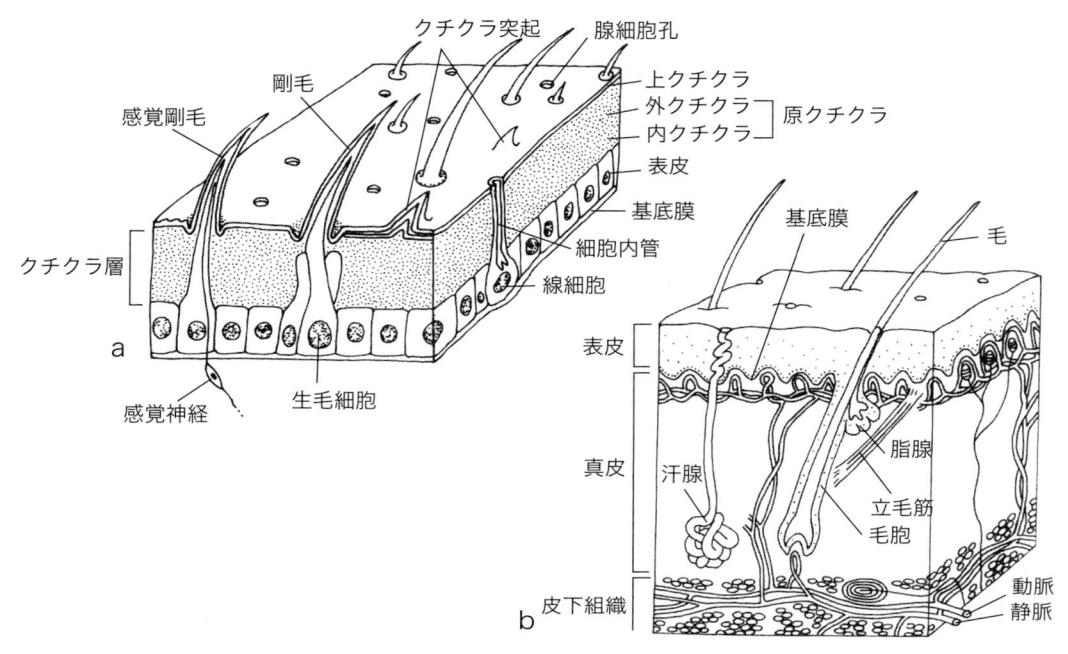

図 21.2 外皮系（Brusca & Brusca, 2003; Raven *et al.*, 2005）
(a) 節足動物昆虫類の表皮構造．(b) ヒトの皮膚の構造．

をできるだけ通さない皮膚構造をもつ．体内より浸透圧の低い淡水に棲む淡水魚や両生類は逆に，体内イオンが体外へ奪われないような皮膚をもつ．

　皮膚に分布する毛細血管網は，血液と外界の水との間で拡散を利用してガス交換の役を果たす（第6講 Tea Time 参照）．一部の両生類では，皮膚全体に分布する同様の構造で行う皮膚呼吸が肺での呼吸を補う．陸生の恒温動物では，皮膚の毛細血管網は体温維持に役立つ．脊椎動物は，体温が上昇すると皮膚の毛細血管網へ血液を多く送り込んで皮膚からより多くの熱を放出し，逆に体温が下がると血管を収縮させ，血流を減らして体外への熱の放出を抑え，結果として一定の体温を維持する．さらに，汗腺から分泌した汗は，蒸発するとき気化熱をうばい，体温を下げる働きをもつ．すなわち，皮膚は外界と熱エネルギーをやり取りする場でもある．

　感覚の受容：外界との接点である皮膚には，外界の情報を得るための感覚器が存在する．動物の種類や部位によって必要な感覚の種類は異なり，感覚器官の構造も様々である．脊椎動物の皮膚では，自由神経終末が温度や痛みなど，いわゆる皮膚感覚を得る感覚器として働くほか，数種類の感覚器官が圧力や触覚などに反応する．

第22講

微顎動物門
Phylum MICROGNATHOZOA

キーワード：担顎動物　多繊毛細胞　顎　1994年発見

　グリーンランドの冷たい淡水湧水で1994年にワムシと間違えられて発見され，2000年に担顎動物門Gnathiferaの1綱として記載された後（Kristensen & Funch, 2000），新門に格上げされた微小動物．南極海のクローゼット諸島でも見つかっているが，日本からは未記録．たった1種 *Limnognathia maerski* の雌のみが知られ，タイプ標本は体長140 μm，腹部の最大幅が55 μmでずんぐりしている．他動物門ではみられない複雑な構造の顎をもつことが最大の特徴．学名Micrognathozoaはmicro＝微小な，gnatho＝顎，zoa＝動物，の合成語で，和名はその直訳．もう一つの特徴は，尾部近くの腹側に粘着性のある繊毛性のパッドをもつことである．

　体は左右相称で，頭部，アコーディオンのように横しわのついた胸部，卵形の腹部，そして腹部先端の小さな尾部からなる．体の各部にある触覚毛はそれぞれ1～3本の繊毛からなる．頭部の前端に馬蹄形に並ぶ繊毛を動かして水流を起こし餌を口へ運ぶ．15ものパーツが靱帯と筋肉でつながった複雑な顎をもち，その一部を体外へ突出させて餌を咀嚼する．腹側に繊毛細胞が2列に並び，この繊毛を動かして移

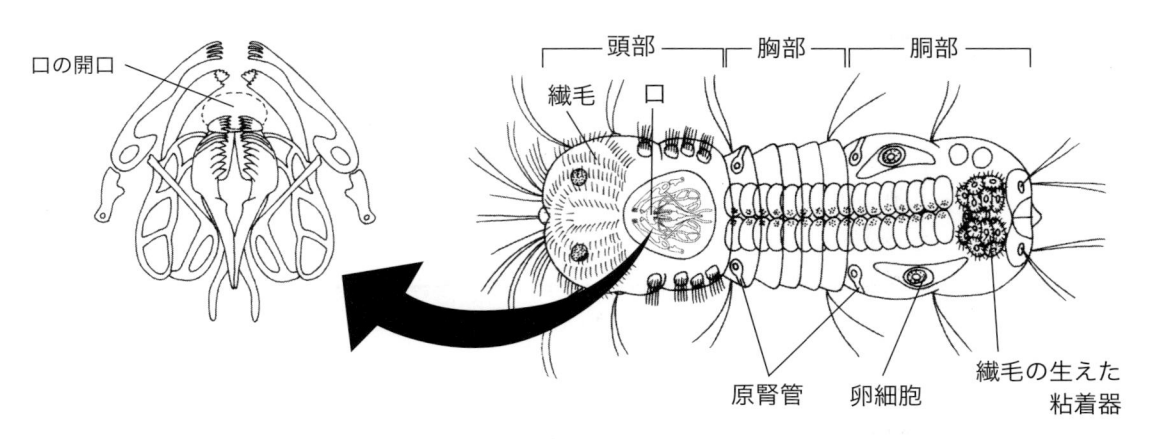

図22.1　微顎動物（Pechenik, 2010より改変）
(a) 複雑な形をした微顎動物の顎．(b) *Limnognathia* の体内構造．

動する．表皮はクチクラをもち，尾部に繊毛の生えた粘着器がある．胸部に2対の原腎管をもつ．雌のみが採集されるため単為生殖が示唆される．

微顎動物門は，輪形動物門および顎口動物門と共通して，顎の中にオスミウム酸によく染まる物質からなる棒状構造をもつ．このことから3動物門の近縁性が示唆される．しかし，粘着器は輪形動物のものとは似ておらず，顎口動物の繊毛細胞は単繊毛性である．分子系統解析からは，3動物群と鉤頭動物門が姉妹群を形成するため，これら4動物門を合わせて担顎動物とされることがある．

=== Tea Time ===

ボディプランの多様性（11）生殖系

動物の器官系の最後になって生殖系を紹介する理由は，生殖系は動物個体自身の生存には役立たないからである．にもかかわらず，生殖しない生物は存在しないことから，生物にとって必須な系であることは明らかである．ある生物種の全個体が生殖をやめれば，次世代が生じず，その種は絶滅する．つまり，生殖系は次世代を作るためにあり，生物が過去から未来へと続く時間的な存在であることをはっきりと示す器官系なのである．

生殖は無性生殖と有性生殖に大別できる．無性生殖は，個体が単独で新しい個体を生む，あるいは，生殖細胞が他の細胞と融合することなく単独で発生する生殖法である．進化学的には，遺伝的組換えなしにクローンの子孫を作ることである．配

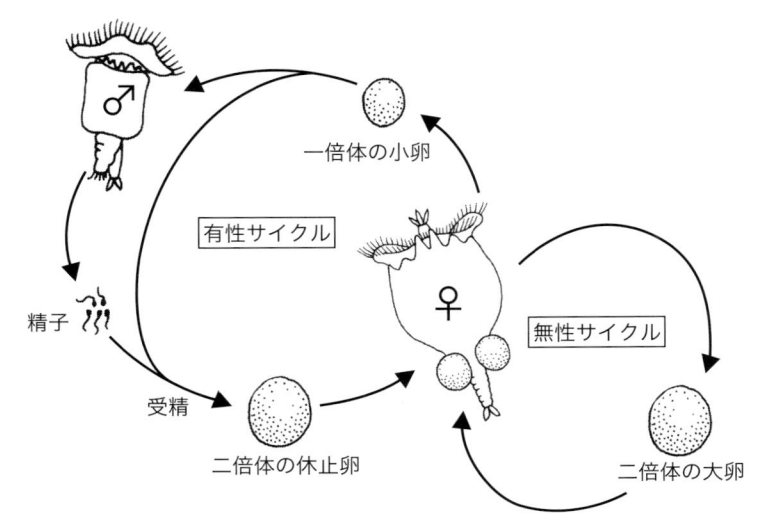

図22.2 無性，有性生殖を交互に行う輪形動物ツボワムシ *Brachionus* の生活環（本川，2009より改変）
普段は，無性世代の雌が生んだ二倍体の大卵が無性世代の雌に発達する"無性サイクル"が繰り返される．何らかの環境刺激により，雌の体内で減数分裂が起こると一倍体の小卵が生じ，この小卵が受精せずに発生すると雄になる．小卵と雄が作った一倍体の精子が受精すると二倍体の休止卵となる．この休止卵が何らかの環境刺激を受けると二倍体の雌になり，再び"無性サイクル"が繰り返される．

偶子が単独で発生する場合を単性生殖とよぶ．この場合，遺伝的組み換えがないので遺伝的には無性生殖と同等であるが，配偶子形成を行うことから有性生殖の一亜型として扱われることもある．無性生殖にはいくつか方法がある．親の体がほぼ等しく二分することを分裂，新個体が小さく，次第に大きさを増す場合を出芽という．生殖細胞が他の細胞と接合せずに単独で新しい個体を形成することを単為生殖という．これは，「卵が受精を経ずに発生を始める」と記述されるように，新個体の形成に発生の過程が入ることから，単為発生ともよばれる．無性生殖は有性生殖より素早く大量に子孫を作ることができ，配偶相手や配偶細胞に出会う必要もない．

他方，有性生殖では遺伝的組換えが行われる結果，遺伝的に多様な子孫が得られる．大部分の動物は何らかの有性生殖を行い，ヒトなど有性生殖しか行わない動物も多いことから，遺伝的多様性は進化の上で重要と考えられる．ミジンコなどは，環境条件がよい場合に無性生殖で個体数を増やし，有性生殖で休眠卵を生じて環境変化に対処する．有性生殖のために分化する特定の部位が生殖器官で，生殖細胞から配偶子を形成する生殖巣と，配偶子を運ぶ管などの付随構造からなる．哺乳類のように，内分泌腺の能力を備える生殖巣は生殖腺ともいう．形成される配偶子の大きさが異なる場合，大きい方が雌性配偶子で卵（卵子）とよび，それを形成する構造が雌性生殖器つまり卵巣で，卵巣をもつ個体が雌（メス）である．小さい方は雄性配偶子つまり精子で，それを形成する器官は雄性生殖器すなわち精巣で，精巣を備えた個体が雄（オス）である．同一個体が両方の配偶子を生産する場合を雌雄同体という．動物は一般に雌雄異体で，個体は生殖器を1対もつが，環形動物など多体節性の動物では，体節ごとに生殖器を有することもある．

配偶子どうしの接合である受精が親の体内で起こる場合が体内受精，体外で起こる場合が体外受精である．他個体の配偶子で受精すれば他家受精，同一個体の生産した卵と精子が受精すれば自家受精である．体外受精では，受精を確実にするため，生殖時期に個体が1カ所に集合したり，個体間で放出時期を同期させたりすることが起こる．体内受精の場合，雌は雄の精子を体内に取り込むので，生殖口は卵の出口と精子の取り込み口を兼ねる場合が多い．取り込んだ精子を蓄える受精嚢のような構造をもつこともある．精子を雌の体内に送り込むための構造も必要となる．同種個体間での生殖細胞の受け渡しを確実にし，加えて他種個体とのそれを防ぐため，種特異的な外部生殖器が分化する．特に，昆虫など外骨格の発達した動物では，キチン質でできた交尾器の細部の構造が種ごとに異なり，種間交雑を妨げる物理的な障壁として働く．脊索動物では生殖細胞の排出に排出系の一部が流用されているため，まとめて泌尿生殖系とよばれる．体内受精であっても精包を届けるような方法を採る動物では，特に雄において，外部生殖器は発達しない．体内で受精卵を一定期間保育する動物，特に胎生のものでは，胚や胎仔を保育する器官が発達する．たとえば苔虫動物では卵室とよばれる構造の中で受精卵が発生する．脊椎動物哺乳類では子宮が同じ役割を果たす．

第23講

鉤頭動物門
Phylum ACANTHOCEPHALA

キーワード：寄生虫　吻　鉤　管網系　垂棍　アカントール幼生　アカンテラ幼生　シスタカンス幼生

　鉤頭動物門の仲間は，成体がすべて脊椎動物の腸内にすむ寄生虫である．宿主は海産，淡水産，陸産すべてを含み，種数も多いが，人間には原則として寄生せず，家畜に寄生する例も少ないため，一般にはあまり知られていない．学名の Acanthocephala はギリシャ語の akantha ＝ thorn，kephale ＝ head の合成語．英名の thorny-headed worm はその直訳で，バラやサンザシにみられ，先端に向かって曲がる"鉤"状の棘，つまり thorn が，吻にたくさん生えている様子に由来する．確かに鉤頭動物の棘はそのとおりの形状を示し，単に先端に向かって細くなる spine ではない．コウトウチュウ（鉤頭虫）とよばれ，大部分の種は1 mm から数 cm 程度であるが，1 m に成長するものも知られる．

　ほぼ円筒形の体は，吻・頸・胴の3部に分かれる．吻は頸部とともに吻鞘 proboscis sheath の中へ引き込むことができるが，通常は宿主の組織に差し込まれる．このとき，曲がった鉤が逆棘となって固着を可能にする．体表は薄いクチクラに覆われ，その下にシンシチウムの表皮があり，所々に巨大核がみられる．表皮中には本門特有の網目状の管網系があり，栄養分などを運ぶ．表皮下には環状筋と縦走筋の薄い層がある．偽体腔は間膜によって複数の部分に分けられ，その中には，棍棒状の組織である垂棍 lemniscus が体軸に沿って2本ぶら下がる．垂棍は管網系につながり，体腔内の水圧を調整して吻の出し入れを行う．消化器官はなく，栄養分は体表から吸収する．ごくわずかな種が原腎管をもつ．神経系は脳から両側神経が出る．厳密に数が一定した少数の細胞からなる組織をもつ．

　雌雄異体で，雄は雌よりも小さい．内部寄生虫の常として，生殖系が体内の大部分を占め，複雑な生活史を送る．代表的な生活史を以下に記す．

　雄は交尾に際してまず，交接嚢基部にあるゼフティゲン嚢 Saefftigen's pouch を収縮させる．すると，嚢内の液が交接嚢の管網系を圧迫して交接嚢が外翻する．外翻した交接嚢で雌の生殖口を覆い，精子を雌の膣内に射出した後，セメント腺の分

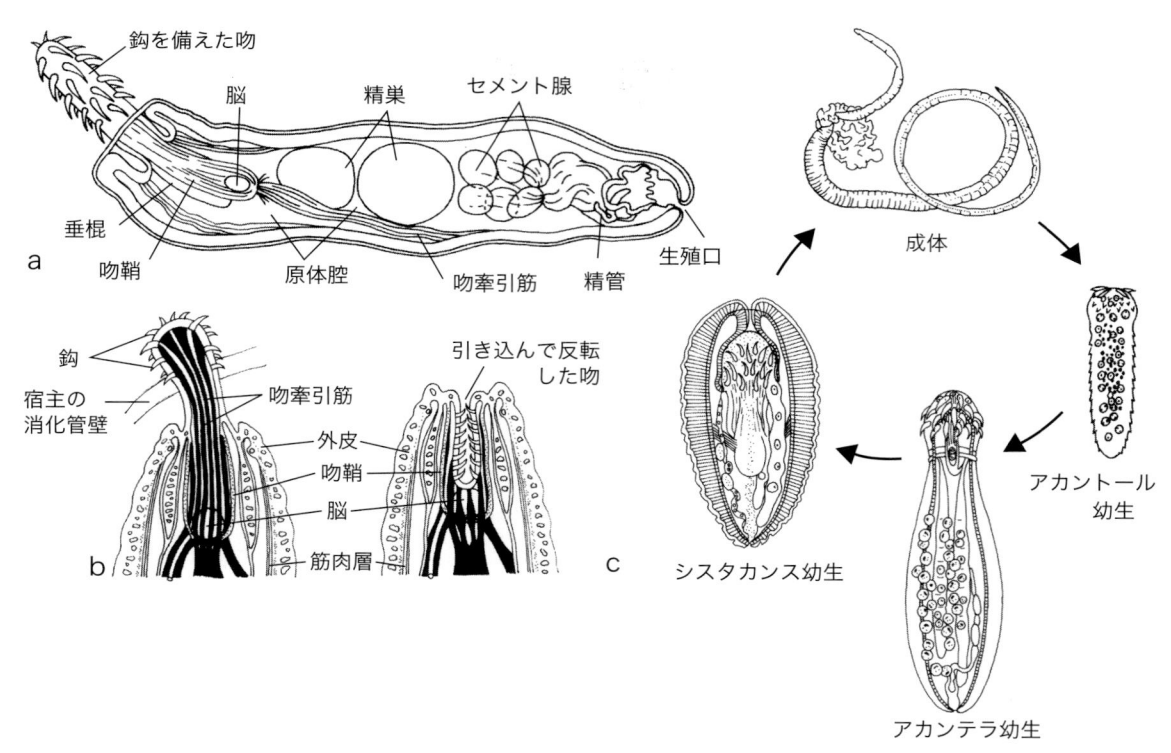

図 23.1 鈎頭動物の一般体制（Pechenik, 2010; Hickman *et al.*, 2009 より改変）
(a) コウトウチュウの一種 *Acanthocephalus* sp. の雄の体内構造．(b) 一般的鈎頭虫の体前部解剖図．陥入吻を，左は翻出，右は引き込んだところ．(c) ダイコウトウチュウの一種 *Macroacanthorhynchus* sp. の生活史．

　泌物で生殖口を封鎖する．卵巣球または浮遊卵巣とよばれる，雌の体腔内に遊離した卵巣から卵が放出され，受精する．卵割は変形らせん型で，4〜32 細胞期に割球の境界が次第に不明瞭となり，シンシチウムとなる．卵殻が形成され，その中で発生が進んでアカントール幼生 acanthor larva ができる．この幼生を内包した卵は子宮を経て宿主の腸管内へ産み落とされ，宿主の糞便と共に外界へ排出される．この卵が中間宿主の甲殻類や昆虫類に食べられるとその後の発育が進む．中間宿主の腸内で孵化した幼生は腸壁を破って血体腔に入り，生殖器を含む器官原基を完成させたアカンテラ幼生 acanthella larva へと発育し，さらに被嚢して感染力を備えたシスタカンス幼生 cystacanth larva となる．この幼生に汚染された節足動物を終宿主の脊椎動物が食べると，幼生は終宿主の腸管へ固着し，そこで成熟する．中間宿主と終宿主の間に待機宿主が介在することも多い．たとえば魚食性の哺乳類や鳥類が終宿主の場合，シスタカンス幼生は待機宿主である魚に食べられても発育せずに再被嚢し，終宿主に食べられて初めて成熟する．
　鈎頭動物は完全な寄生性であるため消化器官が欠如し，一方で生殖器が体内の大

部分を占めるので，体制から系統関係を探るのは難しい．しかし，陥入性の吻をもつこと，体がシンシチウムであることに加え，卵割や胚の発生過程，および神経系や精子の微細構造などから輪形動物との近縁性が指摘され，特にヒルガタワムシ類とは著しい類似性がある．これは分子系統解析でも支持される（Littlewood, 1998）．

約 1000 種が 3 綱に分けられる．原鉤頭虫綱 Archiacanthocephala の吻は小さく，鉤はらせん状に配列し，セメント腺は 8 個．生活史は陸上で完結し，終宿主は鳥と哺乳類．ダイコウトウチュウ目 Oligacanthorhynchida のダイコウトウチュウ *Macracanthorhynchus hirudinaceus* の中間宿主は甲虫，終宿主はブタ，まれにヒトに寄生することもある．その他の 3 目は，ギガントリンクス目 Gigantorhynchida，サジョウコウトウチュウ目 Moniliformida，アポロリンクス目 Apororhynchida．

古鉤頭虫綱 Palaeacanthocephala の吻は細長く，鉤は放射状に配列し，セメント腺は 6 個以下．生活史は水陸で，終宿主は魚，両生，爬虫，鳥，哺乳類．コウトウチュウ目 Echinorhynchida のヒメコウトウチュウ *Acanthocephalus nanus* は両生類に，タラコウトウチュウ *Echinorhyncus gadi* は海産魚に寄生．他の 1 目はポリモルフス目 Polymorphida．

始鉤頭虫綱 Eoacanthocephala の吻は小さく，鉤は放射状に配列し，セメント腺は 1〜2 個．生活史は水中で完結し，終宿主は魚類やカメ類．クアドリギルス目 Gyracanthocephala とシンコウトウチュウ目 Neoechinorhynchida の 2 目を含む．

=== Tea Time ===

発生のパターン（1）卵割，胞胚，原腸胚

有性生殖において，すべての動物個体はたった一つの受精卵に由来する．受精卵が成体へと発生する過程を動物間で比べると，はじめは一様な経過をたどるが，次第に違いが現れてくる．したがって，発生過程に多様性の鍵が隠されている．動物の発生過程にみられるパターンを，以後，Tea Time を使って 4 回に分けて記述する．

卵割，胞胚，原腸胚

受精卵が最初に経る卵割では，短期間に続けて分裂が起こるため，細胞すなわち割球は次第に小さくなる．卵割様式は，放射型からせん型か，どちらかが基本となる．卵黄の量と分布が偏れば基本がくずれる．脊椎動物は基本的には放射卵割を行うが，多量の卵黄が卵の中心を占める場合は表割，鳥類のように多量の卵黄が偏在する場合は盤割が進行する．割球の発生運命が初期から決定されている卵はモザイク卵，決定されていない卵は調整卵と，決定期の早晩により 2 種類の卵が区別できる．ヒトの受精卵は少なくとも 2 細胞期までは調整卵である．2 細胞期に割球が分離し，それぞれが完全な胚として育ち，一卵生双生児が生まれるからである．

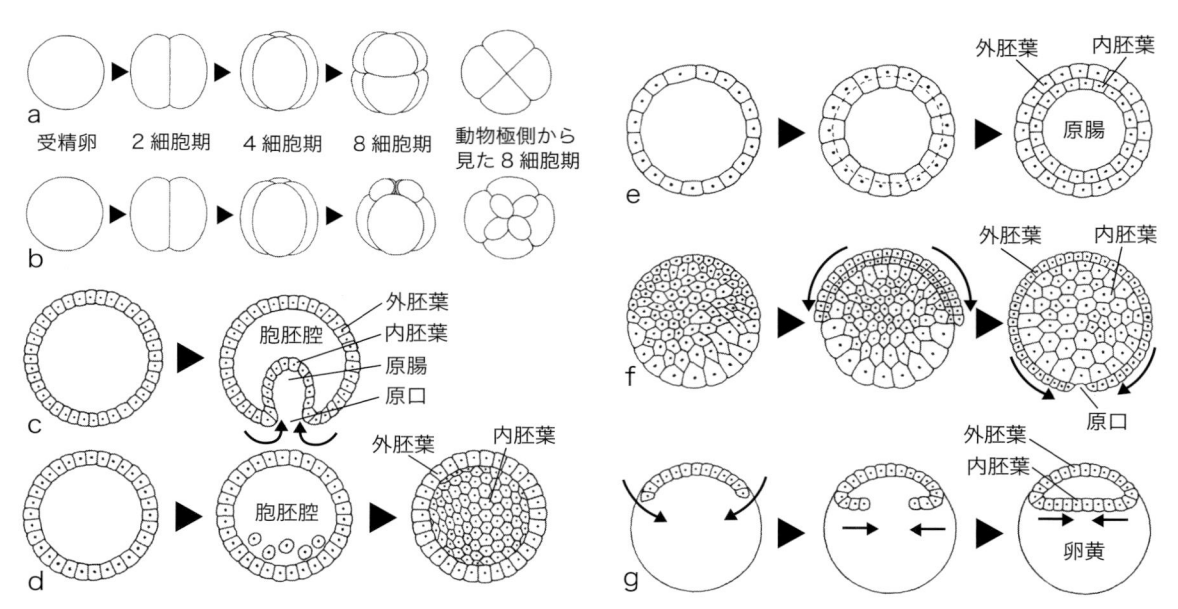

図 23.2 卵割から胞胚形成 (Brusca & Brusca, 2003 より改変)
(a)〜(b) 卵割法. (a) 放射卵割. (b) らせん卵割. (c)〜(f) 内胚葉形成法. (c) 陥入. (d) 移入. (e) 葉裂. (f) 被包 (覆い被せ) epibory. (g) 巻き込み.

　卵割が進み多くの割球が塊となると，受精卵は胚と名を変える．割球が詰まった胚は中実胚，中央に胞胚腔あるいは卵割腔とよばれる空間ができると胞胚に変わる．表割の結果は表胚，盤割では盤胚ができる．続いて，胞胚の 1 カ所から表面の細胞層が内部に入り込む．これは陥入とよばれ，結果として陥入口を口とする袋が胚の内部に形成される．この袋が原腸，陥入口が原口であり，この時期の胚を嚢胚あるいは原腸胚，その形成過程を原腸胚形成とよぶ．これが消化管の始まりである．

　陥入運動を伴わない原腸形成も知られる．移入 ingression は甲殻類やクマムシ類などで知られる様式で，胚の外側の細胞層から卵割腔の中に細胞が落ち込み，増殖し，一層の細胞層からなる袋となり，その内部に隙間が生じて原腸ができ，その後原口が開く．刺胞動物の一部でのみ知られる葉裂 delamination では，胞胚の細胞層が外側と内側に分かれるように分裂し，一気に内外二層の細胞層ができ，卵割腔がそのまま原腸となり，原口はやはりその後で開く．鳥類では，多量の卵黄の上に乗った円盤状の細胞群の一端から周囲の細胞群が表面の細胞層の下に潜り込む巻き込み involution で原腸陥入が起こる．潜り込んだ細胞層は袋の形をとらずに中胚葉となる．哺乳類ではさらに変形がみられ，胞胚は形成されるがその後の発生で原腸は区別できない．進化史において，爬虫類段階で胚膜が進化し，卵黄が増加した．その後，哺乳類は胎生になったことで卵黄が激減し，胚膜の形成が早まり，発生過程が大きく基本形からずれたと考えられる．

第24講

輪形動物門
Phylum ROTIFERA

キーワード：ワムシ　繊毛環　滴虫類　咀嚼器　粘液腺　世代交代

　体長 0.5 mm に満たず，単為生殖によって爆発的に増殖するツボワムシの仲間は，動くものを小さな口で食べる仔魚や稚魚の餌として，卵から成魚まで育てる「完全養殖」に利用される．これが輪形動物と人間生活との数少ない接点の一つである．輪形動物の学名 Rotifera は，ラテン語の rota ＝ 車輪，fera ＝ をもつ，の合成語で，輪毛動物，車輪虫類などの別名がある．英名の wheel animal も直訳すれば車輪動物である．一般にワムシ（輪虫）とよばれるとおり，体の前端に繊毛環 corona（繊毛冠，輪毛器）をもち，その繊毛を動かして餌を集め，あるいは泳ぎ回る姿は車輪が回っているように見える．世界中の淡水域の池や沼，水たまりなどの静水に普通にすむが，肉眼ではなかなか見つけにくい微小動物であるため，初めて本門の一種が記載されたのは顕微鏡の発見後しばらく経った 17 世紀の終わり頃であった．18 世紀初頭には「微生物学の父」として有名なレーウェンフックが滴虫類 Infusoria（一滴の水の中にみられる動物）の仲間として数種を記載し，乾燥した後また生き返る現象を報告している．しかし，ワムシが多細胞動物であることが明らかになったのは 19 世紀中頃である．

　体は左右相称で，体表にクチクラをもつ．クチクラが薄いと体は柔軟な蠕虫状となるが，クチクラが発達すると厚くて堅い被甲が体全体，あるいは胴部を覆う．被甲は棘や隆起などの装飾を伴うことがある．体は頭部，胴部，足部に大別される．足部に粘着物質を分泌する足腺 pedal gland があり，先端に指や爪を具える．単体節の偽体腔をもつ．匍匐性の種でみられる胴や足部の節のような構造は体節ではないとされる．体細胞数が決まっていて，組織の多くはシンシチウムである．消化管は前方の腹側に位置する口に始まり，咽頭部，胃や腸を経て総排出口に開口する．咽頭部は，肥厚した筋肉の中に石灰質の板が収まり，咀嚼器 mastax を形成する．咀嚼器の構造は食性と密接な関係があり，重要な分類形質でもある．神経系は比較的単純で，頭部神経節から神経繊維が各部に伸びる．体の前端には眼点など様々な感覚器が存在する．排出器官は原腎管で，膀胱に開口する．

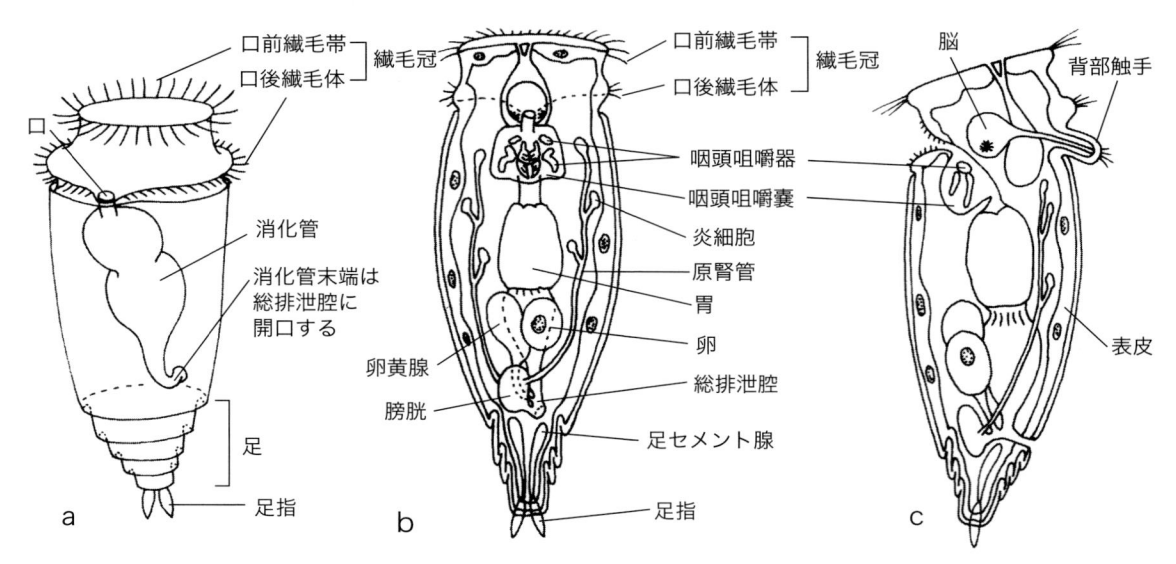

図 24.1 輪形動物の一般体制（本川, 2009 より改変）
(a) 体制模式図．(b)〜(c) 内部構造．(b) 腹面図．(c) 側面図．

卵割はらせん型．雌雄異体で，一般に次のような世代交代を行う．

単為生殖で作られた二倍体の卵から雌が生まれる．雌の生殖器は消化管の腹側にあり，卵黄腺が付属し，輸卵管は総排出口に開口する．雌のみで単為生殖を繰り返すが，ある環境条件が重なると減数分裂を行って半数体の卵を生む．この卵が受精することなく半数体のまま発生すると雄になる．卵が受精した場合は卵膜が厚く耐久性のある休眠卵となる．休眠卵からは雌が孵化する．雄はまれで，限られた時期にしか見つからず，雌に比べてはるかに小型，短命で，消化管などは発達しない．精巣は輸精管に通じ，前立腺を備える．単為生殖で世代を重ねるうちに形態が次第に変化する現象が知られる．

一般に淡水域でプランクトンとして自由生活を送るが，汽水産や海産，寄生性，固着性や底生性，あるいは群体を作るものも知られる．休眠卵をもち，単為生殖で短期間に大増殖できることから，生息域での個体密度は高く，分布範囲は広く，汎世界種が多い．

クチクラ製の咀嚼器で顎口動物や微顎動物と，足部（尾部）の粘着腺で腹毛動物と似ており，卵黄腺をもつことで扁形動物に近い等々，様々な類縁が考えられるが，系統的位置は未確定である．約 3000 種が知られ，生殖器の数などから 3 綱 5 目に分類される．咀嚼器の形態に基づく体系も提唱されており，分類体系は流動的である．分子系統解析では，鉤頭動物門に対して側系統群となることが示唆されている．

単生殖巣綱 Monogononta は名前のとおり生殖巣が 1 個しかない．単為生殖が普通だが，両性生殖も周期的に行い，そのときだけ雄が出現する．雄は餌を食べず，

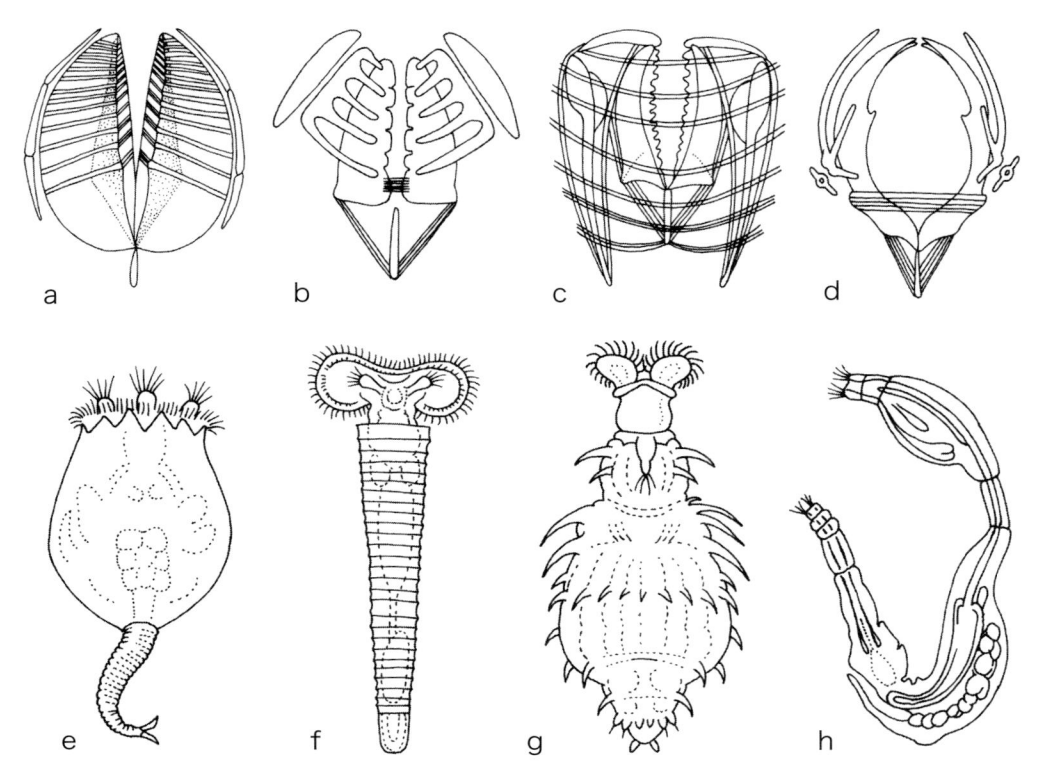

図 24.2 輪形動物の多様性（Brusca & Brusca, 2003 より改変）
(a)〜(d) 様々な咀嚼器．(a), (b) 粉砕・磨砕型．(c), (d) 把握・捕獲型．(e)〜(h) 輪形動物の多様な種．(e) ヒルガタワムシ綱 *Macrotrachela* sp.．(f) 単生殖巣綱の *Brachionus* sp.．(g) 単生殖巣綱の *Limnius* sp.．(h) ウミヒルガタワムシ綱の *Seison* sp.

体制の退化した矮雄である．魚の餌として使われるシオミズツボワムシなど，ほとんどの輪形動物が属する．ワムシ目 Ploima，マルサヤワムシ目 Flosculariaceae，そしてハナビワムシ目 Collothecaceae の3目を含む．

ヒルガタワムシ綱 Bdelloidea の雄は存在不明．単為生殖のみ知られる．雌の生殖器官は対をなす．単純な咀嚼器をもつ．被甲をもたず，足腺が発達し，ヒルのようなシャクトリ運動をする．ヒルガタワムシ目 Bdelloida を含む．

ウミヒルガタワムシ綱 Seisonidea はウミヒルガタワムシ目 Seisonida セイソン属 *Seison* のみを含む．この属は海産甲殻類の *Nebalia* に外部寄生し，特殊な繊毛冠をもつ．常に両性生殖を行うので，雄は常に存在し，雄の体制が退化することもない．雌雄とも生殖巣は対をなす．化石は知られていない．

Tea Time

発生のパターン (2) 胚葉と体腔

原腸胚になると，胞胚の外側に並んでいた細胞が内側と外側に分かれる．一般に，外に残った細胞群を外胚葉，内側に入った細胞群を内胚葉とよぶ．発生が進むと内外の胚葉から様々な組織や器官が分化する．外胚葉からは主に表皮と神経が，内胚葉からは消化管上皮が形成される．この構造をほぼ維持したままに成体になる刺胞動物は二胚葉性動物とよばれる．平板，直泳，二胚の3動物門も二胚葉性とされる．海綿動物は1つの胚葉しか作らず，細胞の分化はあるものの，真の組織は形成しない．

原腸胚の外胚葉と内胚葉の隙間に入り込んで発達を始める細胞群が中胚葉である．中胚葉ができて胚が三胚葉となる動物群を三胚葉性動物とよぶ．

海綿，平板，刺胞，有櫛（厚い中膠 mesohyl, mesenchyme, mesoglea に含まれる筋繊維と間充織細胞を中胚葉由来と見なせば三胚葉性であるが）の4動物門は，三

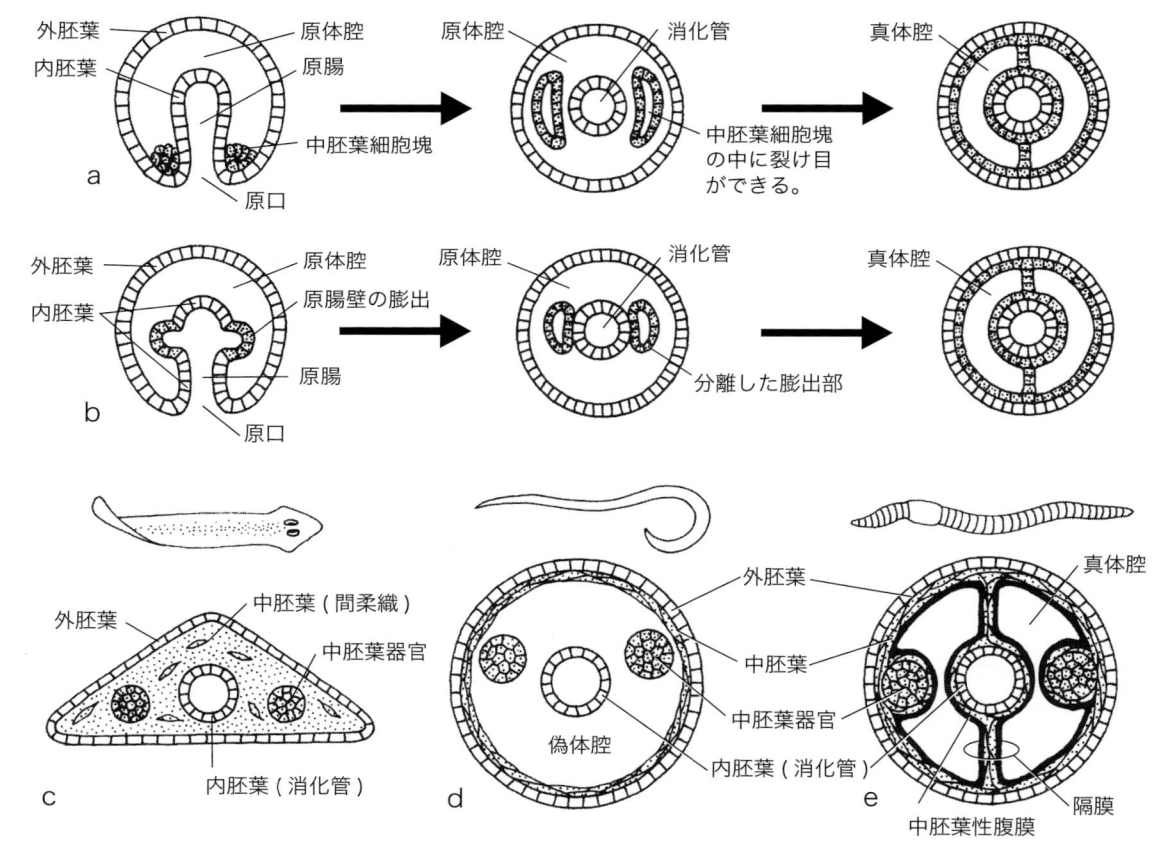

図24.3 体腔（Hickman *et al.*, 2009 より改変）
(a)〜(b) 2つの真体腔形成法．(a) 裂体腔法．(b) 腸体腔法．(c) 無体腔．(d) 偽体腔．(e) 真体腔．

胚葉性左右相称動物の根元で次々と分岐している．このことから，4動物門を，左右相称性を獲得する以前の体制にとどまった「前左右相称動物」とする説がある．しかし，4動物群＋三胚葉性左右相称動物の祖先は三胚葉性左右相称動物であって，4動物門は胚葉と左右相称性を退化させたと考えることも可能である．

　中胚葉からは体腔が作られる．体腔とは，動物の外胚葉と内胚葉，具体的には体壁と消化管，の間の空所であり，その中に器官が収まる．脊椎動物を例にとると，体壁は腹膜などの中胚葉性の組織で裏打ちされ，消化管をはじめとする内臓器官の表面にも中胚葉性の細胞層がある．このように，中胚葉の中に生じた空所であることが明らかな体腔が真体腔 coelom で，その発生様式は2種類ある．中胚葉性の細胞塊の中に裂け目ができて体腔が形成されるものが裂体腔 schizocoel，原腸の一部がくびり出されて体腔となるものが腸体腔 enterocoel である．一般に，裂体腔は旧口動物にみられ，新口動物は腸体腔をもつ．

　体腔のもう一つの種類，偽体腔 pseudocoel は，胞胚腔がそのまま残ってできた体腔で，原体腔 blastocoel ともよばれる．中胚葉由来の上皮組織による裏打ちがなく，真体腔に比べ構造的に弱いためか，線形，類線形，腹毛，鉤頭，動吻，輪形，鰓曳，曲形，胴甲動物などの偽体腔動物は一般に小型である．

　三胚葉性左右相称動物の中でも，扁形，有輪動物などは体腔をもたない．これら無体腔動物 acoelomate では，中胚葉に由来する体内の細胞は明瞭な層を作らず，柔組織として体壁と内臓諸器官の間を埋める．二胚葉性である刺胞動物や一胚葉性の海綿動物などはもちろん無体腔動物である．

　体腔は体内の空所である故，体内に余裕のない小型動物，たとえば間隙性動物などでは退化する傾向にある．

第25講

顎口動物門
Phylum GNATHOSTOMULIDA

キーワード：日本未記録　　無酸素環境　　単繊毛単層上皮　　顎　　基板

　世界中から約100種が知られているにもかかわらず，生物多様性を誇る日本からはまだ正式に報告されていない'まぼろしの'動物門である．その理由は，生息場所である海底の無酸素環境の調査が遅れていることと，体が繊細でやわらかく，それらしき個体を見つけても標本を作製する前に壊れてしまうためではないかと考えられている．顎口動物が初めて記載されたのは1956年である．このように発見が近年である理由も同様と考えられる．学名Gnathostomulidaはギリシャ語のgnathos＝顎，stoma＝口，をもつ類を意味し，和名はその直訳．英名はjaw worm．

　体長0.2〜3.5 mmと微小で，化石記録は知られておらず，人間生活と特に関係をもたない左右相称の蠕虫状水生動物．汽水産の1属を除いて，極海から熱帯域を問わず，潮間帯上部〜水深数百mに至る有機物に富む砂泥底で自由生活を送り，砂泥粒子の表面から細菌や藻類などをこすりとって食べる間隙性動物．特に，硫化水素で真っ黒になった泥の近辺に群れをなして見られることがあるので，嫌気的な代謝を行うと考えられている．

　体は頭部と胴部に区分されることが多い．末端が細くなって尾部となる種もある．体表はクチクラのない単層の繊毛上皮で覆われ，各上皮細胞は1本の繊毛をもつ単繊毛性．体腔と体節を欠き，骨格として働く間充織の発達が悪い．消化管は盲管に終わるが，一時的に肛門を生じることがある．口は前方腹面中央に開き，クチクラ製の1対の顎と1個の基板 basal plate からなる複雑な口器を具えた筋肉質の咽頭をもつ．この構造は本門に固有のものである（ただし例外があり，アグナチエラ属 *Agnathiella* は顎と基板を欠く）．呼吸器と循環器を欠く．排出器官は単純な原腎管で，末端細胞は表皮細胞に似て単繊毛性である．散在神経系が表皮下に存在する．雌雄同体で，精巣は体後方にあり，卵巣は体中央背部に1列に並ぶ．生殖に関連した交接器や膣，袋状器官などが分化する種もある．体内受精の後にらせん卵割を行い，直接発生する．

　顎口動物の基本体制は扁形動物や腹毛動物と似ているが，複雑な構造の顎を具え

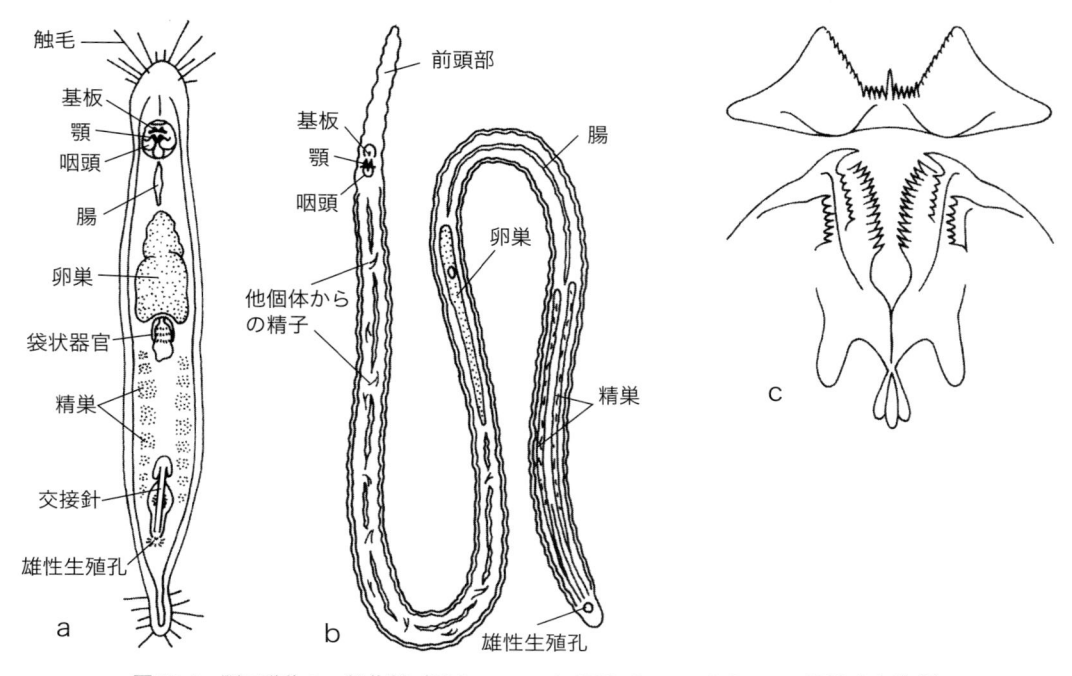

図 25.1 顎口動物の一般体制（Hickman *et al.*, 2009；Brusca & Brusca, 2003 より改変）
(a) 嚢腔目 *Gnathostomula* sp. の体内構造．(b) 糸精子目 *Haplognathia* sp. の体内構造．(c) *Gnathostomula* の顎．

た高度に特殊化した筋肉質の咽頭をもつ点で特異である．顎口虫症を引き起こす寄生性の顎口虫 *Gnathostoma* は線形動物門である．

既知約 100 種は 2 目 10 科 20 属に分類される．

嚢腔目 Bursovaginoida はずんぐりした体に長い前頭部を欠く．頭部前端に対になった感覚毛をもつ．交接針を備えた交接器官が雄性生殖口に通じるが，交接針をもたないものもある．生殖に関連した袋状器官と膣をもつ．精子は球状や水滴状あるいは多角体で鞭毛を欠く．

糸精子目 Filospermoida は細長い体の前部に長い前頭部をもつ．感覚器の対を欠く．交接器もなく，袋状器官と膣を欠く．精子は糸状で 1 本の鞭毛をもつ．

═══════════ **Tea Time** ═══════════

発生のパターン (3) 幼生

ヒトにおける子供のことを動物の場合は幼生とよぶ．一般には卵から孵化したあと，独立に栄養をとるかあるいは卵黄を吸収しながら成長して成体になるまでの間が幼生で，卵の中にある間は胚，胎生や卵胎生の場合は親の体内にいる胚を胎仔と

表 25.1 代表的な幼生

脊索動物門
　　両生綱：オタマジャクシ
　　条鰭綱：仔魚，稚魚，レプトケファルス
　　頭甲綱：アンモシーテス
　　ホヤ綱：オタマジャクシ型幼生（図 3.1）
棘皮動物門
　　ナマコ綱：オーリクラリア（図 4.2）
　　ウニ綱：プルテウス，エキノプルテウス（図 4.2）
　　クモヒトデ綱：オフィオプルテウス（図 4.2）
　　ヒトデ綱：ビピンナリア（図 4.2）
　　ウミシダ綱：ドリオラリア（図 4.2）
半索動物門：トルナリア（図 5.1）
節足動物門
　　六脚亜門：イモムシ・ケムシ・シャクトリムシ・ジムシ・ヤゴ・蛆・ボウフラなど，完全変態類の幼生を総称して幼虫とよぶ．蛹も幼生の一種といえる．不完全変態類の幼生は若虫と総称される．
　　甲殻亜門：ノープリウス，メタノープリウス，ゾエア，ミシス，フィロゾマ，メガロパ（図 25.2）
　　鋏角亜門：プロトニンフォン
鰓曳動物門：ロリケイト幼生（図 11.1）
胴甲動物門：ヒギンズ幼生（図 12.2）
有輪動物門：パンドラ幼生，脊索幼生（図 13.2）
環形動物門・内肛動物門：トロコフォア
星口動物門：トロコフォア，ペラゴスフェラ（図 16.1）
軟体動物門：トロコフォア，ヴェリジャー（図 17.1, 17.2）
紐形動物門：ピリディウム（図 18.1），デゾール（これらは肛門のないトロコフォア型で，プロトロクラ幼生とよばれる）
箒虫動物門：アクチノトロカ（図 19.2）
苔虫動物門：サイフォノーテス（図 20.1）
鉤頭動物門：アカントール，アカンテラ，シスタカンス（図 23.1）
扁形動物門
　　条虫綱：オンコスフェラ，プロセルコイド，コラシジウム（以上，図 26.1），プレロセルコイド，シスチセルコイド
　　吸虫綱：ミラシジウム，レディア，セルカリア（以上，図 26.2），スポロシスト
　　単生綱：オンコミラシジウム（図 26.2）
　　渦虫綱：ミュラー幼生（図 26.3），ゲッテ幼生などのプロトロクラ幼生
二胚動物門：蠕虫型幼生，滴虫型幼生（図 27.1）
刺胞動物門：プラヌラ（図 28.2），ストロビラ，エフィラ（以上，図 28.3），アクチヌラ
有櫛動物門：キディッペ（図 29.1）
海綿動物門：
　　石灰海綿綱：アンフィブラスツラ（図 30.1）
　　普通海綿綱：パレンキメラ
　　六放海綿綱：トリキメラ

いう．幼生を出す発生パターン，すなわち，孵化した幼生が成体へ変態することを間接発生 indirect development とよぶ．幼生期を欠く発生パターンが直接発生（直達発生）direct development で，この場合，原腸陥入を終えた嚢胚は卵膜の中で発達を続け，小型の成体となって孵化する．動物群によって，直接か間接かどちらかを経る場合と，両方が混在する場合がある．軟体動物門では両者が混在する．すなわち，巻貝類や二枚貝類では卵膜を破って孵化した幼生が水中生活を送りながら変態を重ねて成体となるが，頭足類は成体とほぼ同じ形の小型成体が卵から孵化し，

胚の段階においても幼生期とよべる時期は区別できない.

　幼生の形は一般に近縁な動物群間で共通する. たとえば, 甲殻類において, 固着性のフジツボや寄生性のエビヤドリムシなどの成体は, エビやカニなどいわゆる典型的な甲殻類の成体とはほど遠い形をしているが, これらの幼生はノープリウスであり, その他の甲殻類の幼生と共通である. このことは, 発生過程においても多くの祖先形質が共有されていることを示している. 分子系統解析で判定された担輪動物は, Trochozoa という学名が示すとおり, トロコフォア型幼生をもつという共通点がある. かつては, 旧口動物はトロコフォア型幼生, 新口動物はディプルールラ型幼生をもつとされた. 棘皮動物は様々な幼生を出すが, それらは一つの祖先形, すなわちディプルールラとよばれる左右相称の仮想幼生から派生したとされた. 半索動物のトルナリア幼生もこのタイプと考えられる.

　表25.1に動物群ごとの代表的な幼生の名をあげた.

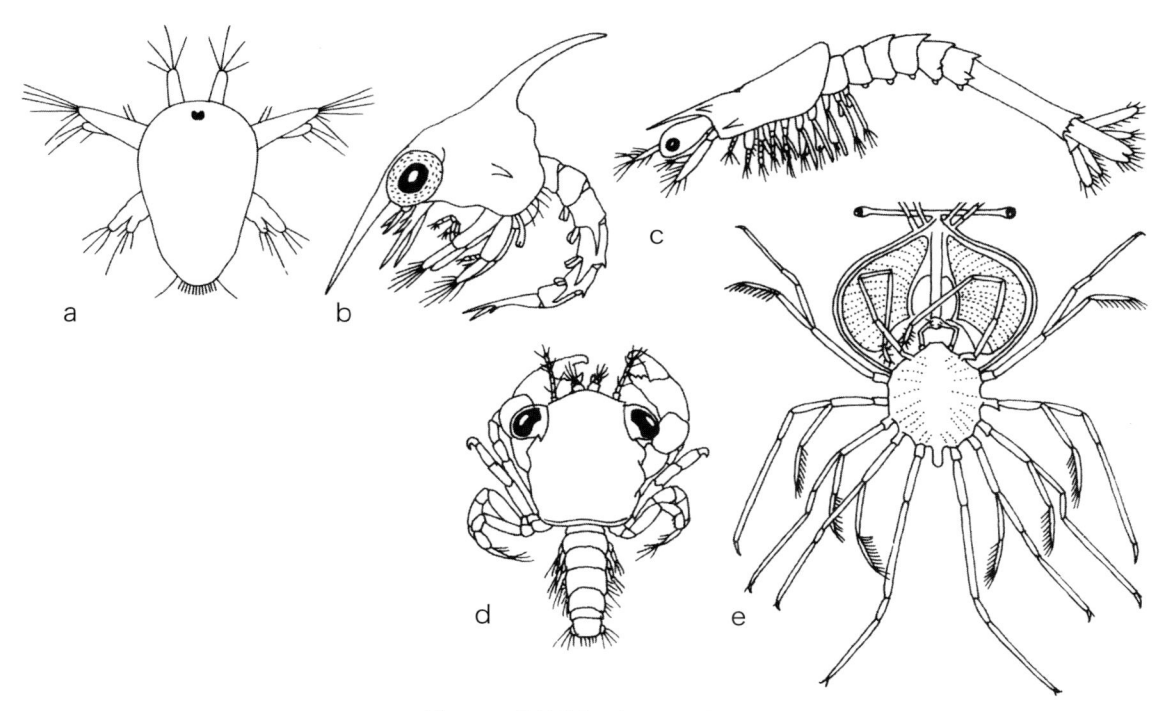

図 25.2 節足動物甲殻亜門の幼生
(a) 孵化したばかりのノープリウス. (b) ワタリガニ *Callinectes* sp. のゾエア. (c) クルマエビ *Penaeus* sp. のミシス. (d) オウギガニ *Menippe* sp. のメガロパ. (e) ロブスターの一種のフィロゾマ.

第26講

扁形動物門
Phylum PLATYHELMINTHES

キーワード：蠕虫　　左右相称性　　三胚葉性　　外被　　条虫　　吸虫　　渦虫

　扁形動物門は，これまでの講で説明してきたすべての動物門とともに左右相称動物に含まれる．次講の二胚動物門と直泳動物門も同じ仲間である．左右相称動物が，第28講以降に続くさらに体制の簡単な動物門と決定的に違うのは，背面と腹面および前端と後端が区別できる左右相称の体をもち，発生において明確な中胚葉を生じる三胚葉性動物であり，組織と器官系をもつことである．左右相称性の獲得は動物の体制に関する重要な変革なのである．

　世界中で7000万人が感染しているといわれるユウコウジョウチュウ（有鉤条虫＝カギサナダ）*Taenia solium* などの人体寄生虫，ヒトの他，ネコ，イヌ，ブタなどの肝臓の胆細管に寄生するカンキュウチュウ（肝吸虫，肝臓ジストマ）*Clonorchis sinennsis*，あるいは再生能力が高い動物の例として教科書に出てくるプラナリアなど，人間生活と関係の深い動物を含む動物門．学名 Platyhelminthes はギリシャ語で platy＝平らな，helminthes＝蠕虫を意味し，背腹方向に平たい動物である．英名は flatworm．

　扁形動物の体は体腔と体節を欠く．体内の中胚葉は明瞭な層を作らず，柔組織として体壁と内臓諸器官の間を埋める．体表は原則として多繊毛性の上皮細胞であるが，寄生性種の成体はクチクラと繊毛を欠く外被 tegument に覆われる．外被は柔組織中の細胞から作られたシンシチウムからなり，寄主の抗体に対する防御壁の役を果たす．腸管にすむものでは，消化酵素に対して耐性をもちながら，栄養物の取り込みを可能にする．神経系はいわゆる「はしご状」で，脳神経節が分化した中枢型である．自活性種の成体は眼点，触角，触毛，嗅孔，嗅溝，平衡器などの感覚器官をもつが，寄生性種はそれらを失っている．循環系を欠く．扁形動物の「平たい」体では，体内に詰まったすべての細胞が体表面から近い位置に配列され，循環系がなくても体表面から拡散してくる酸素ですべての細胞は潤い，不要となった二酸化炭素も同じく拡散によって取り去ることができる．対をなす原腎管をもつ．老廃物の排出もおもに拡散で行われるはずなので，原腎管の主要機能はおそらく浸透圧調

節と考えられる．その証拠に，体液より浸透圧の低い淡水中に棲む種において原腎管はよく発達している．消化管をもつ場合，それは肛門を欠く不完全な腸管であるため，摂食と非消化物の排泄を同時に行えず，食物を続けて食べることはできない．腸は枝分かれし，岐腸 diverticulum がほぼ体の隅々まで伸びるため，酸素と同じく，消化した栄養物も拡散によってすべての細胞に届けられる．しかし，拡散で対応できる範囲には限界があり，一般に扁形動物は細長く，体長は1mm前後と顕微鏡的な大きさである．例外として5mになる条虫類も知られている（後述）．現生約2万5000種のほぼ3/4は様々な動物を中間・終宿主として利用する寄生種である．自活種は主に水域にすみ，少数ながら陸上の湿った場所にすむ種もある．

多くは雌雄同体で他家受精する．精子はふつう鞭毛を2本もつ．内部に卵黄を含む単一卵の場合はらせん型卵割を行うが，外に卵黄細胞がある複合卵では変則的な卵割を行う．寄生性種は一度に多数の子を産み，複雑な生殖・発生過程を経る．無性生殖が広くみられ，吸虫類では1個の卵から最大百万もの幼生が生じる．

扁形動物門内の多様性

扁形動物は伝統的に4綱に分類される．自由生活の渦虫綱と，寄生生活を送る単生綱，吸虫綱，条虫綱である．この分類体系は体形と生活型の違いに基づいており，寄生虫学者が認める標準的な分け方であった．ところが，分子系統解析の結果，渦虫綱の無腸目と皮中神経目とを合わせた無腸形類，渦虫綱の小鎖状目だけからなる小鎖状類，そして渦虫綱の他の目と単生綱，吸虫綱，条虫綱を合わせた「有棒状体類」（後述）の3系統群が区別された．そこで，姉妹群となる小鎖状類と有棒状体類のみを扁形動物門とし，無腸形類に対しては無腸形動物門を新設する体系が提唱された．その後，無腸形類は珍渦虫類との類縁が明らかとなり，第5講で取り上げた珍無腸動物門に統合されたのである．一方，進化的には非常に成功した故に種数も個体数も多く，上位階級に位置づけられてきた吸虫や条虫などの寄生性のグループは，扁形動物の系統全体からみれば一つの系統に含まれ，しかもその一部を占めるにすぎないのである．

有棒状体亜門 Rhabditophora：刺激に応じて体表から外に出される棒状体 rhabdoid とよばれる構造を上皮細胞にもつ．有対の原腎管と前頭腺を有する．

条虫綱 Cestoda：英名 tape worm．いわゆるサナダムシの仲間で一般にジョウチュウ（条虫）とよばれる．成虫が脊椎動物の消化管に棲み，微小毛 microtrich とよばれる微絨毛のような突起を備えた外被を通して宿主の消化管内の栄養物を吸収する．自身の消化管をもたない．長く扁平な体は頭節 scolex，分節化していない頸節 neck，および鎖のようにつながった一連の片節 proglottid の3部分に分かれる．頭節にある吸盤や鉤で宿主の消化管壁に付着する．頸節の根元にある成長部分で片節

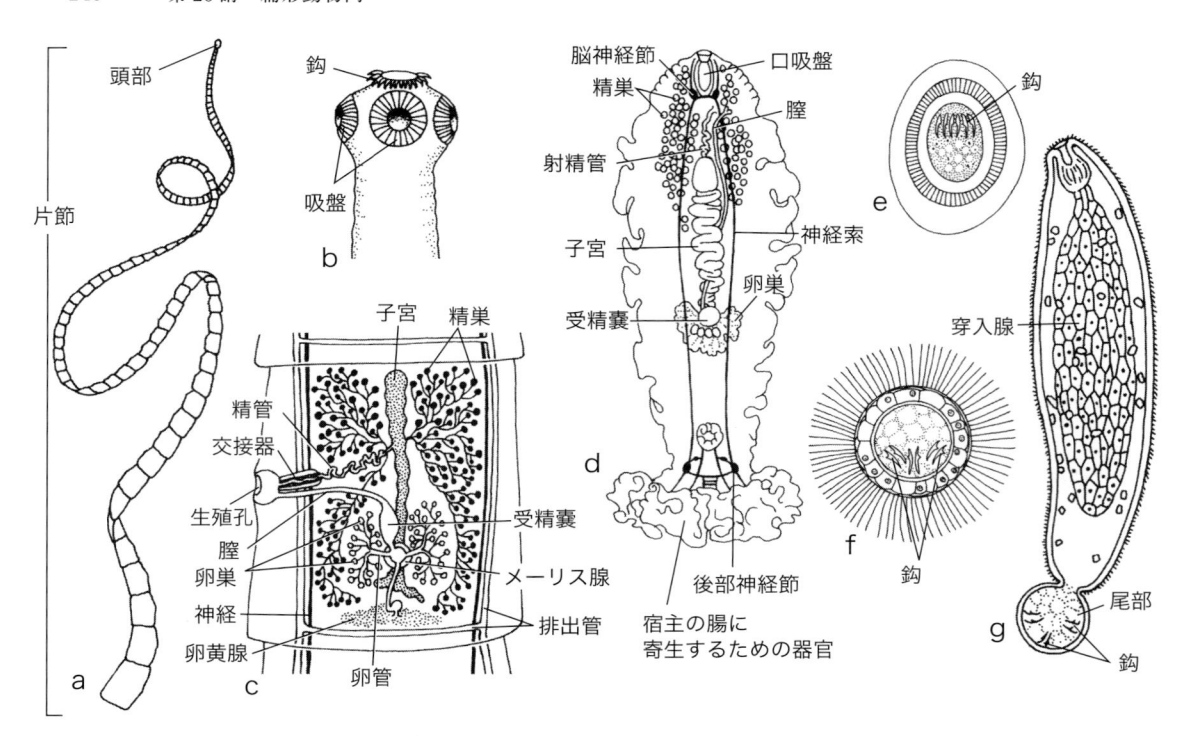

図 26.1 扁形動物条虫綱の一般体制（Hickman *et al*., 2009; Pechenik, 2010; Brusca & Brusca, 2003; Laverack & Dando, 1987 より改変）
(a) 真正条虫の外形．(b) 頭節．(c) 成熟した片節．(d) 単節条虫の *Taenia* sp. の体内構造．(e) *Hymenolepis* sp. のオンコスフェラ幼生．(f) コウセツレットウジョウチュウ *Diphyllobothrium latum* のコラシジウム幼生．(g) 同プロセルコイド幼生．

が連続的に作られる．個々の片節は雌雄両方の生殖器を具え，卵は体の後端近くの片節で成熟する．受精した卵は片節内で胚へと発生し，胚でいっぱいになった片節は切り離され，宿主の糞便とともに宿主の体外へ排出される．片節の連続は環形動物や節足動物の体節とは似て非なるものでストロビラ strobila とよばれる（刺胞動物門鉢虫綱の生活史において，遊離する前のエフィラが重なった状態もストロビラとよぶ．図 28.3 参照）．4500 個の片節をもち，長さ 5 m に達する種が知られる．条虫類は幼生期にも鉤を具える．卵が中間宿主に食べられた後に孵化するオンコスフェラ幼生が六鉤幼虫ともよばれるのは一般に鉤を 6 本もつためである．この幼生はシスチセルコイド幼生あるいは包虫に発達した後，終宿主の体内で成虫となる．一方，卵が水中で孵化してコラシジウム幼生となり，第 1 および第 2 中間宿主の体内でそれぞれプロセルコイド幼生からプレロセルコイド幼生へと変態し，終宿主体内で成虫となる生活史も知られる．

真正条虫 Eucestoda と単節条虫 Cestodaria の 2 亜綱に分類される．単節条虫は頭節を欠き，前部にある単純な吸盤（単生綱の吸盤に似ている）で宿主に付着し，体が一連の片節に分かれておらず，オンコスフェラ幼生は鉤を 10 本もつ「十鉤幼虫」

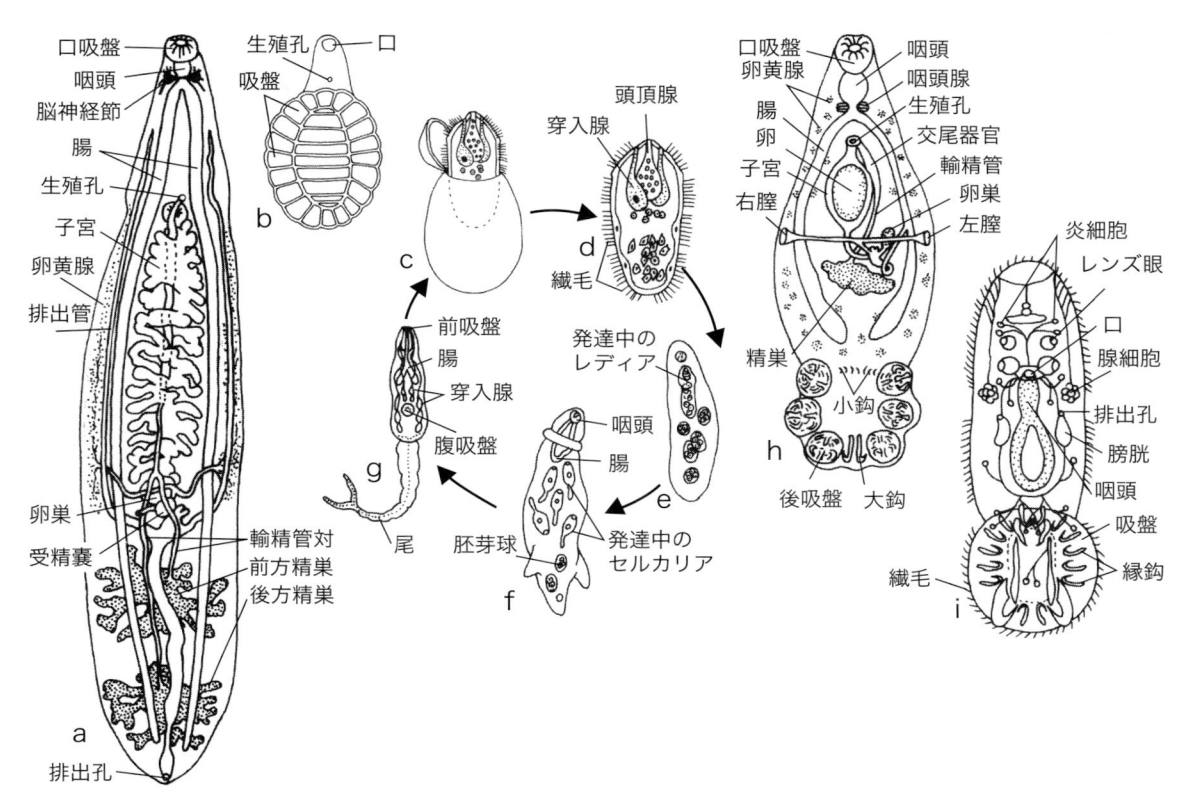

図 26.2 扁形動物吸虫綱および単生綱の一般体制（Brusca & Brusca, 2003; Pechenik, 2010 より改変）．(a)～(g) 吸虫綱．(a) 二生亜綱チュウゴクカンキュウチュウ *Opisthorchis sinensis*．(b) 楯吸虫亜綱の *Cotylapsis* の腹面図．(c)～(g) 吸虫綱の幼生変態過程．(c) 孵化途中のミラシジウム幼生．(d) ミラシジウム幼生．(e) 胞子嚢虫．(f) レディア幼生．(g) セルカリア幼生．(h)～(i) 単生綱．(h) *Polystomoidella oblongum* の成体．(i) *Entobdella soleae* のオンコミラシジウム幼生．

である，などの点で真正条虫と異なる．

吸虫綱 Trematoda：英名は fluke．一般にキュウチュウとよばれ，現生種は約1万種．魚類を主とする脊椎動物に内部寄生し，条虫類のように消化済みの栄養物を吸収するのではなく，宿主の組織を口から取り入れて食べるため，腸がよく発達している．宿主への付着器官として吸盤，錨，鉤などをもつ．2～4つの宿主を経る複雑な生活環を送る．第一中間宿主はふつう軟体動物である．ミラシジウム，レディア，セルカリアなど，様々な二次幼生の段階は，無性的な増殖，分散，あるいは新しい宿主への侵入などの機能を果たす．二生亜綱 Digenea と楯吸虫亜綱 Aspidogastrea に分かれる．大部分を占める前者は，一般にジストマとして知られ，前述の肝吸虫のほか，住血吸虫，肝蛭（カンテツ），肺吸虫などは，人間や家畜に寄生して種々の病気を起こす．楯吸虫亜綱は，腹側の表面に1個の吸盤もしくは縦方向に並んだ吸盤の列をもち，生活史は単純で，1つかせいぜい2つの宿主を経る．

単生綱 Monogenea：最長で3 cm ほどの葉状や長く伸びた体によく発達した腸を

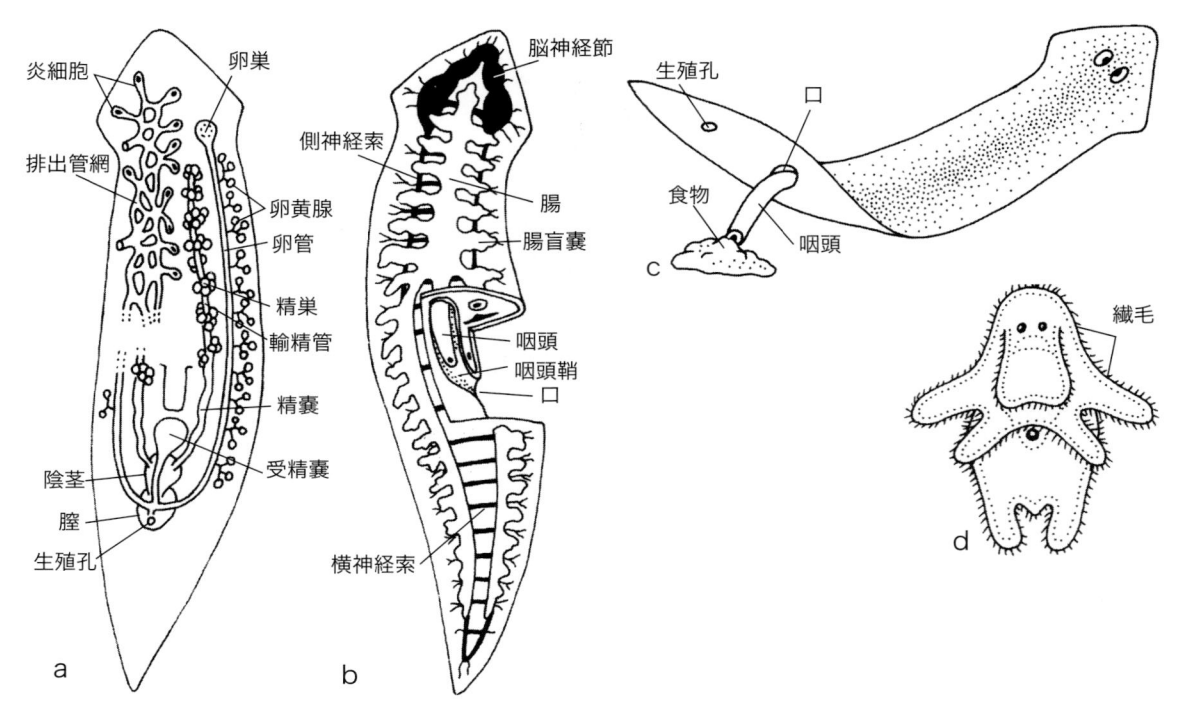

図 26.3 扁形動物渦虫綱の一般体制 (Hickman et al., 2009; Pechenik, 2010 より改変)
(a) 生殖系と排出系. (b) 消化系と神経系. (c) 外形. (d) ミュラー幼生.

もち，主に魚類の鰓などに付着する外部寄生虫．体の前後に固着盤 haptor をもち，その中に備わる複数の吸盤，鉤，かすがいなどで宿主に付着する．生活環は比較的単純で，無性生殖は行わない．卵から孵化したオンコミラシジウム幼生が宿主に付着し，次第に形を変えて成体となる．

渦虫綱 Turbellaria：体長は 0.5～5 mm ほどだが，バイカル湖では 60 cm を超えるものも知られる．大部分が自活性で，体表の繊毛や体壁の環状・縦走筋の収縮により物の表面を這う．海産種が大部分を占め，淡水産種も多数．プラナリアは淡水産のナミウズムシ属 *Dugesia* の仲間で，無性生殖を行い，再生力が強い．コウガイビルなど少数の種は陸上の湿った場所にすむ．頭部に眼点などの感覚器官を具え，筋肉性の咽頭を腹面から突出させ，その先端にある口で微生物から小動物まで捕食する．海産自活種は単一卵で卵割は典型的ならせん型．ほとんどは直接発生するが，ミュラー幼生 Müller's larva，ゲッテ幼生 Goette's larva などのプロトロクラ幼生を経る間接発生も知られる．淡水・陸産種は合成卵を産み，直接発生する．

小鎖状亜門 Catenulida：有棒状体類と姉妹群をなす小鎖状類は，柔組織がほとんど分化しない．いくつかの組織は基底膜を欠き，組織化のレベルからみると，個体そのものが組織あるいは器官レベルにあるといえる．単一の原腎管をもつ．精子は

鞭毛を欠く．粘液の分泌腺である頭端器を欠く．

表 26.1　扁形動物門の分類体系と主な種

有棒状体亜門 Rhabditophora
　条虫綱 Cestoda（約 5000 種）
　　単節条虫亜綱 Cestodaria
　　　両網目 Amphilimidea
　　　摺吸盤目 Gyrocotylidea
　　真正条虫亜綱 Eucestoda
　　　果頭目 Caryophyllidea
　　　箆頭目 Spathebothriidea
　　　錐吻目 Trypanorhyncha
　　　擬葉目 Pseudophyllidea
　　　盤頭目 Lecanicephalidea
　　　無門目 Aporidea
　　　四葉目 Tetraphyllidea
　　　二葉目 Diphyllidea
　　　菱頭目 Litobothridea
　　　日本条虫目 Nippotaeniidea
　　　変頭目 Proteocephalidea
　　　二性目 Dioecotaeniidea
　　　円葉目 Cyclophyllidea
　吸虫綱 Trematoda（約 9000 種）
　　楯吸虫亜綱 Aspidogastrea
　　　楯吸虫目 Aspidocgastrida
　　　スチココチルス目 Stichocotylida
　　二生亜綱 Digenea
　　　住血吸虫目 Strigeidida
　　　アジゲア目 Azygiida
　　　棘口吸虫目 Echinostomida
　　　斜睾吸虫目 Plagiorchiida
　　　後睾吸虫目 Opisthorchiida
　単生綱 Monogenea（約 1000 種）
　　単後吸盤目 Monopisthocotylea
　　多後吸盤目 Polyopisthocotylea
　渦虫綱 Turbellaria（約 4500 種）
　　多食目 Macrostomida
　　単咽頭目 HapIopharyngida
　　多岐腸目 PoIycladida
　　卵黄皮目 Lecithoepitheliata
　　原卵黄目 Prolecithophora
　　原順列目 Proseriata
　　三岐腸目 Tricladida
　　棒腸目 Rhabdocoela
小鎖状亜門 Catenulida
　小鎖状綱 Catenulida

===== Tea Time =====

発生のパターン（4）体節

　体の内部が仕切られていない状態，つまり体節に分かれていない状態を単体節性 monomeric，体の大部分が直列に連なった少数から多数の体節からできている状態を体節性（あるいは多体節性）metameric とよび，特に，2 あるいは 3 の体節でできた体をもつ状態を少体節性 oligomeric という．ヘッケルが動物体の構成における一つの単位と見なしたこの体節 segment, metamere，すなわち，体軸方向の繰り返し構造は，発生途中に出現する．たとえば最も基本的な体節制 segmentation, metamerism を示す環形動物多毛類では，トロコフォア幼生の肛節の前に位置する中胚葉性の成長帯が次々と新しい体節を形成し，頭部と尾部を除いて全身がほぼ同等な多数の体節からなる成体へと成長する．体節は，基本的にそれぞれが動物体の主要構成要素を備える単位であり，その繰り返しが体の仕組みの基本となる．たとえば一般的な多毛類では，各体節の外側に剛毛や鰓を備えた疣足をもち，体内では体節ごとに体腔が隔壁で仕切られ，神経節，腎管とその開口，生殖巣などが各体節に一対ずつ備わり，血管は体節ごとに枝を出す．多体節の動物は，同じ仕組みの体節の繰り返しによってその体が構成されているのが基本の姿である．このような基本的な同規体節制は，節足動物においては体節が体の各部で様々な形，機能に分化する異規体節制へと変化し，同時に体節の融合が起こる．たとえば，頭部は数節が融合したもので，付属する触角，顎，鋏脚などの口器は，それぞれの体節の付属肢に由来する．

　半索動物は身体が，前体，中体，後体の 3 部分に分かれた少体節性動物で，3 体節性動物ともよばれる．前体に 1 つ，中体と後体に 1 対ずつの真体腔をもつ．

　多体節性動物の体腔内の体液は膨らませた風船のように各体節に剛性を与え，第 14 講 Tea Time で述べたように，いわゆる静水力学的骨格の役を果たす．

　脊椎動物も体節をもつと表現されるが，この場合の体節は somite の訳語で，上記の体節とは意味が異なる．Somite とは脊椎動物の胚発生において神経管の両側にそって並ぶ中胚葉細胞塊の規則的な分節構造のことで，後に真皮，骨格筋，脊椎骨へと分化し，結果として，体軸方向にほぼ同じ脊椎骨が繰り返されることになる．

　扁形動物門条虫類（サナダムシなど）にみられる節は，分裂による無性生殖で生じた個虫と考えられ，片節とよばれる．環形動物ヒル類は，体内構造からは少数の体節が，外見的には多数の体節があるようにみえる．外観で体節のようにみえるのは細かい襞にすぎず，体内構造はそれに対応していないためである（図 14.1d）．軟体動物の多板綱や単板綱には，鰓・筋肉・殻・生殖巣などで体節制を思わせる配列がみられるが，それらの繰り返し構造は数の上では必ずしも同調していない．

第27講

二胚動物門と直泳動物門

キーワード：中生動物　三胚葉動物　ニハイチュウ　無性虫　変形体　キリオキンクタ

　かつての分類体系では，後生動物にも原生動物にも分類できない，その中間に位置する動物に対して中生動物門 Mesozoa（mesos＝中間，zoion＝動物）が設けられ，二胚虫類と直泳（游）類が属していた．両動物群とも体長は1cmに満たず，海産無脊椎動物に寄生し，多細胞動物ではあるが細胞数がきわめて少なく，体制がきわめて簡単で，後生動物にみられる組織や器官を欠く．ところが，体制や生活史において両者はそれぞれ独自の形質をもつことが近年の研究で明らかとなり，別門として扱われるようになった．分子系統解析によると，両動物門ともに三胚葉性と示唆されることから（Katayama *et al.*, 1995; Pawlowski *et al.*, 1996; Kobayashi *et al.*, 1999），三胚葉性の動物が寄生生活を送ることで退化したとの考えが一般化しつつある．両者の類似点は寄生生活への適応がもたらした収斂と考えられる．いずれにしろ，体制が簡単であればあるほどその動物群の位置づけは難しい．

二胚動物門 Phylum DICYEMIDA

　二胚動物はイカやタコなどの頭足類の排出器官の中に多数見つかり，宿主の尿から栄養物質を吸収する寄生虫である．宿主に害をなすようにはみえず，人間生活との接点も見あたらない．かつての中生動物門二胚虫綱 Dicyemida に対して新設された動物門で，菱形動物門 Rhombozoa の別名がある．これは，後述する直泳動物と対照的に，二胚動物がらせん対称の体を回転しながら泳ぐことから，rhombos＝回転するもの，zoon＝動物で Rhombozoa と名づけられたことに対応する．日本では，rhombos＝菱形と誤解したことから，Rhombozoa は菱形動物と訳されていた．

　学名 Dicyemida は，二つ（＝di）の胚（＝cyemat）という意味で，胚つまり幼生を2種類，すなわち蠕虫型幼生 vermiform larva と滴虫型幼生 infusoriform larva をもつことに由来する．英名は dicyemid．一般にニハイチュウ（二胚虫）とよばれる．成体も3種類あるが基本形は同じである．その一つであるネマトゲン

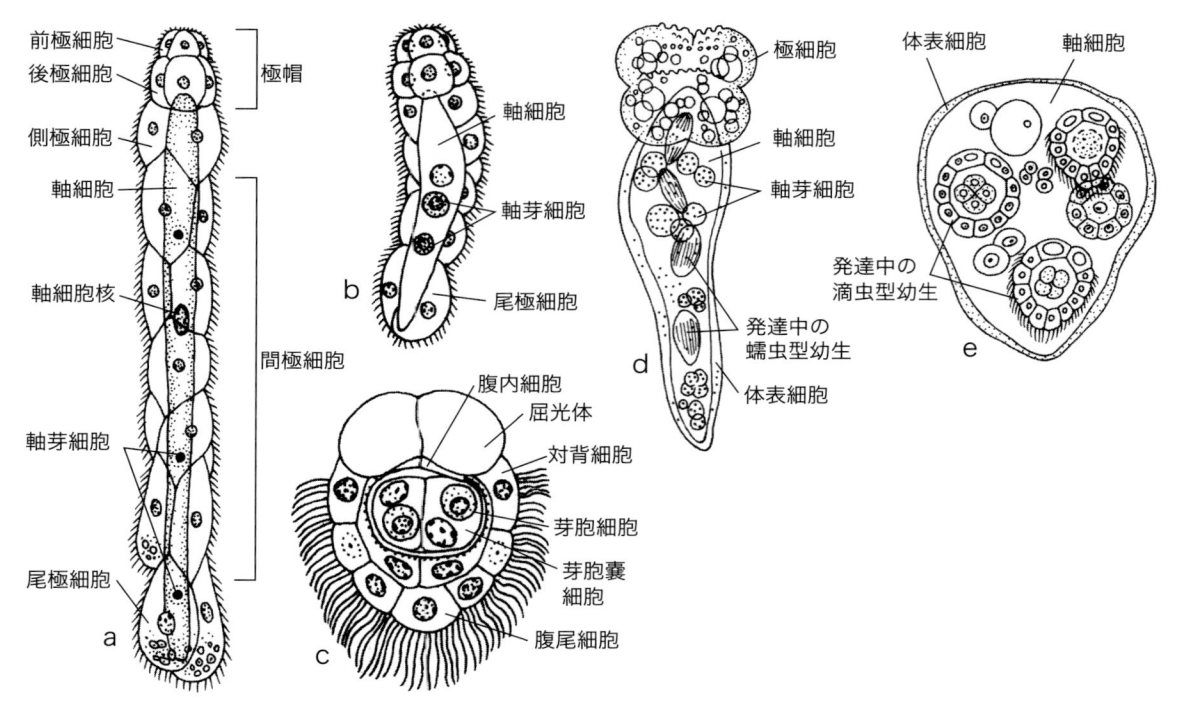

図 27.1 二胚動物門の一般体制（白山，2000; Brusca & Brusca, 2003 より改変）
(a)〜(c) 二胚虫綱 Dicyemida の生活史段階．(a) ネマトゲン．(b) 蠕虫型幼生．(c) 滴虫型幼生．(d)〜(e) 異胚虫綱 Heterocyemida の生活史段階．(d) 蠕虫型成体．(e) 親個体の軸細胞の中で発生中の滴虫型幼生．

nematogen は体表を繊毛に覆われる体長 8 mm 以下の蠕虫で，組織も，骨格となる物質も器官もなく，神経も筋細胞ももたない．体の中心に長い円柱形の軸細胞 axial cell を 1 個もち，それを取り巻いて 20〜30 個の体皮細胞 somatic cell がらせん状に並ぶ．体皮細胞の数は種ごとに一定．8〜9 個の極細胞 polar cell からなる最前部の極帽から，2 個の側極細胞 parapolar cell，10〜15 個の間極細胞 trunk cell と続き，2 個の尾極細胞 uropolar cell が後端となる．極帽で宿主の排出器内面に接着する．

　二胚動物は他の動物にはみられない奇妙な生活史を送る．ネマトゲンの軸細胞の中には最大 100 個もの軸芽細胞 axoblast cell がある．これらは非配偶子 agamate ともよばれ，軸細胞という細胞の中に入ったままで分裂を繰り返し，蠕虫型幼生となる．こうして軸細胞の中は様々な発生段階にある幼虫で満たされることになる．やがて発達した幼虫は親の体外へ出て新しいネマトゲンとなる．以上の無性生殖サイクルが繰り返され，寄主の排出器官がネマトゲンでいっぱいになると，あるいは宿主が成熟すると，おそらくはそれらが引き金となって有性生殖サイクルに入る．ネマトゲンはロンボゲン rhombogen へと発達するか，あるいはネマトゲンの軸芽細胞がロンボゲンへ発達する．ロンボゲンはネマトゲンと形はそっくりだが，その軸細胞中の軸芽細胞は繊毛をもたない有性個体インフゾリゲン infusorigen へ発達す

る．インフゾリゲンは基本的にはロンボゲンと変わらないが，親個体のロンボゲンの体内にとどまる．インフゾリゲンは同時雌雄同体で，1個体中で減数分裂を行い卵と精子の両方を作る．それらが自家受精してできた接合子は卵割を始め，発生中期から左右相称となり，滴虫型幼生へ発達する．滴虫型幼生の細胞数は37または39と成体よりも多く，体制もより複雑である．この幼生は親の体外へ出て，さらに宿主の体外へ出て，海中の自由生活に入る．そして，何らかの方法で，おそらくは中間宿主を経て，新しい宿主を見つけ，ネマトゲンへと発達する．以上の生活史においてきわめて特異なのは，2種類の幼生が成体の軸細胞の細胞質の内部で発生することである．この現象は他の後生動物では全く知られていない．

一般に1種の頭足類に複数種が寄生する．宿主特異性を示すが，まれに1種が複数種の頭足類に寄生する場合もある．寄生率は成熟した宿主ではきわめて高い．これまで，おもにコウイカ類・タコ類を中心として約20属の頭足類から3科8属約100種の二胚動物が知られ，日本からは4属20種の報告がある．体皮細胞に繊毛が生える二胚虫綱 Dicyemida と，成体の体皮細胞に繊毛を欠き，2種しか記録がなく，研究の進んでいない異胚虫綱 Heterocyemida の2綱に分類される．

直泳動物門 Phylum ORTHONECTIDA

人間生活とはほぼ全く関係がないといえる動物門．多細胞動物ではあるが，体長1 mm以下と微小で，扁形動物，紐形動物，環形動物，軟体動物，棘皮動物など，海産の様々な底生無脊椎動物の組織や体腔中に，宿主細胞に付着することなく寄生する．宿主に何らかの害を与えると考えられている．最近まで二胚虫動物とともに中生動物門に分類されてきた．学名 Orthonectida は，まっすぐ（＝orth）に，遊泳する（＝nect），という意味で，自由生活中の有性個体が海水中を一直線状に遊泳する姿に由来する．

自由生活を送る有性個体と寄生生活を送る無性個体が区別され，その間を繊毛幼生がつなぐ複雑な生活史を送る．有性個体は雌雄異体で体長は1 mmに満たず，体表面はクチクラで覆われる．雄は雌よりもずっと小さく，体形も雌雄で少々異なるが，基本的には紡錘形で，表面を覆う体皮細胞と，それに包まれた生殖細胞の塊からなる．体皮細胞は横に規則的に配列するため，体表は環を積み重ねたように見える．体の前端部の1～数環は前錐 anterior cone とよばれ，繊毛が前向きに生える．後部の体細胞も繊毛をもつが，後端部の1～数環は後錐 posterior cone となり，繊毛をもたないこともある．体の中部域では薄い体皮細胞群が生殖門を形成する．収縮細胞 contractile cell や中心細胞 central cell など，筋繊維を細胞内にもつ細胞群も見られる．以上が細胞の多様性のすべてで，いわゆる組織も器官も見あたらない．

雄から放出された精子は雌の体内に入り，そこで受精が起こる．受精卵は雌の体

148　第 27 講　二胚動物門と直泳動物門

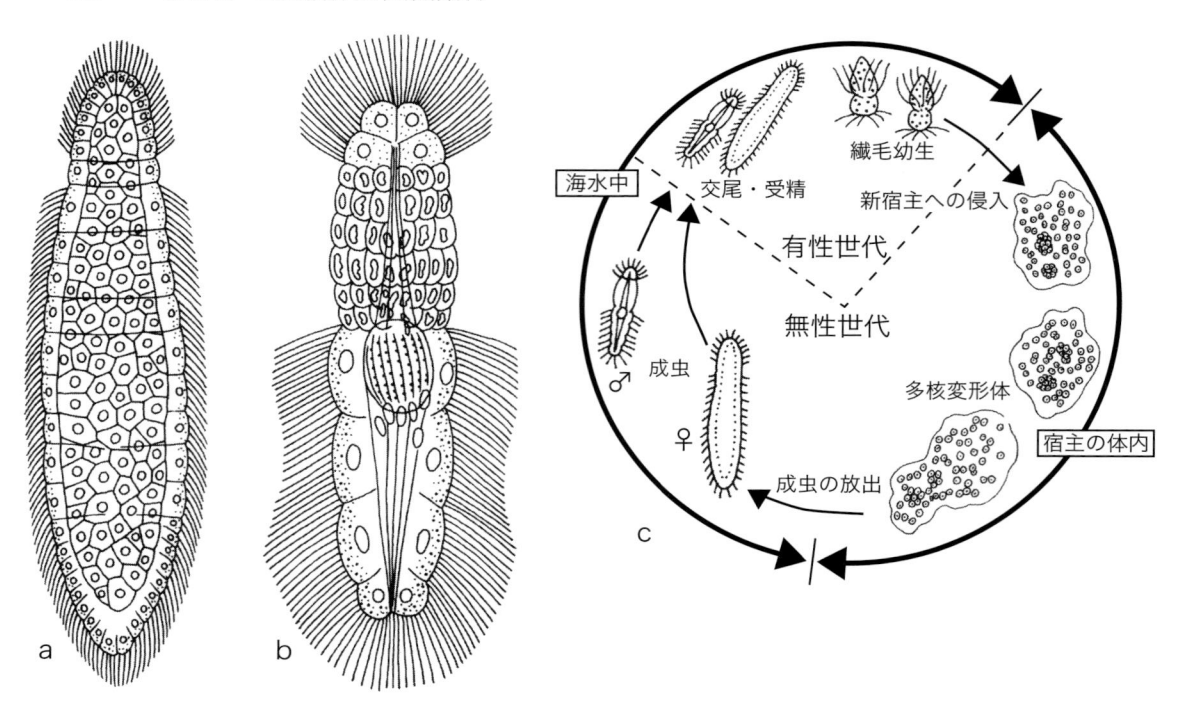

図 27.2　直泳動物門 *Rhopalura* 属の一種の一般体制（本川, 2009；Pechenik, 2010 より改変）
(a) 成虫の雌．(b) 成虫の雄．(c) 生活史．

内でらせん型の卵割を終えて幼生へ発達する．幼生は，基本構造は有性個体と同じく，少数の生殖細胞を 1 層の繊毛細胞が包んだものである．発達した幼生は雌の体外へ出て海水中を泳ぎ，宿主を見つけてその組織に進入する．幼生は宿主の組織中で繊毛細胞を失い，生殖細胞は増殖して無性個虫となる．無性個虫は多核アメーバ状の変形体 plasmodium で，無性的に分裂し，他の変形体を生じる．最終的に 1 個の変形体は雌雄のいずれか，あるいは両方の有性個体を生産する．有性個体は宿主を離れ，海中で自由生活に入る．

　単一の目，直泳目 Orthonectida に 2 科 5 属約 20 種が知られる．日本では厚岸産の渦虫類の体内からキリオキンクタ属 *Ciliocincta akkeshiensis* 1 種が知られているにすぎない．

=============== **Tea Time** ===============

動物門の変遷

二胚動物門と直泳動物門は 20 世紀には中生動物門の綱とされていたように，動物門の数は研究の進展によって変遷してきた．

動物多様性の教科書の一つ「動物系統分類学」全10巻（中山書店）は，1961年に第一回配本された当時，原生動物を含めて21動物門で構成される予定だった．ところが，1998年の完結時には23門に増えていた．当初側節足動物とされたものが，第6巻（1967）で，有爪，緩歩，舌形の3門に分けられたためである．一方，米国では1960年代当時からさらに多くの動物門を認める傾向にあった．R. D. Barnesの有名な教科書"Invertebrate Zoology"の初版（1963）では，無脊椎動物だけで26門を数える．その理由は，「動物系統分類学」では袋形動物門にまとめられていた動物群の中から鉤頭類を，同じく触手動物門に含められていた箒虫，苔虫，腕足の各類を，そして環形動物からユムシ類を，それぞれ切り離して門として扱ったためである．その後，Whittaker（1969）は生物をモネラ界 Monera，プロティスタ界 Protista，菌界 Fungi，動物界 Animalia，植物界 Plantaeに分ける5界説を提唱した．この説に影響され，R. D. Barnesの教科書第5版（1987）では，門は36に増えた．これは，原生動物界を4門に，袋形動物の構成員であった腹毛類，線虫類，線形虫類，輪虫類，動吻類，プリアプルス類，顎口類をそれぞれ門へ昇格し，1983年に初めて記載された胴甲動物を含むためである．翌年のR. S. K. Barnes et al.（1988）による"The Invertebrates: a new synthesis"では，原生動物を除いて35動物門が記され，そのまま第2版（1993）でも踏襲されている．加えられた多細胞動物門は，1971年に門として提唱された平板動物と，節足動物を3分割した，鋏角動物 Chelicerata，単肢動物 Uniramia，甲殻動物 Crustaceaの3動物門であった．その後，1995年に有輪動物が発見・記載された．21世紀に入って，"Invertebrates"の第2版（Brusca & Brusca, 2003）および"Animal Diversity"の第5版（Hickman et al., 2009）で34動物門が認められている．ただし，前者では，1892年にアルゼンチンのコルドバで塩田の堆積物中から発見されたが（Frenzel, 1892），原記載以外に記録が全くなく，その存在が疑問視されている *Salinella salve* 1種のみに対して一胚葉動物門 Monoblastozoaを設け，一方で微顎動物門，珍無腸動物門は含まれていない．後者では，扁形動物の無腸類（皮中神経類を含む）に対して無腸動物門が，二胚動物と直泳動物を併せて中生動物門が立てられているが，珍無腸動物門は含まれていない．

　本書では34動物群を認めたが，今後の研究次第で，動物門の数は変化する可能性がある．

第28講

刺胞動物門とミクソゾア動物

キーワード：刺胞　　プラヌラ　　クラゲ　　ポリプ　　胃水管系　　真正世代交代
　　　　　　二胚葉性　　粘液胞子虫　　軟胞子虫　　極囊　　放線胞子虫
　　　　　　進化と退化

　刺胞動物門と後述する有櫛動物門は共に胃腔 gastric cavity（＝腔腸 coelenteron）をもつので，かつては腔腸動物門 Coelenterata にまとめられていた．しかし有櫛動物は，刺胞を欠く，上皮細胞が多繊毛性である，胚発生において割球の発生運命が定まっている決定性卵割を行うなど，刺胞動物と大きく異なる特徴をもち，分子系統解析でも腔腸動物は単系統とならないため，別門とされる．

刺胞動物門 Phylum CNIDARIA

　夏の終わりに海水浴客がよく刺されるカツオノエボシ *Physalia physalis*，中華料理の食材となるビゼンクラゲ（備前海月）*Rhopilema esculenta* など，人間生活と直接的なかかわりをもつ種を含むクラゲの仲間，そしてサンゴ coral やイソギンチャク sea anemone，あるいはヒドラなど，誰でも一度は耳にし，目にしたことのある水生動物を含む動物門で，世界中から1万種以上が知られている．学名 Cnidaria は植物のイラクサを意味するギリシャ語の knide に由来し，刺されると痛い刺胞 cnida ＝nematocyst をもつことから名づけられた．

　刺胞動物の体は様々な役割に分化した細胞に支えられている．そのうち一番特徴的なのが刺胞細胞 cnidocyte（刺細胞ともいう）である．刺胞細胞の中には上述の刺胞が収まる．刺胞は，根本に棘を備えてコイル状に巻いた刺糸 filament と毒性のタンパク質を閉じ込めたカプセルで，蓋で閉じられる．表面に露出した刺針 cnidocil が化学的あるいは物理的に刺激されると，刺胞細胞の細胞膜が変成して外部から水が流れ込み，蓋が開いて刺糸が押し出される．未発射の刺胞の中の浸透圧は約140気圧以上に達するほどで，刺胞の発射は細胞現象の中でも最速の部類に入る．刺糸はカニの固い殻も貫く．刺糸で突かれ，毒で麻痺した餌動物は，触手に絡め取られて口へと引き寄せられる．こうして肉食性の刺胞動物は，他物に固着したまま，活

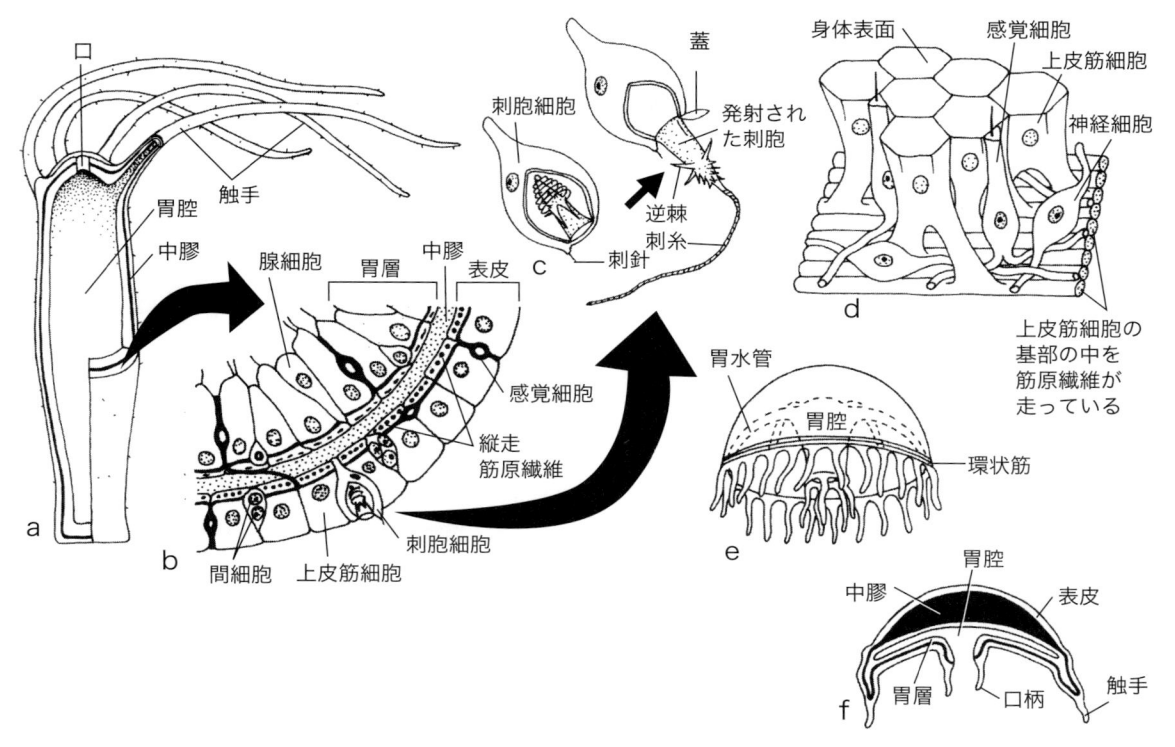

図 28.1 刺胞動物の一般体制（Hickman *et al.*, 2009；Pechenik, 2010 より改変）
（a）ヒドラの体制．（b）体壁を構成する細胞．（c）刺胞細胞と刺胞の発射．（d）上皮筋細胞と神経細胞．（e）クラゲの外形．（f）クラゲの断面図．

発に動き回ることなく，餌を獲得する．刺胞は防御のためにも用いられる．
　表皮は刺胞細胞の他4種類の細胞から構成される．そのうち大多数を占めるのが，本門特有の上皮筋細胞 epitheliomuscular cell で，これは後生動物の筋細胞中で最も単純である．細胞質が少なく小型で未分化なものは間細胞 interstitial cell とよばれ，他のすべての細胞がこの間細胞から分化する．神経細胞は双極あるいは多極の原神経細胞 protoneuron で，中枢のない散在神経系を形成し，刺激をあらゆる方向へ伝達する．神経網はクラゲが傘を開閉して泳ぐ際に筋収縮を同調させる役を果たす．粘液細胞は他物への接着や獲物の捕獲，あるいは防御に使われる．
　刺胞動物は，漂泳性のクラゲ medusa と付着性のポリプ polyp という生活様式の異なる2つの型をもち，その間で真正世代交代 metagenesis を行う．ポリプは底のすぼまった円筒形で，上部に口が開き，その周囲に触手が並ぶ．これを逆さにしたのがクラゲで，円筒形の部分は傘とよばれ，これを開閉させて遊泳する．ポリプは，その基部が板状の足盤や管状の走根に分化して岩などに付着するか，あるいは先端のとがった球根状になって砂泥中に埋まることで固着する．
　体外受精でできた受精卵は，卵黄量に応じて放射型，らせん型，二軸型などの卵

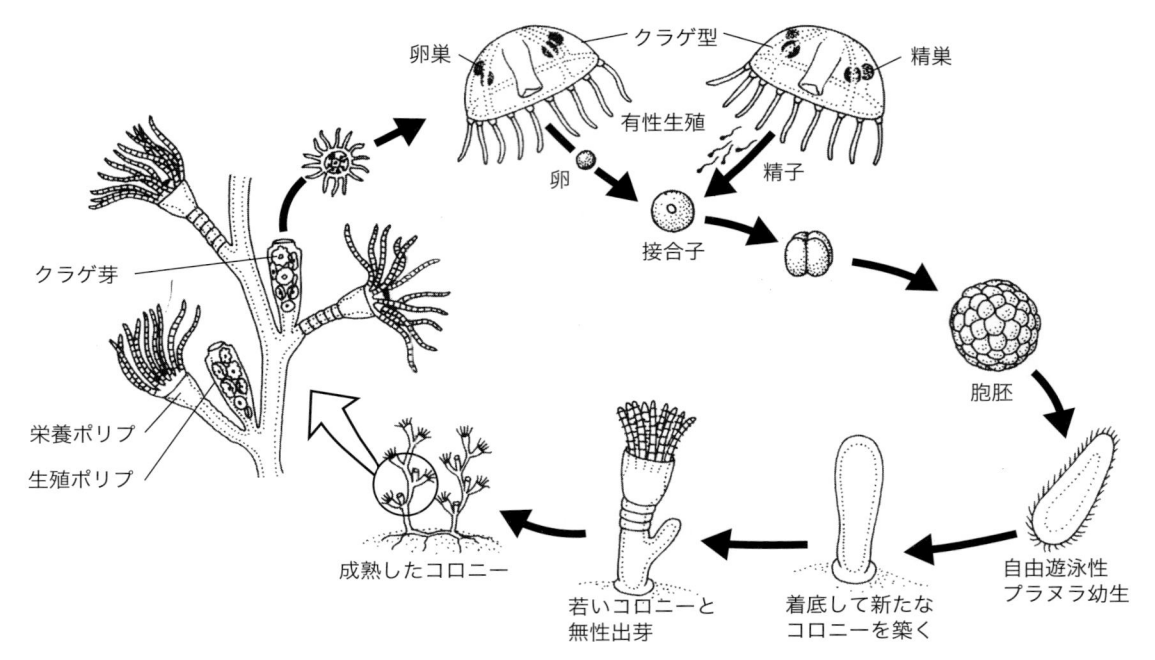

図 28.2　ヒドロ虫綱の一般的生活環（Hickman *et al.*, 2009 より改変）

割を終えて空胞胚 coelo blastula あるいは中実胚 stereo blastula となる．囊胚は陥入で形成される場合が多いが，被包（覆い被せ）epibory を伴うこともあり，特にヒドロ虫類では葉裂などが行われ，中実のプラヌラ幼生 planula larva となる．体全体に繊毛の生えたこの幼生は海中を泳ぎ，やがて基質上に定着してポリプとなる．ポリプは無性世代で，そこから有性世代のクラゲが遊離する．ポリプの無性生殖で生じた個体が分離しない場合は群体となる．群体を構成するポリプは特に個虫（脊索動物門尾索動物亜門や苔虫動物門と同様）とよばれる．以上の基本的生活史は，分類群ごとに様々に変形している．

　刺胞動物は二胚葉性で体腔はない．外胚葉性の表皮と内胚葉性の胃腔上皮との間は遊離した少数の細胞を含む中膠で満たされる．ゼラチン質できた中膠はポリプでは薄いがクラゲでは厚く発達する．そのためクラゲは jellyfish の英名がある．

　体内中央には胃腔，腔腸，もしくは胃水管腔 gastrovascular cavity とよばれる腔所があり，ここで細胞外消化が行われる．開口は1つで口と肛門の役割を兼ねる．胃腔から傘周辺へ放射水管 radial canal が伸び，それらを連絡する環状水管 ring canal とともに胃水管系 gastrovascular system を構成する．胃水管系は消化された成分を全身に運ぶなど，循環系の役割を果たし，中膠の厚いクラゲ類では特によく発達して複雑な網状となる．

　胃腔上皮は放射状に張り出して胃腔を縦に仕切る隔膜を形成することが多い．刺

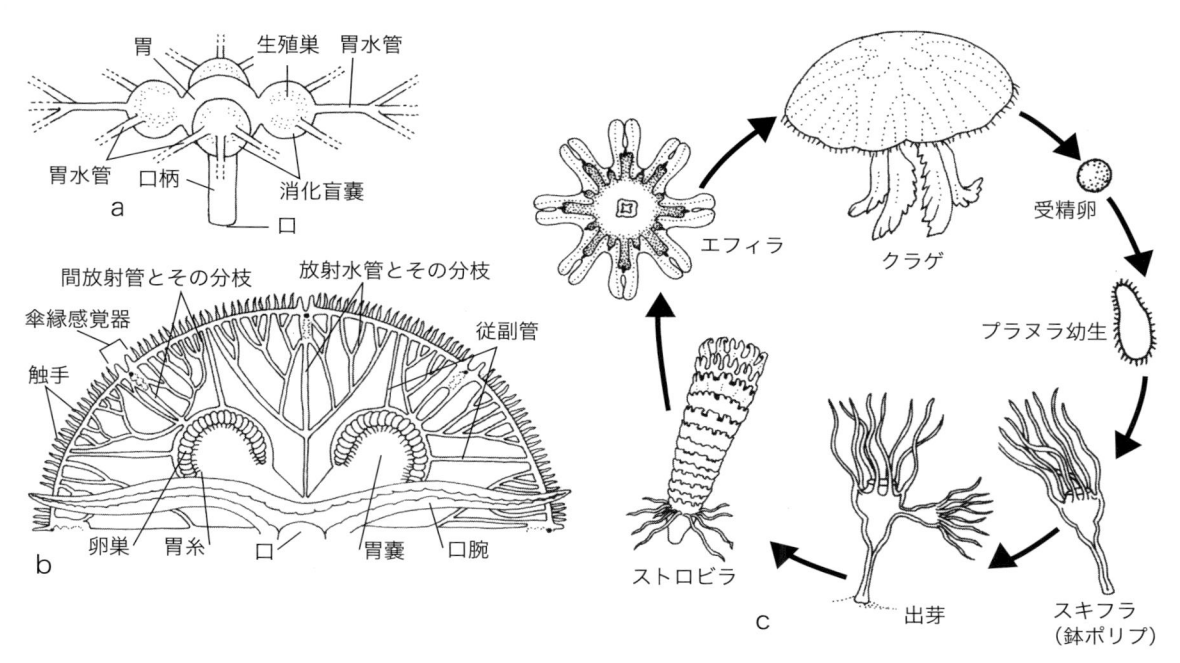

図 28.3 鉢虫綱ミズクラゲ *Aureria* sp. の胃水管系と生活史（Pechenik, 2010; Brusca & Brusca, 2003 より改変）
(a) 側面図. (b) 腹面図. (c) 生活環.

　刺胞動物門に4綱が含まれるうち，ヒドロ虫綱と箱虫綱では隔膜を欠くが，鉢虫綱のポリプの胃腔には4個の縦の隔膜が，花虫綱のポリプの胃腔には8～100以上の隔膜がみられる．循環系，呼吸系，排出系などの器官系を欠く．感覚器官はポリプには一般にみられず，クラゲは平衡器をもつ．ヒドロ虫類の一部は淡水に生息するが，ほかはすべて海産である．

　雌雄異体．雌雄二型を示すものはまれ．生殖巣はヒドロ虫綱を除いて内胚葉性．

刺胞動物門内の多様性

　胃腔内の隔膜の数などによって4綱に分類される．

　ヒドロ虫綱 Hydrozoa：一般にヒドロ虫 hydroid とよばれる．約2700種の大多数が生活環にポリプとクラゲの両方をもつ．胃腔内に隔膜はなく，生殖巣は原則として外胚葉性．基本通りの真正世代交代を行う種が多いが，プラヌラが直接ポリプへ変態せず，アクチヌラ actinula 幼生を経てポリプあるいはクラゲへと成長する場合や，ポリプかクラゲの一方を欠くこともある．ほとんどが群体性で，毒クラゲとよばれるカツオノエボシあるいはヨウラククラゲなどの管クラゲ目は実は，無性出芽したポリプの群体で，クラゲ世代を欠く．個虫は多型現象を示し，遊泳，摂食，有性生殖，防御などの役割に分業している．世界最大で高さ1.5mにもなるオトヒメノハナガサは単体性である．刺胞動物のほとんどが海産である中，唯一ヒドロ虫綱

はヒドラやマミズクラゲなどの純淡水産種を含む．ヒドラはクラゲ世代をもたず，単体性で，首を切られてもそのあとから2つの首が生えるギリシャ神話上の怪蛇にその名が由来するように，再生能力がきわめて強く，様々な実験に用いられる．

箱虫綱 Cubozoa：ハコクラゲ box jellyfish と一般によばれるように箱形の傘をもつ単体性のクラゲ．ポリプはクラゲを遊離せず，直接クラゲへ変態する．主たる世代はクラゲで，ポリプ期は目立たず，多くの場合知られていない．傘高数cm～25 cm．1本あるいは房になった触手が箱の四隅に生える．攻撃的な遊泳者であり貪欲な魚の捕食者で，アンドンクラゲやハブクラゲなど，刺胞毒が強いものも多い．

鉢虫綱 Scyphozoa：jellyfish とよばれるのは一般にこの綱の仲間である．ポリプとクラゲ両方をもつが，たいていポリプ世代は小さくて目立たず短命で，構造は単純である．クラゲは単体で，半球形の傘をもち，縁のまわりに触手が垂れ下がる．十文字クラゲ目の仲間はアサガオクラゲなど，'クラゲ'と名がついているが実は常に付着生活を営むポリプであり，クラゲ世代を欠く．一方，ポリプを欠き，プラヌラ幼生が直接クラゲになる外洋性種が知られる．胃腔中には4個の縦の隔膜がある．ミズクラゲ，ビゼンクラゲ，エチゼンクラゲなど，約200種．

花虫綱 Anthozoa：ギリシャ語で Anthos は「花」を意味する．イソギンチャクやサンゴを含む約6200種が知られる刺胞動物最大の綱である．クラゲ世代を欠き，ポリプが有性世代となる．胃腔には多数の隔膜がある．体は二軸相称，さらには左右相称のものもある．単体性あるいは群体性．2亜綱に分かれる．ウミトサカ，イソバナ，アカサンゴ，ヤギ，ウミエラなどを含む八放サンゴ亜綱 Octocorallia は，口

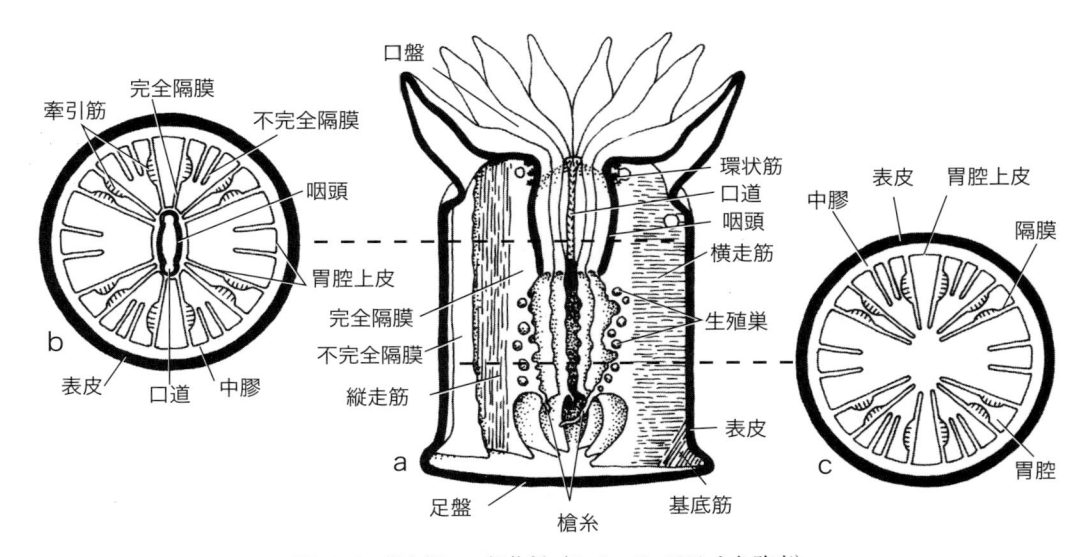

図28.4 花虫綱の一般体制（Pechenik, 2010 より改変）
(a) イソギンチャクの横断面図．(b) 咽頭部分の縦断面図．(c) 咽頭より下部の横断面図．

を取り巻く触手が羽状で常に8本，胃腔内の隔膜も8枚もつ．単体性のイソギンチャクの他，群体が石灰質やキチン室の堅い骨格を共有して珊瑚礁を形成するイシサンゴ，あるいはイボヤギ，スナギンチャク，クロサンゴ，ハナギンチャクなどは，六放サンゴ亜綱 Hexacorallia の仲間で，触手は糸状で数が多く，また隔膜の数も多い．浅海産のほぼすべての花虫綱の仲間が共生藻をすまわせている．共生藻は光合成によって宿主の栄養を補う．

ミクソゾア動物 MYXOZOA：主としてサケ科魚類，あるいはタイなど，養殖魚に増殖性腎臓病 proliferative kidney disease（PKD）や旋回病 whirling disease などの魚病を起こさせる病原動物として人間生活とかかわりのある寄生性多細胞動物．学名 Myxozoa は，ギリシャ語の myx（＝粘液）と zoon（＝動物）の合成語で，和名はそのカタカナ表記である．粘液胞子虫類と軟胞子虫類の2類で構成される．極囊 polar capsule をもった胞子を作る寄生虫で，かつては原生動物とされたが，様々な研究の結果，寄生にしたがって外形と体制を変える多細胞動物であることがわかり，その後，系統学的には刺胞動物門に含まれることが明らかとなった．しかし，門内の位置および階級は未だ定まらないため，その特異性から階級なしの'動物'として記述する．

ミクソゾア動物は一般に二つの宿主を替えながら，栄養生殖，胞子形成，胞子の3つの段階からなる生活環をもつ．粘液胞子虫類は魚類と環形動物，軟胞子虫類の場合は魚類とコケムシ類が宿主となる．感染は多細胞性の胞子によって起きる．胞子は一つまたは二つのスポロブラスト sporoblast（胞囊体）と，胞子を宿主の体に固定する極糸 polarfilament（極繊維）が入った一つまたは複数の極囊からなる．スポロブラストは運動能のあるアメーバ型胚子 amoebula になり，これが宿主の組織に侵入して多核の変形体に成長する．その後，核が対になって，一方が他方を取り囲み，新たな胞子を生じる．胞子は多細胞であるが，細胞は数個しかなく，神経や消化管などの組織は全く見られない．

ミクソゾア類が後生動物だとする考えは19世紀末にすでにあった．粘液胞子虫の胞子が多細胞性であり，原生動物とはいえないことは1899年に指摘されていた．1938年には，極囊が刺胞動物の刺胞によく似ており，粘液胞子虫が寄生性の刺胞動物であるポリポディウム *Polypodium hydriforme* の寄生生活期とよく似ることから，極端に退化した刺胞動物とされた（Weill, 1938）．その後，ミクソゾアは多細胞動物の一員であることが 18S rRNA の分子系統解析で示され（Smothers *et al.*, 1994），さらに，後生動物に特有の細胞間接着構造があること（Siddal *et al.*, 1995）や，*Hox* 遺伝子をもつことも明らかにされた（Anderson *et al.*, 1997）．21世紀初頭には，所属不明だったイトクダムシ *Buddenbrockia plumatellae* が，1996年にコケムシから見つかっていた軟胞子虫の *Tetracapsula bryozoides* と同一種であることが判明し，

ミクソゾアは左右相称動物に起源することが強く支持された．イトクダムシは，1851年に発見され，1910年に記載された長さ2mmほどの蠕虫状動物で，口をもたず，消化管もなく，脳も神経系もなく，左右性も上下もなく，前後もわからない．体表は1層の上皮に覆われ繊毛を欠く．成長すると体内に体腔を生じる．ややらせん状に配置した4本の縦走筋で曲がりくねるように移動する．縦走筋をもつことは左右相称動物起源の強い証拠とされ，*Hox*遺伝子を使った解析でも同様の結果が得られた．ところが2007年，50種類の遺伝子マーカーを用い，核タンパク質における早いアミノ酸置換率をベイズ法を用いて克服することでイトクダムシが放射相称動物の典型である刺胞動物と近縁であることが明らかとなった．蠕虫様の体制は進化史において少なくとも2回，全く異なる動物から進化したことが示唆される．

ミクソゾア動物は以下の2類に分類される．

粘液胞子虫類 Myxosporea：魚類以外では環形動物，扁形動物，爬虫類，両生類などからも見つかる．胞子は10〜20μmほどで，殻に包まれる．ニジマスに旋回病を起こす粘液胞子虫である*Myxobolus cerebralis*の研究において，胞子は*Tubifex*属イトミミズの消化管上皮細胞の中で，放線胞子虫の*Triactinomyxon gyrosalmo*に変態し，この放線胞子虫をニジマスに与えると発症し，体内に*M. cerebralis*の胞子が産生されることが確かめられた（Wolf & Markiw, 1984）．すなわち，別個の生物

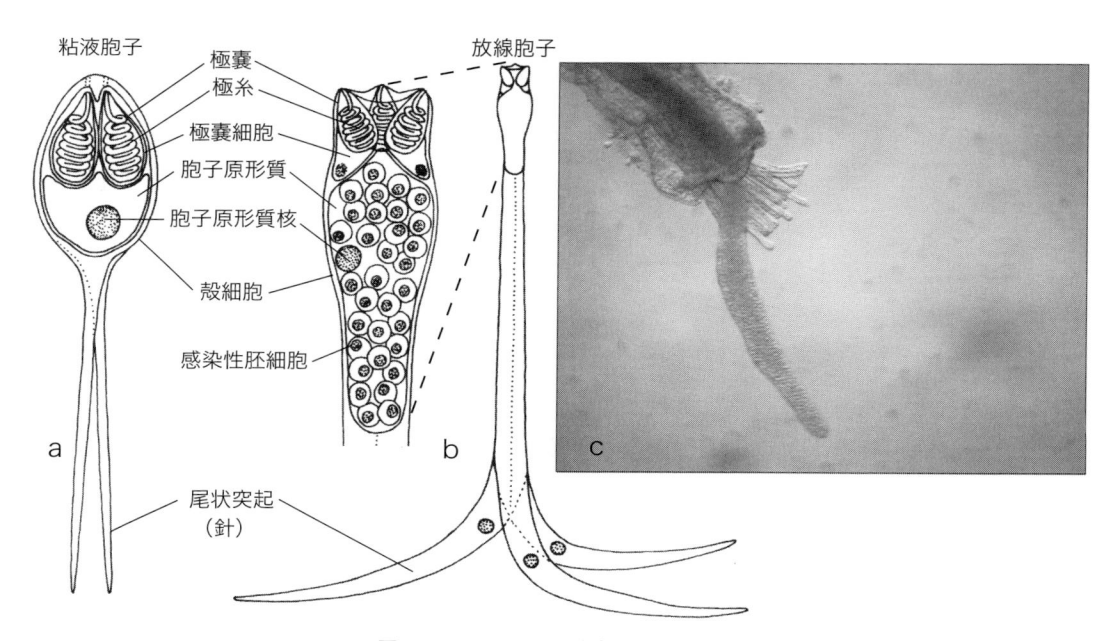

図 28.5 ミクソゾア動物類の一般体制
(a), (b) 粘液胞子虫類の*Henneguya* sp.の体制．(a) 粘液胞子ステージ．(b) 放線胞子ステージ．(c) コケムシの触手冠から出てくる軟胞子虫類イトクダムシ*Buddenbrockia plumatellae*．(a, b：Margulis & Chapman, 2009 より改変．c：Sylvie Tops and Beth Okamura 撮影．Okamura & Canning, 2003 より．Trend in Ecology and Evolution のご厚意により掲載）

とされていた粘液胞子虫と放線胞子虫は同じ生物の異なる発育段階であり，生活環を完結させるためにはニジマスとイトミミズという2つの宿主が必要であることが判明したのである．現在は放線胞子虫類という分類群は削除されている．

軟胞子虫類 Malacosporea：ギリシャ語で，やわらかい＝malako，胞子＝spora．コケムシ類の寄生虫で，胞子に極囊をもつが硬い殻が形成されない点で粘液胞子虫類と区別される．複雑な体制の祖先動物と単純化した粘液胞子虫類との間を埋める動物群と考えられている．既知種2種が軟殻目 Saccosporidae 科に所属する．そのうちの一種である上述のイトクダムシは，トルコ，ベルギー，イギリス，そして日本から記録がある．もう一つの種 *Tetracapsuloides bryosalmonae* は淡水産コケムシ類の体腔中を浮遊し内部に胞子を蓄える袋状の生物で，ヨーロッパおよび北アメリカに分布する．この種の蠕虫形はこれまでのところ発見されていない．もともとはサケ科魚類に感染して増殖性腎臓病を引き起こす病原体PKXとして知られていた．1999年に，コケムシ類から見つかる胞子がサケ科魚類に感染することが感染実験と遺伝子配列比較によって証明された．

表28.1 刺胞動物門の分類体系と主な種

刺胞動物門
　ヒドロ虫綱 Hydrozoa（約2700種）
　　無鞘目（花クラゲ目）Athecata
　　有鞘目（軟クラゲ目）Thecata
　　淡水クラゲ目 Limnomedusae
　　硬クラゲ目 Trachymedusae
　　剛クラゲ目 Narcomedusae
　　レングクラゲ目 Laingiomedusae
　　アクチヌラ目 Actinulida
　　サンゴモドキ目 Stylasterina
　　アナサンゴモドキ目 Milleporina
　　管クラゲ目 Siphonophora
　　盤クラゲ目 Chondrophora
　箱虫綱 Cubozoa（約20種）
　　立方クラゲ目 Cubomedusae
　鉢虫綱 Scyphozoa（約200種）
　　旗口クラゲ目 Semaeostomeae
　　根口クラゲ目 Rhizostomeae
　　冠クラゲ目 Coronatae
　　十文字クラゲ目 Stauromedusae
　花虫綱 Anthozoa（約4700種）
　　八放サンゴ亜綱 Octocorallia
　　　ウミトサカ目 Alcyonacea
　　　ヤギ目 Gorgonacea
　　　ウミエラ目 Pennatulacea
　　　アオサンゴ目 Helioporacea
　　　根生目（ウミズタ目）Stolonifera
　　　小枝目 Telestacea
　　　腸軸目（ノシヤギ目）Gastraxonacea
　　　原始八放サンゴ目 Protoalcyonalia

六放サンゴ亜綱 Hexacorallia
    イソギンチャク目 Actiniaria
    イシサンゴ目 Scleractinia
    スナギンチャク目 Zoantharia
    ハナギンチャク目 Ceriantharia
    ツノサンゴ目 Antipatharia
    ホネナシサンゴ目 Corallimorpharia
    ヒダギンチャク目 Ptychodactiniaria
ミクソゾア動物
    軟胞子虫類 Malacosporea
    粘液胞子虫類 Myxosporea

═══ **Tea Time** ═══

自然史財

　2011年3月11日に起こった東日本大震災は東北地方の博物館等施設に大きな被害をもたらした．所蔵されていた文化財の被災に対する国の対応は素早く，文化庁の指導のもと，国・地方自治体レベルで修復が進んだ．一方，同じく博物館等施設所蔵の自然史標本も被災したが，その修復は主にボランティア研究者間で個別に細々と行われたにすぎない．東日本大震災は博物館等施設の防災のハード面だけでなく，ソフト面である自然史標本保全体制の脆弱性を露呈させたのである．

　人類の持続可能性 sustainability の鍵は生物多様性保全にあることは疑いない．未来の生物多様性を保証する基盤は現在の自然と生物多様性である．自然史標本は，ある時間におけるある地域の生物多様性の証拠である．自然史標本が失われれば，人類が生存してきたところの自然環境の記録が不明となる．自然史標本は人類の持続可能性を保証するための知的基盤であるとともに人類の財産，すなわち「自然史財」である．災害に対する抵抗力を「自然史財」にもたせなければならない．そのためには，「自然史財」を公的に位置づけ，国民の関心と関与を促すことが必須であろう．

第29講

有櫛動物門
Phylum CTENOPHORA

キーワード：クシクラゲ　櫛板　膠胞　平衡器　胃水管系
　　　　　　キディッペ幼生

　一般にクシクラゲとよばれ，海にのみ生息し，食用にも害にもならないので人間生活との関係は薄いが，大型プランクトンとして海水浴場などに出現して刺胞動物門のクラゲとよく間違われる動物門である．学名 Ctenophora は，ギリシャ語で ktenos＝櫛，phoros＝もっている，を意味し，英名の comb jelliy も"櫛クラゲ"である．海中を遊泳する半透明の姿はまさにクラゲだが，よくみれば外観で刺胞動物と区別できる．有櫛動物は，体がカブト形や風船形，瓜形，あるいは帯形で，傘形や鐘形とはいえず，繊毛の束が8列に並んだ体表面の櫛板 comb plate を経時的に動かして泳ぐ．刺胞動物のクラゲより脆弱で，細心の注意を払って採集しないと体は容易にくずれてしまう．体制は二軸相称であり，しばしば2本の触手をもつが，触手は口の近くに生えているわけではなく，鞘の中に入っていて伸び縮みする．付着性のポリプ世代を欠き，サンゴのような硬組織でできた骨格をもたない．さらに，刺胞をもたず，かわりに，対象に刺さるのではなく粘着する膠胞 colloblast とよばれる武器をもつなどの点でも刺胞動物と異なる．
　それでも，基本体制は確かに刺胞動物と似ていて，体は二胚葉性で表皮と胃腔上皮の外内2層の細胞層とその間の厚い中膠とからなり，神経系は外皮直下に網目状をなす散在型で，感覚器として平衡胞をもち，血管系，呼吸系，排出器官を欠くかわりに，それらの働きを統合したような水管系が胃腔と連絡して胃水管系を形成する．有櫛動物の胃水管系は複雑である．外胚葉性の口と咽頭に続く内胚葉性の胃の途中から水管が2軸放射相称的に派出し，さらに分岐し，その末端は上下に伸び，8本の子午管として体を縦走する．この胃水管系には多数の孔があり，中膠と連絡して浸透圧調節や浮力調節を行う．子午管は盲管となるか，あるいは水管で互いに連結する．胃の末端は反口側で4本に分岐し，そのうち2本の末端は盲嚢に終わるが，残りの2本は小さな孔となって体外へ開口する．この小孔は肛門とよばれることが多いが，その機能はおそらく食物を取り込んだ際に胃水管系中の水を体外へ出す役

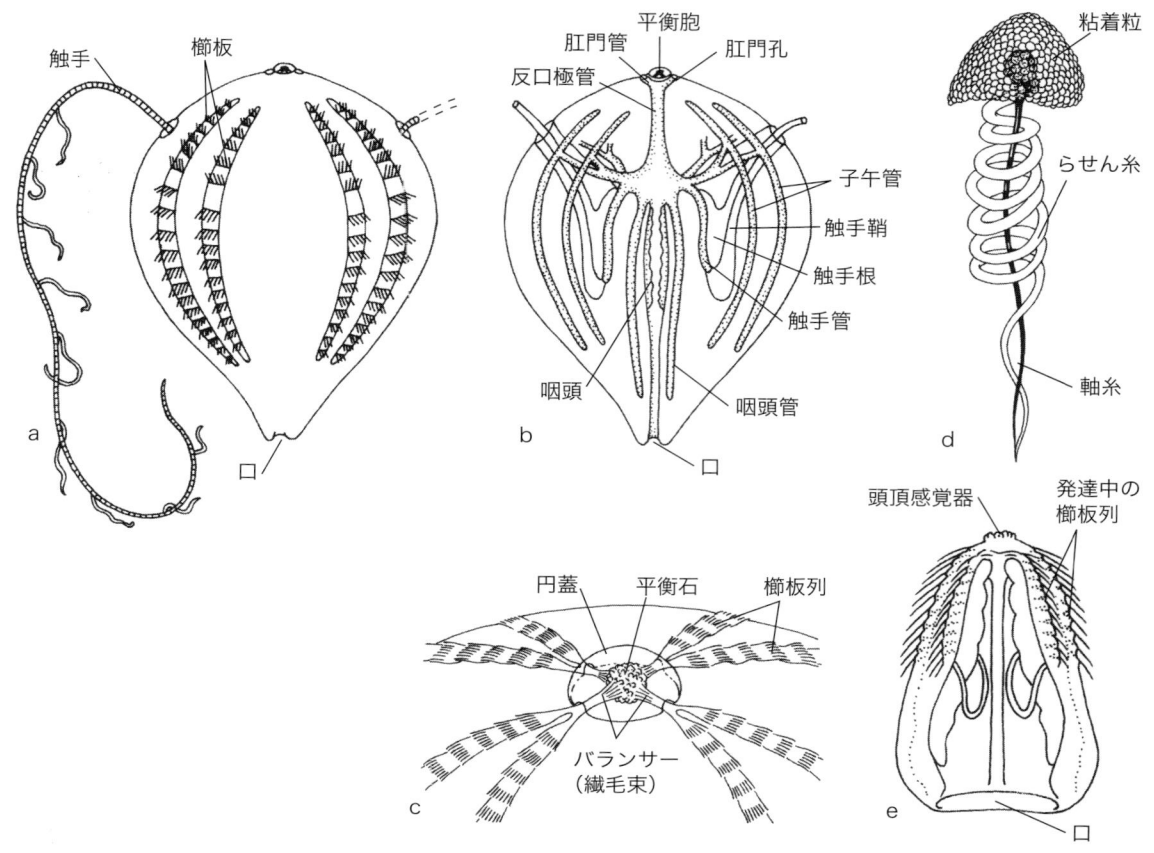

図 29.1 有櫛動物の一般体制（Laverack & Dando, 1987; Pechenik, 2010; Brusca & Brusca, 2003 より改変）(a)～(c) 有触手綱フウセンクラゲ．(a) 外形．(b) 体内構造．胃水管系をおもに描いてある．(c) 平衡胞の構造．(d) *Pleurobrachia* の膠胞．(e) 一般的なキディッペ幼生．

を果たすようである．

　有櫛動物は繊毛で移動する最大の後生動物であり，移動速度は遅い．しかし例外もあり，最大 2 m にも達するオビクラゲ目のオビクラゲはよく発達した筋肉を用いて体を波打たせて素早く遊泳する．ほとんどが漂泳性であるが，クシヒラムシ目のクシヒラムシやクラゲムシなどは底生生活を送る．彼らは成長と共に櫛板を失い，成体は扁平となり，口のあたり生えた繊毛を用いて潮間帯の転石の裏や他の動物体上あるいは海藻上などを這う．

　すべて雌雄異体で，卵割は典型的なモザイク型．8 細胞期にすでに大小割球の差が生じて 2 軸相称性が見られる．プラヌラ幼生を欠き，櫛板をもったキディッペ幼生 Cydippe larva をもつ．クシヒラムシ目には，無性生殖を行うほか，有性生殖で誕生した胚を保育するものもある．

　世界に生息する約 150 種は 2 綱 7 目に分類される．発光性の種も多い．無触手綱

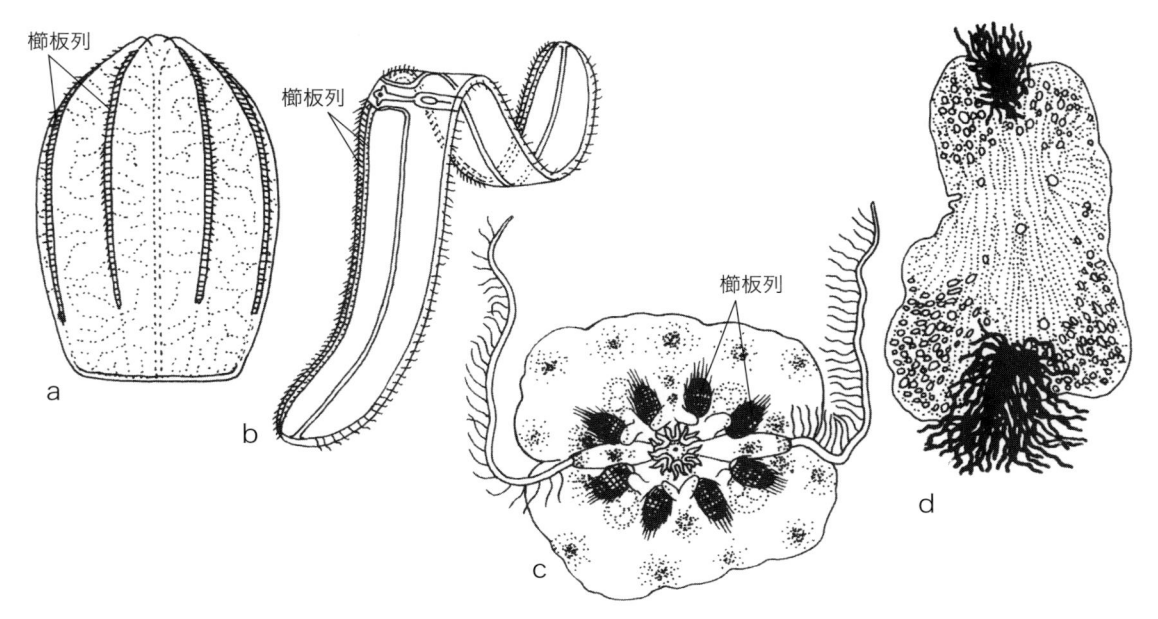

図 29.2 有櫛動物の主な種（岡田他，1965 より改変）
(a) ウリクラゲ目ウリクラゲ *Beroe cucumis*. (b) オビクラゲ目オビクラゲ *Cestum amphitrites*. (c) クシヒラムシ目オオクシヒラムシ *Ctenoplana maculosa*. (d) クシヒラムシ目クラゲムシ *Coeloplana bocki*.

Nuda（＝Atentaculata）にはウリクラゲやアミガサクラゲを含むウリクラゲ目 Beroida のみが属し，生活史のすべての段階で触手を欠く．有触手綱 Tentaculata には 1 対の羽状の触手をもつ 5 目，すなわちフウセンクラゲ目 Cydippida，カブトクラゲ目 Lobata，オビクラゲ目 Cestida，ミナミフウセンクラゲ目 Ganeshida，そしてタラッソカリケ目 Thalassocalycida と，触手が二次的に退化するクシヒラムシ目 Platyctenida を含む．

　有櫛動物の厚い中膠は筋繊維と間充織細胞を含み，表皮下筋肉層をもつ場合がある．これらの筋細胞と間柔織細胞を含む中膠は，真に中胚葉由来であるという議論があり，その議論に基づいて有櫛動物を左右相称動物に入れる試みがなされている．分子系統解析では，有櫛動物がすべての多細胞動物の根元から分岐するとの結果が得られている（Dunn *et al.*, 2008）．

===== Tea Time =====

進化における退化

　本書で扱う 34 動物門の中で，珍無腸動物門，有輪動物門，鉤頭動物門，二胚動物門，直泳動物門は，すべてあるいは大部分の種が寄生虫である．すべて，あるいは

大部分の種が寄生性である綱は，線形動物の双腺綱や扁形動物の条虫，吸虫，単生の3綱などを数える．線形動物では，自活性種と寄生性種の間に体制に差はほとんどないが，一般に寄生虫は近縁グループと比べて体制に何らかの退化をともなう．たとえば，扁形動物の条虫綱は消化管を欠く．条虫類が消化管をもつ祖先から進化したことは明らかで，消化済みの栄養物に囲まれた環境に定着したため，消化管が必要なくなったと解釈できる．このことからわかるように，寄生とは餌を獲得するための手段の一つである．

　魚をさばいていて体内寄生虫に遭遇するとヒトはたいてい「気持ち悪い」と感じる．一般に「寄生」という言葉は，「他人の利益に依存するだけで，自分は何もしない存在」を指すネガティブな意味で使われる．しかし，生物学的には，生体間の直接の栄養授受という意味である．魚の寄生虫は生きた魚の組織，あるいはその消化物を食べて生活しているにすぎず，ヒトが餌動物を飼って必要なとき殺してその肉を食べるよりも平和的な生存方法である．なぜなら，寄生虫が宿主を殺すことはあまりないからである．

　寄生生活は退化をともなうことが多いため類縁関係の推定が難しい．たとえば，爬虫類や哺乳類の寄生虫シタムシの仲間は，かつて独立の舌形動物門とされていたが，魚類の外部寄生虫である鰓尾類との近縁性が推定され，現在では節足動物門顎脚綱の舌形亜綱に分類されている（第8講参照）．ある動物群に寄生虫などの体制の退化したグループが含まれていると，その動物群を形質でもって定義することがきわめて難しくなる．たとえば，第28講で述べた刺胞動物の定義「漂泳性のクラゲと付着性のポリプという生活様式の異なる2つの型をもち，その間で真正世代交代を行う．ポリプは底のすぼまった円筒形で，上部に口が開き，その周囲に触手が並ぶ．これを逆さにしたのがクラゲで，……」は，ミクソゾア動物が刺胞動物門の仲間とされるとくずれてしまい，「これらの特徴をほとんど欠くグループもあり，……」と記述しなければならなくなる．

　退化は進化の一形式である．しかし，これまで我々は動物進化を進歩としてとらえてきた．しかし，寄生性動物門が全動物門の2割を占めることになると，いわゆる進歩的進化観を改めなくてはならないかもしれない．あらゆる事柄に進歩を望む我々ヒトの性向を考え直すべきなのかもしれない．

第30講

海綿動物門と平板動物門

キーワード：スポンジ　水管系　海綿質　骨片　芽球　襟細胞

海綿動物門 Phylum PORIFERA

　「スポンジ」といえば「食器洗いスポンジ」が真っ先に頭に浮かぶが，「スポンジ・ゴム」あるいは「スポンジ・ケーキ」など，プラスチックでできていようと，ゴム製であろうと，あるいはケーキでさえ，「スポンジ」とよばれるのは，それらが，小さな孔がたくさんあいていてやわらかい「スポンジ状」の物体だからである．「スポンジ」は英語で sponge，リンネが 1759 年に記載したモクヨクカイメン *Spongia officinalis* の属名に使ったギリシャ語の spongia に由来する．モクヨクカイメンをさらして有機物を取り除いた繊維状のものは，内部に開いた無数の小孔が互いに連なっていて液体を吸い込む性質があり，独特の風合いがあって弾力性に富み，やわらかく，古来から浴室で身体を洗うために，あるいは化粧用具や文房具などに利用されてきた．同様の性質をもった人工物がスポンジとよばれる所以である．英語の sponge は動詞に転用され，sponge out〜（〜を海綿でぬぐい取る），sponge up〜（〜を吸い取る）あるいは sponge a meal off a person（人にたかってただで食事にありつく）などと使われるほどである．
　前置きが少々長くなったが，その *Spongia* が属するのが海綿動物門で，学名の Porifera はラテン語で，孔（＝porus）を，もつ（＝ferre）という意味である．一般にカイメンとよばれ，海岸を歩けば，浅い海底の石の上などに付着した種を普通にみることができる．
　「カイメンをすりつぶした液を，目の細かい布で濾す．濾し出された細胞塊やばらばらの細胞を一緒にしておくと，それらは互いにくっつきあって次第に集合し，やがてカイメンの体が再び生じる」．この有名な実験で明らかなように，海綿動物はれっきとした多細胞動物ではあるが，細胞間の結合が緩くて組織化の程度は低く，いわゆる器官系を欠き，再生能力が強い．しかも，発生過程で胚葉が形成されず，神経細胞，感覚細胞を欠く点において，これまで紹介してきた動物門と大きく異なっ

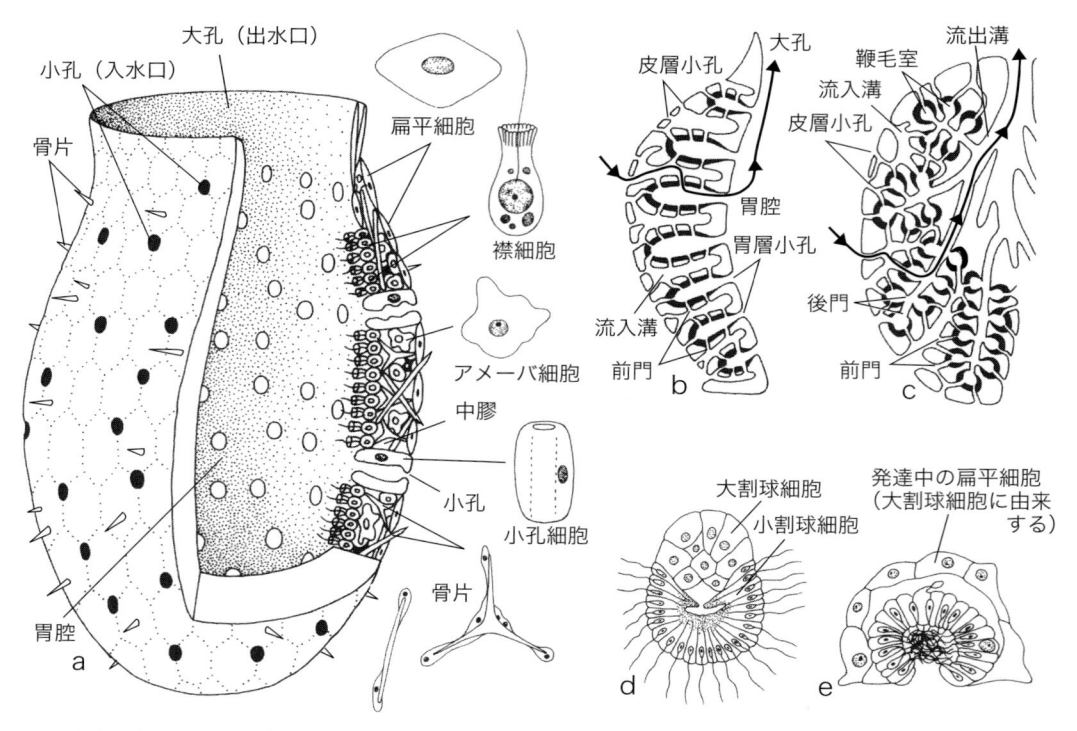

図 30.1 海綿動物の一般体制（Margulis & Chapman, 2009; Brusca & Brusca, 2003; Laverack & Dando, 1987 より改変）. (a) アスコン型の一般体制と細胞の種類. (b) サイコン型断面図. (c) ロイコン型断面図. (d) アンフィブラスツラ幼生. (e) アンフィブラスツラ幼生が定着した直後. 繊毛の生えた小割球細胞が陥入する.

ており，最も原始的な多細胞動物といわれるのももっともである．

　海綿動物の体は，海水を体内に循環させて呼吸や摂食の役割を果たす水溝系 canal system で特徴付けられる．水溝系は，アスコン型 asconoid からサイコン型 syconoid，そしてロイコン型 leuconoid とその構造が複雑化する．原型とされるアスコン型は，一般に壺型の体の上方に大孔 osculum をもち，体側に多くの小孔 pore が開く．大孔は周囲の筋肉細胞の働きでいくらか開閉でき，大きな体内の空所である胃腔につながる．胃腔の内壁である胃層には襟細胞 choanocyte が1層に並ぶ．各襟細胞は1本の鞭毛をもち，微絨毛でできた襟がそれを取り囲む．個々の襟細胞が鞭毛を勝手にばらばらに打つことで水流が起きる．水は体表の小孔から入り，胃腔を通って大孔から体外へと出る．その間に襟細胞は襟で食物粒子を濾し取る．加えてこの水流により酸素がもたらされ，老廃物が排出される．体の外側は1層の扁平細胞 pinacocyte からなる外皮層 dermal layer に囲まれ，胃層との間はゼラチン状でタンパク質を含む中膠（間充織ゲル）で埋まる．すなわち，海綿動物の体壁は中膠をはさんで内外2細胞層からなる．この体壁をまたいで小孔細胞 porocyte があり，小孔はこの細胞を貫通する．中膠の中には，アメーバのように偽足を出して移

動し，すべての組織に分化して完全な個体を作る能力を有する全能性の原生細胞 archeocyte のほかに，骨片を分泌する造骨細胞 scleroblast，海綿繊維を作る海綿繊維細胞，細胞外基質であるコラーゲンの形成にかかわる中膠細胞など様々な種類の細胞が散在する．以上がアスコン型カイメンの基本体制である．アスコン型の胃層が襞になって体壁に折れ込んで胃腔とは独立した円筒形の鞭毛室 flagellated chamber となり，それが体壁にそって放射状に並ぶとサイコン型となる．さらに，球状となった鞭毛室が多数つながって複雑なネットワークを形成するとロイコン型となる．ロイコン型では鞭毛室の表面積が飛躍的に増大し，水を動かす鞭毛の数も多く，たとえば，1 cm^3 のロイコン型カイメンは1日あたり20リットルの水を濾過できるとされている．現生種の99％がロイコン型水溝系をもつ．

　海綿動物は個体性が不明確である．海綿動物の個体については，細胞を単位としたり，大孔を中心とした構造を基準にするなど，様々な考えが歴史的に変遷してきたが，現在では，外形や大きさにかかわりなく一続きの上皮で覆われているものを個体と定義している．海綿動物が他物に固着して一定の形を保てるのは，繊維性の硬いタンパク質である海綿質 spongin および骨片からなる骨格系のおかげである．骨片は石灰質と珪質の2種があり，その形も単軸，三軸，四軸など様々である．

　有性生殖と無性生殖，雌雄同体と雌雄異体が知られる．生殖時期には中膠の中に襟細胞から卵や精子が形成される．幼生になるまで親の体内で発生する保育種が多い．石灰海綿類ではアンフィブラスツラ幼生など，普通海綿類ではパレンキメラ幼生，六放海綿類ではトリキメラ幼生などの幼生を経て成長する．無性生殖は出芽法がよく行われるが，*Cliona* その他の2〜3の海産属と淡水海綿では，秋になると芽球 gemmule だけ残して全体が枯死し，春になると芽球が内出芽して新しい海綿となることが知られている．

　海綿動物は，鞭毛をもった襟細胞がみられることから，原生生物の襟鞭毛虫類 Choanoflagellate とその祖先を共にしているのではないかと考えられてきた．ところが，多くの動物の有繊毛細胞に繊毛の根元を取り囲む細胞質の微小突起が見つかり，襟細胞の襟は，この構造が餌を捕らえる目的に肥大化したものと考えられるようになった．また，石灰海綿にみられる骨片がウニの幼生とほぼ同一の方法で作られること（Aizenberg *et al.*, 1994; Berman *et al.*, 1993），さらに，骨格となる海綿質の主成分が，他のすべての動物がもつ同機能の分子，コラーゲンの祖先分子であることが判明した（Exposito *et al.*, 1993）．以上のことから，海綿動物は刺胞動物より一足先に動物進化の道筋から分岐した系統群であると考えることができる．このことは，分子系統学的研究でも示唆されている（Wainright *et al.*, 1993）．

　海綿動物はすべて固着性で，約5000の海産種は岩や石，海草あるいは他動物に付着して干潮線付近から深海にまで産する．深海産のものは砂泥底にささっているこ

ともある．淡水産は約150種と少なく，池沼や川などに生息している．海綿類は他動物のすみ家となることが多い．体の外形は基本的に相称性を欠き，種ごとに変化に富み，同一種でも生息環境などによって外形が変化する．幅が数mmに満たない小さなものから，ウミガメカイメンのように直径が2mかそれ以上に達するものもある．化石はカンブリア紀から知られている．

海綿動物門内の多様性

骨格の成分などに基づき石灰海綿綱，普通海綿綱，六放海綿綱の3綱に分類される．

六放海綿綱 Hexactinellida：骨片が硅質でできているためガラス海綿，あるいは骨片が基本的には三軸なので三軸海綿ともよばれる．六放海綿という名は骨片が6放射型であることに由来する．化石はカンブリア紀以降．現生約500種は，両盤目 Amphidiscosida，六放目 Hexactinosida，リクニスコシダ目 Lychniscosida，カイロウドウケツ目 Lyssacinosida の4目に分類される．ホッスガイ，キヌアミカイメンなど深海産の種が多い．網状の体の中に雌雄1対のドウケツエビが生息するカイロウドウケツ（偕老同穴）は繊細で美しく，縁起物として結婚の贈物などに用いられたこともある．英語では"ビーナスの花籠 Venus' flower basket"とよばれ，ヨーロッパでは中国産の細工物と思われていたほどである．六放海綿綱は他の2綱と大きく異なり，鞭毛室の壁が襟細胞のシンシチウムでできていて，核を欠き，その鞭毛は協調して打つ．体の外側もシンシチウムの紐が網状になったもので覆われる．水は，小孔細胞中の孔ではなく，外側シンシチウム網の不規則な隙間を通って釣鐘形の鞭毛室へ入る．

普通海綿綱 Demospongiae：海綿動物の現生種の95%を含む最大の綱．別名尋常海綿．大きさや色・形も多様である．水溝系は基本的にはロイコン型．骨格は，二酸化珪素を多く含む珪質の骨片，または海綿質で作られる．上述のモクヨクカイメンは骨片を欠く．磯でよくみられるイソカイメン類，グミカイメン，トウナスカイメンなどは浅海に広くみられる．マミズカイメンは淡水産．淡水産の種は原生生物のように収縮胞をもつ．10以上の目に分類されるうち，硬骨海綿目 Sclerospongiae は化石種を多く含み，わずかな現生種は海中の洞窟など限られた場所に生息し，よくサンゴと見まちがわれる．体は，炭酸カルシウムの大量の塊からなる基部の上に，普通海綿の水溝系を備えた薄い生きている層がのる，という特異な構造をもつ．

石灰海綿綱 Calcarea：骨格は石灰質（炭酸カルシウム）が主成分．アスコン型水溝系をもち，アミカイメンなどを含み，カンブリア紀以降から化石が知られる等腔目 Homocoela と，サイコン型およびロイコン型で，ケツボカイメン，クダカイメンなどを含み，ジュラ紀以来化石が出ている異腔目 Heterocoela の2目に分類される．

平板動物門 Phylum PLACOZOA

　沖縄の海で珊瑚礁のかけらを海底から拾い集め，海水を満たしたバケツの中に一晩おく．翌朝，水面の海水をすくって顕微鏡で観察すると見つかる 1 mm ほどの薄い板状の多細胞動物．今のところ平板動物門唯一の種とされるトリコプラックス *Trichoplax adhaerans* は，1883 年に地中海で発見され，当時は中生動物，20 世紀初頭にはミズクラゲ類のプラヌラ幼生と見なされた．その後 1960 年代に再発見され，培養することで研究が進んだ結果，その独自性が明らかとなり，ギリシャ話で平らな（= plakos）動物（= zoon）を意味する Placozoa，直訳で平板動物門が 1971 年に新設された（Grell, 1971）．

　名前のとおり薄く平たい板状の体は直径 3 mm ほどにまで大きくなるが，いかなる相称性も示さず，形を変えることができるので巨大アメーバのようだが，1 層に並んだ数千の上皮細胞に囲まれ，いわば袋をぺしゃんこにしたような多細胞体である．背腹が区別でき，背側の薄い単層上皮は，扁平ながらも中央のふくらんだ部分に核をもち，1 本の繊毛を備えた単繊毛性細胞と，繊毛を欠き大きな油滴を含む細胞からなる．腹側の単層上皮は厚く，繊毛をもつ柱状の細胞の間に，繊毛を欠く腺細胞が散在する．平板動物は腹側柱状細胞の繊毛で滑るように移動し，腺細胞が酵素を分泌して餌となる様々な原生生物を体外で消化し，同じ腺細胞が消化産物を吸収する．背腹 2 層の上皮細胞層の間は体液で満たされた中膠で，中には繊維細胞のネットワークが見られ，これらが協調して収縮・弛緩することでアメーバのように

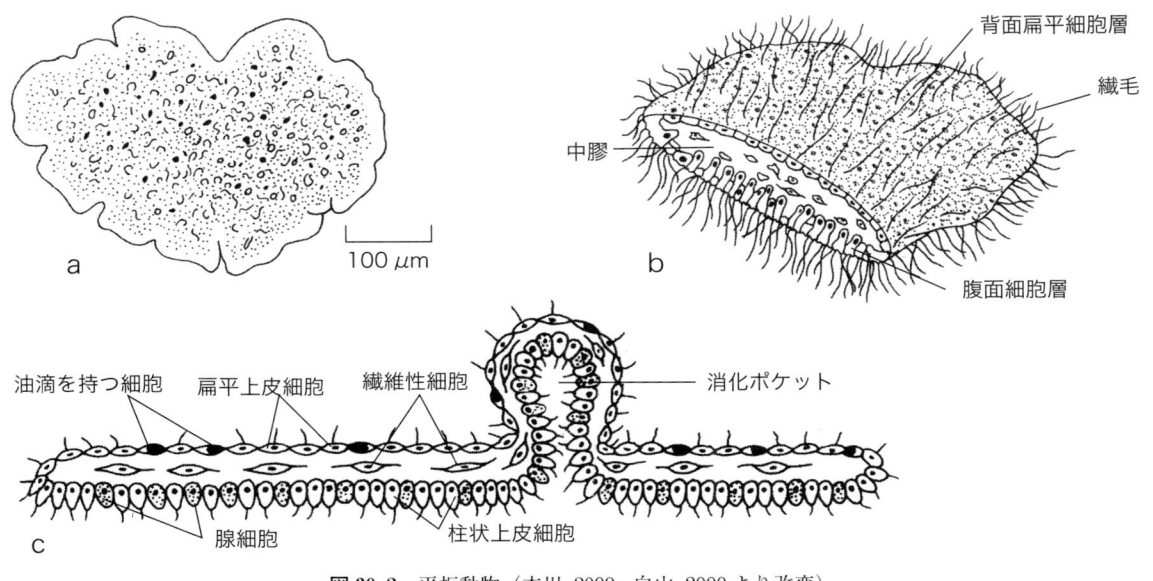

図 30.2　平板動物（本川, 2009；白山, 2000 より改変）
(a) 外形．(b) 立体断面図．(c) 細胞の配置の模式図．

体の形を変える運動を行う．

　繁殖方法は，分裂や出芽などの無性生殖のほかに，受精によると思われる卵割期の胚も観察されている．

　平板動物は，はっきりした組織や器官をもたず，体腔や消化のための腔を欠き，神経による統御系ももたない．さらに，上述のとおり細胞の種類も少なく，最も単純な多細胞生物といえる．2細胞層の間にゼラチン質の基質が存在する単純な構造は，海綿および刺胞・有櫛動物と本質的に似ている．どんな相称性もなく，また組織も器官も神経細胞ももたない点も海綿動物に似る．ただし，海綿動物は体の中央が中空の管状で固着生活を送るのに対して，平板動物は，中味の詰まった平たい巨大アメーバ状で，アメーバ同様，体の輪郭を変え，どの方向へも移動できる．系統分岐の順序は明確ではないが，いずれにしろ，平板動物は海綿動物および刺胞動物に近縁と考えられる．

=== Tea Time ===

単細胞から多細胞へ

　多細胞動物の進化については，原生生物の個体が無性生殖し，それが分裂後も離れずにとどまり，中間の群体の段階を経て多細胞生物が生じたとする考えが支持されている（図30.3）．多細胞段階とは，結局，原生生物の単体の細胞が無性的に分裂あるいは出芽し，生じた娘細胞が親個体から離れず，次々と分裂や出芽が続いて

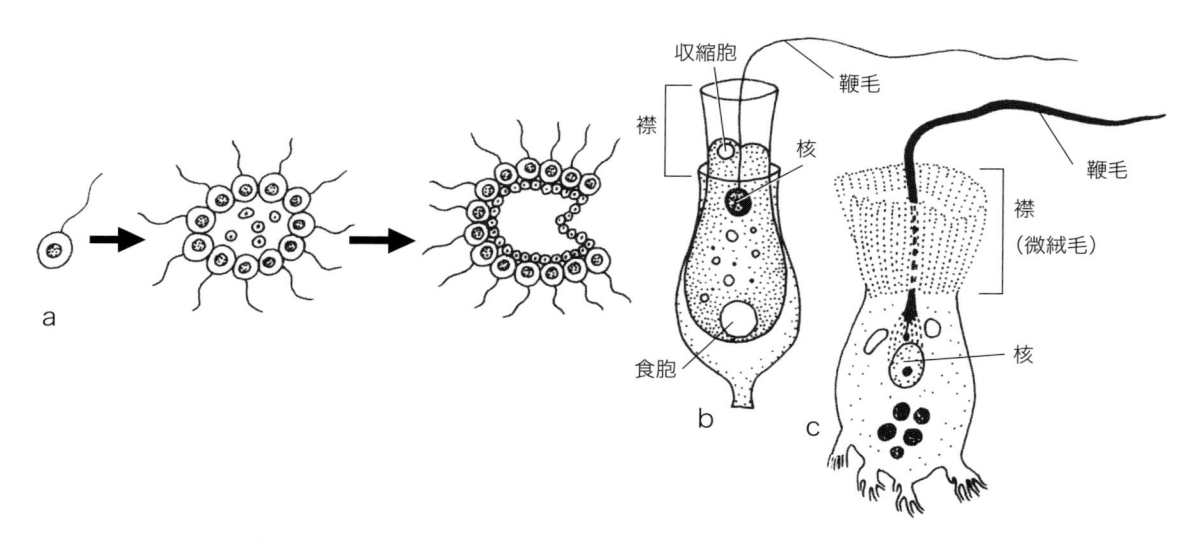

図30.3 多細胞動物の起源（本川, 2009；岡田他, 1965；Margulis & Chapman, 2009 より改変）
(a) 鞭毛をもった単細胞動物が群体を作り，その群体が1個の多細胞動物となる．(b) 襟鞭毛虫の一種 *Salpingoeca* sp.．
(c) 海綿動物の襟細胞．

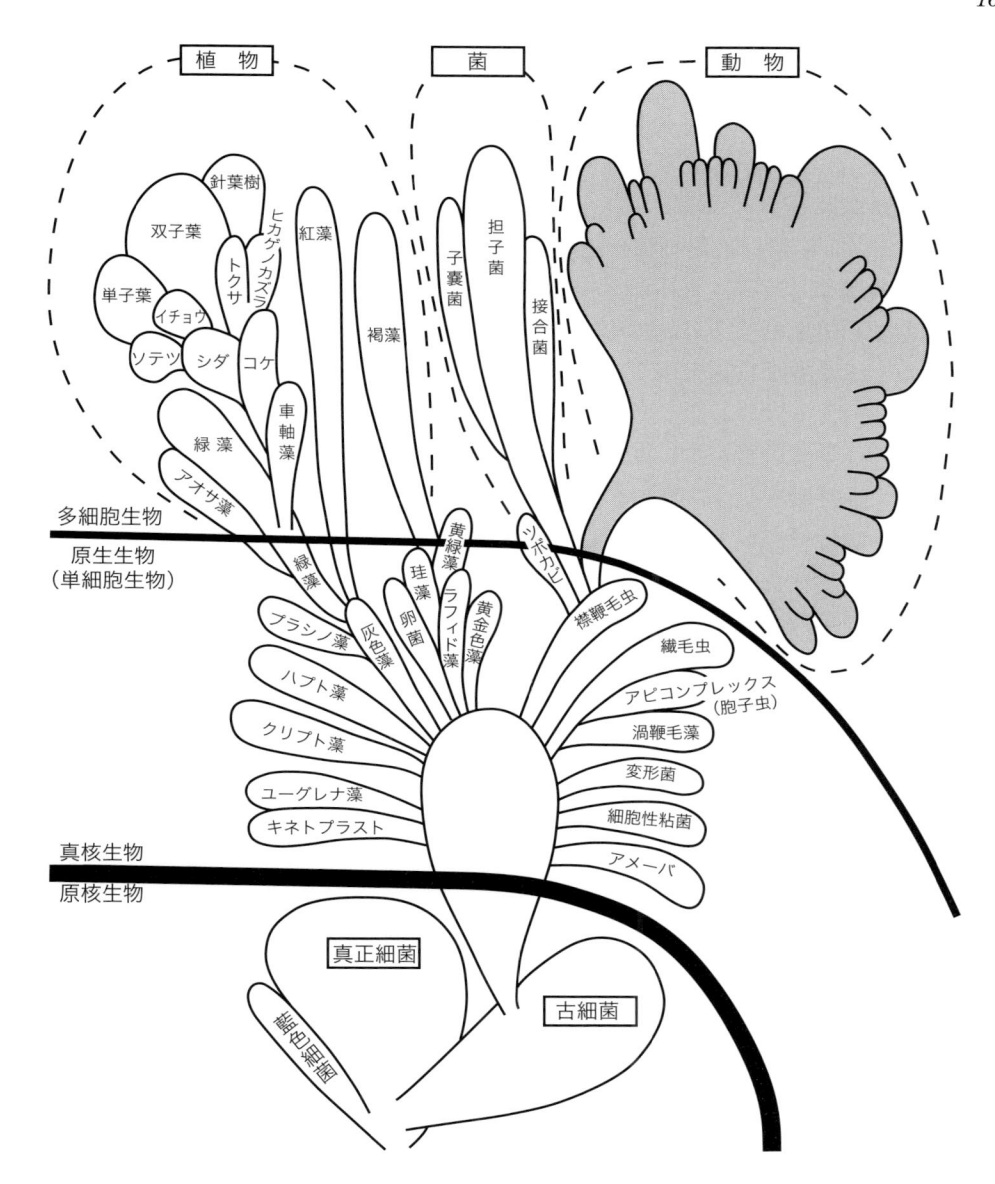

図 30.4 全生物の系統（馬渡・堀口，2012 より改変）

形成されたものである．こう考えると，群体性の原生生物と多細胞動物との区別ははっきりしなくなる．事実，原生生物の門のうちの半数以上が群体を形成する種を含む．単細胞の原生生物から多細胞動物が進化したのは事実として，原生生物の多細胞化は何回も起こった可能性がある．

それでも，すべての動物＝多細胞動物＝後生動物は，多くの細胞学的あるいは生化学的性質を共有し，複相の接合子から胞胚という幼生期を経て発生し，原生生物の1グループである襟鞭毛虫の特徴を共有していることから，その祖先は一つであ

る可能性が高い．多細胞動物が単細胞生物と根本的に異なる点は，細胞どうしが接着することであるが，海綿動物は上述のとおり，外力を加えるとばらばらの細胞に解離し，さらに，それらの細胞は再集合して個体が再生することから，群体の機能を残しているだけでなく，細胞どうしの接着機構の発達が悪いことが示唆される．事実，中隔接着斑 septate junction やコラーゲンはみられるが，ギャップ結合 gap junction, nexus は海綿動物では見つかっていない．ギャップ結合とは，隣接細胞の膜を貫通する直径 1.5 nm の小孔を通って物質や電気的信号をやり取りすることで細胞間の協調行動を可能にする構造である．ギャップ結合は細胞どうしの連携を高める上で重要な役割を担うことから，その獲得こそが細胞の機能分化を促進し，組織の形成をもたらしたと考えることもできる．細胞間接着すら不完全な海綿動物が最初の多細胞動物に一番近いのか，それとも最初の多細胞動物は細胞間接着を含めてもっと体制のしっかりした左右相称3胚葉性動物であり，海綿動物はそれが特殊化，あるいは退化したものなのか，多細胞動物の起源を語るには未だに，あまりにも証拠が少なすぎるようである．

　動物が全生物の分類体系のどこに位置するかは本書のテーマではないが，参考のため，全生物の系統を図 30.4 に掲載する．

参考図書

Brusca, R. C. and Brusca, G. J.: *Invertebrates*, 2nd Ed., Sinauer Associates (2003)
団勝磨他（編）：無脊椎動物の発生 上，下，培風館（1983，1988）
藤田敏彦：動物の系統分類と進化．太田次郎・赤坂甲治・浅島誠・長田敏行（編）新・生命科学シリーズ，裳華房（2010）
Hickman, C. P. Jr., Roberts, L. S., Keen, S. L., Larson, A. and Eisenhour, D. J.: *Animal Diversity*, 6th Ed., McGraw-Hill (2009)
石川統他（編）：生物学辞典，東京化学同人（2010）
石川統他（編）：シリーズ進化学1 マクロ進化と全生物の系統分類，岩波書店（2004）
岩槻邦男・馬渡峻輔共編：バイオディバーシティ・シリーズ，全7巻，裳華房（1996-2008）
片倉晴雄・馬渡峻輔（共編）：動物の多様性，（社）日本動物学会監修，浅島誠，小泉修，佐藤矩行，長濱嘉孝（編）シリーズ21世紀の動物科学2（2007）
国立天文台（編）：理科年表（平成25年版），丸善（2012）
Margulis, L. and Chapman, M. J.: *Kingdoms and Domains*, Academic Press (2009)
M. フィンガーマン/青戸偕爾（訳）：比較動物学，培風館（1982）
馬渡峻輔：動物分類学の論理―多様性を認識する方法，東京大学出版会（1994）
馬渡峻輔：動物分類学30講，朝倉書店（2006）
本川達雄（監訳）：図説無脊椎動物学，朝倉書店（2009）[Barnes, R. S. K., Calow, P., Olive, P. J. W., Golding, D. W. and Spicer, J. I.: *The Invertebrates: A New Synthesis*, 3rd Ed., Blackwell (2001)]
西脇三郎・牧岡俊樹（共訳）：無脊椎動物学概説（原書第3版），弘学出版（1990）[Laverack, M. S. and Dando, J.: *Lecture Notes on Invertebrate Zoology*, 3rd Ed., Blackwell (1987)]
岡田要・内田清之助・内田亨（監修）：新日本動物図鑑 上，中，下，北隆館（1965）
Pechenik, J. A.: *Biology of the Invertebrates*, 6th Ed., McGraw-Hill (2010)
Raven, P. H., Johnson, G. B., Losos, J. B. and Singer, S. R. *et al.*: *Biology*, 2nd Ed., McGraw-Hill (2005)
内田亨（監修）：動物系統分類学，全10巻，中山書店（1961-1998）
内田亨：動物系統分類の基礎，北隆館（1965）
山田真弓・西田誠・丸山工作（共著）：進化系統学，裳華房（1981）

引用文献

Aguinaldo, A. M. A., Turbeville, J. M., Linford, L. S., Rivera, M. C., Garey, J. R., Raff, R. A. and Lake, J. A.: Evidence for a clade of nematodes, arthropods and other moulting animals. *Nature*, **387**: 489-493 (1997)

Aizenberg, J., Albeck, S., Weiner, S. and Addadi, L.: Crystal-protein interactions studied by overgrowth of calcite on biogenic skeletal elements. *J. Cryst. Growth*, **142**: 156-164 (1994)

Anderson, C. R., Canning, E. U. and Okamura B.: A triploblast origin for Myxozoa? *Nature*, **392**: 346-347 (1997)

Aoki, J., Takaku, G. and Ito, F.: Aribatidae, a new mymecophilous oribatid mite family from Java. *International Journal of Acarology*, **20**, 3-10 (1994)

Backeljau, T., Winnepenninckx, B. and De Bruyn, L.: Cladistic analysis of metazoan relationships: a reappraisal. *Cladistics*, **9**: 167-181 (1993)

Baguñà, J. and Riutort, M.: Molecular phylogeny of the Platyhelminthes. *Canadian Journal of Zoology*, **82** (2): 168 (2004)

Barnes, R. D.: *Invertebrate Zoology*, Saunders, Philadelphia (1963)

Barnes, R. D.: *Invertebrate Zoology*, 5th Ed., Harcourt Brace Jovanovich, Inc., Orlando, FL (1987)

Barnes, R. S. K., Calow, P. and Olive, P. J. W.: *The Invertebrates: A New Synthesis*, Blackwell (1988)

Barnes, R. S. K., Calow, P. and Olive, P. J. W.: *The Invertebrates: A New Synthesis*, 2nd Ed., Blackwell (1993)

Barnes, R. S. K., Calow, P., Olive, P. J. W., Golding, D. W. and Spicer, J. I.: *The Invertebrates: A New Synthesis*, 3rd Ed., Blackwell (2001) ［本川達雄（監訳）：図説無脊椎動物学，575p., 朝倉書店（2009）］

Berman, A., Hanson, J., Leiserowitz, L., Koetzle, T. F., Weiner, S. and Addadi, L.: Biological control of crystal texture: a widespread strategy for adapting crystal properties to function. *Science*, **259** (5096): 776-779 (1993)

Bourlat, S. J., Nielsen, C., Lockyer, A. E., Timothy, D., Littlewood, J. and Telford, M. J.: *Xenoturbella* is a deuterostome that eats molluscs. *Nature*, **424** (6951): 925-928 (2003)

Brusca, R. C. and Brusca, G. J.: *Invertebrates*, 2nd Ed., Sinauer Associates (2003)

Caullery, M.: Sur Diazona geagi, n. sp. Ascidie nouvelle de la Guyane et sur la regeneration et le bourgeonement de Diazona. *Bull. Soc. Zool. France*, **39**: 204-211 (1914)

Cavalier-Smith, T.: A revised six-kingdom system of life. *Biological Reviews of The Cambridge Philosophical Society*, **73** (3): 203-266 (1998)

Cohen, B. L.: Monophyly of brachiopods and phoronids: reconciliation of molecular evidence with Linnaean classification (the subphylum Phoroniformea nov.). *Proc. R. Soc. London B*, **267** (1440): 225-231 (2000)

Cori, C. J.: Kamptozoa. *Hndb. Zool., Berlin*, **2** (5), 1-64 (1929)

Dunn, C. W., Hejnol, A., Matus, D. Q., Pang, K., Browne, W. E., Smith, S. A., Seaver, E., Rouse, G. W. *et al.*: Broad phylogenomic sampling improves resolution of the animal tree of life. *Nature*, **452** (7188): 745-749 (2008)

Edgecombe, G. D. *et al.*: Higher-level metazoan relationships: recent progress and remaining questions. *Organisms Divrersity and Evolution*, **11**: 151-172 (2011)

Eernisse, D. J., Albert, J. S. and Anderson, F. E.: Annelida and Arthropoda are not sister taxa: A phylogenetic analysis of spiralian metazoan phylogeny. *Syst. Biol*, **41**: 305-330 (1992)

Ehrenberg, C. G.: Symbolae Physicae, seu Icones et descriptiones Corporum Naturalium novorum aut minus cognitorum, quae ex itineribus per Libyam, Aegyptum, Nubiam, Dongalam, Syriam, Arabiam et Habessiniam … studio annis 1820-25 redierunt … Pars Zoologicae: v. 4, Animalia Evertebrata exclusis Insectis (Berolini) (1831)

Emig, C. C.: Biology of Phoronida. *Adv. Mar. Biol.*, **19**: 1-89 (1982)

Exposito, J.-Y., van der Rest, M. and Garrone, R.: The complete intron/exon structure of *Ephydatia mülleri* fibrillar collagen gene suggests a mechanism for the evolution of an ancestral gene module. *Journal of Molecular Evolution*, **37** (3): 254-259 (1993)

Frenzel, J.: Untersuchungen über die mikroskopische Fauna Argentiniens. *Archiv für Naturgeschichte*, **58**: 66-96 (1892)

Grell, K. G.: *Trichoplax adhaerens*, F. E. Schulze und die Entstehung der Metazoen. *Naturwissenschaftliche Rundschau*, **24**: 160 (1971)

Halanych, K. M., Bacheller, J., Liva, S., Aguinaldo, A. A., Hillis, D. M. and Lake, J. A.: 18S rDNA evidence that the Lophophorates are Protostome animals. *Science*, **267**: 1641-1643 (1995)

Hatchek, B.: *Lehrbuch der Zoologie, eine morphologische Übersicht des Thierreiches zur Einfübrung in das Studium dieser Wissenschaft*: v. 1, Gustav Fischer, Jena (1888)

Helmkampf M., Bruchhaus I. and Hausdorf, B.: Phylogenomic analyses of lophophorates (brachiopods, phoronids and bryozoans) confirm the Lophotrochozoa concept. *Proc. Biol. Sci.*, **275** (1645): 1927-1933 (2008)

Hyman, L. H.: *The Invertebrates*, Vol. 5, Smaller Coelomate Groups, McGraw-Hill, New York (1959)

Israelsson, O.: New light on the enigmatic *Xenoturbella* (phylum uncertain): ontogeny and phylogeny. *Proc. Roy. Soc. B*, **266** (1421): 835-841 (1999)

伊藤立則：砂の隙間の生き物たち，241p.，海鳴社（1985）．

Ivanov, A. V.: *Pogonophora*, Carlisle, D. B. 訳, Academic Press, London (1963)

Ji, C., Wu, L., Zhao, W., Wang, S., Lv, J.: Echinoderms have bilateral tendencies. *PLoS ONE* **7** (1) : e28978 (2012)

Johansson, K. E.: *Lamellisabell zachsi* Ushakov, ein Vertreter einer neuen Tierklasse Pogonophora. *Zool. Bidr. Upps.*, **18**: 253-268 (1939)

Jones, M. L.: *Riftia pachyptila*, new genus, new species, the vestimentiferan worm from the Galápagos Rift geothermal vents (Pogonophora). *Proceedings of the Biological Society of Washington*, **93**: 1295-1313 (1981)

Katayama, T. *et al.*: Phylogenetic position of the dicyemid Mesozoa inferred from 18S rDNA sequences. *Biol. Bull.*, **189**: 81-90 (1995)

Kobayashi, M., Furuya, H. and Holland., P. W. H.: Evolution: Dicyemids are higher animals. *Nature*, **401**: 762 (1999)

Kristensen, R. M. and Funch, P.: Micrognathozoa: A new class with complicated jaws like those of Rotifera and Gnathostomulida. *Journal of Morphology*, **246**: 1-49 (2000)

Littlewood, D. T. J., Rohde, K. and Clough, K. A.: The Phylogenetic position of *Udonella* (Platyhelminjthes). *International Journal for Parasitology*, **28**: 1241-1250 (1998)

馬渡駿介・堀口健雄（共著）：生物部，国立天文台（編），理科年表（平成25年版），丸善（2012）

Müller, J.: Bericht über einige Tierformen der Nordsee. *Arch. Anat. Physiol.*, **13**: 101-104 (1846)

中野裕昭：無腸類と珍渦虫の系統的位置．うみうし通信，71：2-4（2011）

Nielsen, C.: *Animal Evolution*, Oxford University Press (1995)

Nitche, H.: Beitrage zur Kentniss der Bryozoen. *Z. Wiss. Zool.*, **20**: 1-36 (1870)

Noren, M. and Jondelius, U.: *Xenoturbella*'s molluscan relatives. *Nature*, **390** (6655): 31-32 (1997)

Okamura, B. & Canning, E. U.: Orphan worms and homeless parasites enhance bilaterian diversity. *Trends in Ecology & Evolution*, **18** (12): 633-639 (2003)

Pawlowski, J. *et al.*: Origin of the Mesozoa inferred from 18S rRNA gene sequences. *Mol. Biol. Evol.*, **13**: 1128-1132 (1996)

Perrier E.: Philocrinida. P. 1633 in Perrier, E. Traite de Zoologie. Fascicule IV. Vers (Suite) – Mollusques – Tuniciers. Massen et Cie, Paris (1897)

Philippe, H., Brinkmann, H., Copley, R. R., Moroz, L. L., Nakano, H., Poustka, A. J., Wallberg, A., Peterson, K. J. *et al.*: Acoelomorph flatworms are deuterostomes related to *Xenoturbella*. *Nature*, **470** (7333): 255-258 (2011)

Regier, J. C., Shultz, J. W., Zwick, A., Hussey, A., Ball, B., Wetzer, R., Martin, J. W. and Cunningham, C. W.: Arthropod relationships revealed by phylogenomic analysis of nuclear protein-coding sequences. *Nature*, **463** (7284): 1079-1084 (2010)

Ryland, J. S.: *Bryozoans*, Hutchinson University Library, London (1970)

Schram, F. R.: Cladistic analysis of the metazoan phyla and the placement of the fossil problematica. In: A. M. Simonetta and S. Conway Morris (eds), *The Early Evolution of the Metazoa and the Significance of Problematic Taxa*, Cambridge University Press, Cambridge, pp.35-46 (1991)

Siddal, M. E., Martin, D. S., Bridge, D., Desser, S. and Cone, D.: The demise of a phylum of protists: phylogeny of Myxozoa and other parasitic Cnidaria. *Journal of Parsitology*, **8**: 961-967 (1995)

白山義久（編）：無脊椎動物の多様性と系統（節足動物を除く），岩槻邦男・馬渡峻輔（監修），バイオディバーシティ・シリーズ，第5巻，裳華房（2000）

Smothers, J. F., *et al.*: Molecular evidence that the myxozoan protists are metazoans. *Science*, **265** (5179): 1719-1721 (1994)

塚越　哲：種多様性研究と古生物学：間隙性貝形虫類を例として．化石，**75**：18-23 (2004)．

Ushakov, P. V.: Eine neue Form aus der Familie Sabellidae (polychaeta). *Zool. Anz.*, **104**: 205-208 (1932)

Wainright, P. O. et al.: Monophyletic origins of the Metazoa: An evolutionary link with fungi. *Science*, **260**: 340-342 (1993)

Ward, J. V., Malard, F., Stanford, J. A. and Gonser, T.: Interstitial aquatic fauna of shallow unconsolidated sediments, particular hyporheic biotopes. pp. 41-58, In: H. Wilkens, D. C. Culver and W. F. Humphreys (eds.), *Subterranean Ecosysytem*, Elsevier, Amsterdam (2000)

Webb, M.: *Lamellibrachia barbami*, gen., spec. nov. (Pogonophora) from the Northeast Pacific. *Bulletin of Marine Science*, **19**: 18-47 (1969)

Weill, R.: L'interpretation des Cnidosporidies et la valeur taxonomique de leur cnidome. Leur cycle comparé à la phase larvaire des Narcomeduses Cuninides. *Travaux de la Station Zoologique de Wimereaux*, **13**: 727-744 (1938)

Westblad, E.: *Xenoturbella bocki* n. g. n. sp, a peculiar, primitive turbellarian type. *Arkiv Zool.*, **1**: 3-29 (1949)

Whittaker, R. H.: New concepts of kingdoms or organisms. Evolutionary relations are better represented by new classifications than by the traditional two kingdoms. *Science,* **163** (3863): 150-160 (1969)

Wingstrand, K. G.: Comparative spermatology of a pentastomid, *Raillietiella hemidactyli*, and a branchiuran crustacean, *Argulus foliaceus*, with a discussion of pentastomid relationships. *Det Kongelige Danske Videnskabernes Selskab*

Biologiske Skrifter, **19** (4): 1-72 (1972)

Wolf, K. and Markiw, M. E.: Biology contravenes taxonomy in the Myxozoa: new discoveries show alternation of invertebrate and vertebrate hosts. *Science,* **225**: 1449-1452 (1984)

Zompro, O., Adis, J. and Weitschat, W.: A review of the order Mantophasmatodea (Insecta). *Zoologischer Anzeiger,* **241**: 269-279 (2002)

Zrzavy, J., Mihulka, S., Kepka, P., Bezdek, A. and Tiez. D.: Phylogeny of the Metazoa based on morphological and 18S ribosomal DNA evidence. *Cladistics,* **14**: 249-285 (1998)

索　引

ADP　32
ATP　32
deep homology　3, 55, 93
evolution　4
Hシステム　56
Hox 遺伝子　3, 155
modification　4
Pax 遺伝子　3
Salinella salva　149
somite　144
Zoophyta　114

ア　行

アカンテラ幼生　126
アカントール幼生　126
アクチヌラ　153
アクチノトロカ幼生　111
アクチン　80
顎　8, 122, 134
アスコン型　164
アッケシケハダウミヒモ　102
アブラミミズ　87
網目状神経系　90
アメーバ運動　79
アメーバ型胚子　155
アラタ体　36, 104
アリストテレスの提灯　23
アリノススサラダニ　50
泡状組織　31
アンフィブラスツラ幼生　165

イオン　56
イカ　97
異規体節制　76, 144
生きた化石　45, 98, 101, 110
異規的　35
異クマムシ綱　53
異形個虫　117
胃腔　152, 159, 164
囲口節　75
囲鰓腔　16, 26

囲心腔　16, 96
胃水管系　152, 159
胃水管腔　152
イソギンチャク　150, 154
イタチムシ　118
一胚葉動物門　149
胃緒　115
一様性　1
遺伝子組換え　117
イトクダムシ　155
イトミミズ　156
移入　128
異胚虫綱　147
疣足　75, 110, 144
咽頭　6, 134
咽頭球　60
咽頭裂　6
インフゾリゲン　146

ヴェリジャー幼生　97
ウオジラミ　41
渦虫綱　142
腕　21, 23, 96, 108
ウニ綱　23
ウマカイチュウ　65
ウミグモ綱　48
ウミヒルガタワムシ綱　131
ウミユリ綱　24
ウリクラゲ　161
鱗　9, 94, 118, 120
運動系　18, 79

栄養胞　55
エキノプルテウス　23
エクジソン　104
餌　4
エダヒゲムシ綱　47
鰓　33
鰓曳動物門　58
襟細胞　164
襟鞭毛虫類　165
掩喉綱　116

オウムガイ　97

横紋筋　80
大顎　40
覆い被せ　152
汚損生物　95, 116
オタマジャクシ型幼生　16
オタマボヤ綱　17
斧足類　99
オビクラゲ　160
オフィオプルテウス　23
オーリクラリア幼生　23
オンコスフェラ幼生　140
オンコミラシジウム幼生　142
オンセンクマムシ　53

カ　行

科　ii, 1
貝　95
外界　1, 8, 45, 96, 108, 120, 126
外顎綱　37
貝殻　95
外肛動物　114
外肛類　70
外骨格　8, 34, 69, 74, 96, 120
カイチュウ　65
外套腔　96
外套膜　96
外胚葉　7, 132
貝柱　99
概日リズム　93
外被　138
外皮系　18, 120
外皮層　164
外部生殖器　124
外分泌　104
開放循環系　30
カイメン　163
海綿質　165
海綿動物門　163
カイロウドウケツ　166
科学　6
化学合成生物群集　84

索引

化学受容器　93
カカトアルキ　39
鉤　41, 67, 97, 125, 139, 141
カギサナダ　138
鉤爪　52, 55
カギムシ　53
カギムシ綱　55
芽球　165
殻蓋部　85
拡散　33, 121, 139
角質化　120
殻質下層　96
殻質層　96
殻皮　96
角皮下層　64
萼部　70
隔壁　75
隔膜　31, 75, 108, 152
花状器官　58, 62
カシラエビ綱　42
ガス交換　121
カセミミズ　102
加速度　94
価値観　3
花虫綱　154
カツオノエボシ　150
顎脚綱　41
顎口虫　135
顎口動物門　134
下等　3
カブトガニ　49
カマキリ目　39
カメラ眼　93, 97
カモノハシ　14
下流採餌システム　71, 112
ガロアムシ　39
感覚系　18, 89, 92
カンキュウチュウ（肝吸虫）
　　138
冠棘　58
間極細胞　146
間隙性動物　44, 59, 133, 134
間細胞　151
環褶　53
環状水管　152
感触手　81
感触鬚　81
関節肢　34
間接発生　136
汗腺　121
完全変態　37
肝臓ジストマ　138

管足　21
環帯　77
環帯類　87
眼点　93
陥入　128
陥入吻　91
間歩帯　21
緩歩動物門　52
乾眠　52
冠輪動物　69

器官　18
気管　36
器官系　18, 163
寄生　51, 162
基節腺　36
偽体腔　133
岐腸　139
キディッペ幼生　160
基板　134
キフォナウテス　114
ギボシムシ綱　26
気門　36
脚基溝　53
脚基腺　53
脚基胞　53
キャッチ結合組織　20
ギャップ結合　170
吸胃　48
休芽　116
球形嚢　94
旧口動物　4, 69, 113
キュウチュウ　141
吸虫綱　141
鋏角　47
鋏角亜門　47
鋏角動物　149
鋏肢　48
共生細菌　84
曲形動物門　70
極細胞　146
極糸　155
極繊維　155
極嚢　155
キョクヒチュウ　62
棘皮動物門　20
極帽　146
菌界　i, 149
筋原繊維　80
筋組織　18
筋肉運動　80
筋肉系　79

空胞胚　152
櫛鰓　96
クシクラゲ　159
クシヒラムシ　160
口　5, 25
クチクラ　120
掘足綱　98
クプラ　93
クマムシ　52
クモガタ綱　47
クモヒトデ綱　24
クラゲ　151
グロキジウム幼生　98
クローン　72, 114, 117, 123
群体　16, 26, 70, 113, 114,
　　116, 153, 168
群体動物　114

頸器官　81
形質　1
頸節　139
系統発生　i, 3
血縁度　117
結合組織　18
血体腔　36, 56, 67, 96, 126
ゲッテ幼生　142
ケツボカイメン　166
ケラチン　120
原核生物　i
原口　5, 128
原鉤頭虫綱　127
原腎管　56
原神経細胞　151
減数分裂　117
原生細胞　165
原体腔　133
原腸　128
原腸胚　128

小顎　46
綱　i, 1
口蓋　116
コウガイビル　142
甲殻亜門　40
甲殻動物　149
口管　60
肛棘　59
肛後尾　6
甲状腺　6
口上突起　113
肛触鬚　81
口針　60, 65

光周性　93
後腎管　56
後錐　147
口錐　60
後生動物　i
肛節　75, 144
交接針　135
口前繊毛環　71
口前葉　47, 75, 112, 113
口側　20
後体　26, 113
腔腸　152
腔腸動物門　150
高等　3
コウトウチュウ（鉤頭虫）
　　125
鉤頭動物門　125
交尾器　124
交尾棘　61
溝腹綱　102
膠胞　159
剛毛　63, 72, 75, 80, 81, 109,
　　144
口盲管　26
肛門　5, 25
コウラムシ　61
ゴカイ　81
個眼　93
呼吸系　18, 32
コケムシ　114
苔虫動物門　114
苔虫類　70
古鉤頭虫綱　127
個体　116
固着生活　16, 112, 113, 168
固着生物　70, 114
固着盤　142
個虫　16, 26, 114, 116, 144,
　　148, 152
骨格筋　80
骨格系　18, 74, 165
骨板　20
骨片　20, 165
言葉の体系　14
五放射相称　20
コムカデ綱　47
コラーゲン　20, 165, 170
コラシジウム幼生　140
ゴルディウスの結び目　67
混合腎管　56
昆虫　36

サ 行

鰓脚綱　42
サイコン型　164
再生力　106, 142
サイナス腺　36
鰓嚢　16
サイフォノーテス　114
細胞　18, 117
細胞間接着　155, 170
鰓裂　6
叉棘　23
ササラダニ　50
蛹　37
サナダムシ　139
サブセルラー・サイズ構造
　　107
サメハダホシムシ綱　92
左右相称　7, 20, 51, 99, 133
左右相称動物　5, 28, 138
左右非対称　99
サンゴ　150, 154
散在神経系　90
3体節性　31, 84, 112, 144
3体節性動物　144
三胚葉性　132, 138, 145
三半規管　94
三放射相称　64

趾　61
飼育　51
C. エレガンス　65
シオミズツボワムシ　131
視覚　93
自家受精　124
軸芽細胞　146
軸細胞　146
始鉤頭虫綱　127
刺細胞　150
刺糸　150
四肢動物　9
示準化石　110
刺針　150
歯針　52
シスタカンス幼生　126
シスチセルコイド幼生　140
ジストマ　141
耳石　94
歯舌　96
自然史財　158
自然史標本　39, 158

持続可能性　158
子孫　4
シタムシ　41
櫛板　159
刺胞　150
刺胞細胞　150
刺胞動物門　150
シマミズウドンゲ　72
車輪虫類　129
シャリンヒトデ下綱　22
種　i, 1
雌雄異体　124
集眼　35
十鉤幼虫　140
収縮細胞　147
収縮胞　56, 166
自由神経終末　121
従属栄養　i
雌雄同体　124
収斂　3, 57, 63, 145
受精嚢　65, 77, 124
出芽　124
出糸突起　47
出水管　99
受容器　93
循環系　18, 29
消化管　7, 25
小顎腺　36
消化系　18, 24
条鰭綱　9
小孔　164
小孔細胞　164
小鎖状亜門　142
少体節性　26, 144
ジョウチュウ　139
条虫綱　139
上皮筋細胞　151
上皮組織　18
上門　4
上流採餌システム　71, 112
触肢　47
触手冠　25, 70, 108, 114
触手冠動物　69, 112
触手動物　112
植物界　i, 149
触毛斑　31
書鰓　47
初虫　114
触角　36
触角腺　36
書肺　36
シラナミガイ　95

180 索引

シロウリガイ 84
進化 4, 161
真核生物 i
腎管 56
心筋 80
真クマムシ綱 52
神経環 64
神経系 18, 89
神経索 6, 90
神経節 90
神経組織 18
神経伝達物質 89
新口動物 4, 69, 113
シンシチウム 80, 125, 129, 138, 166
真珠層 96
尋常海綿 166
真正世代交代 151
腎臓 56
靱帯 99
真体腔 7, 133
浸透圧 9, 56, 66, 104, 120, 136, 139, 150, 159
唇弁 99
振鞭体 117
真有輪綱 73
唇様肢 49

随意筋 80
水管系 21
水腔動物 29
水溝系 164
垂棍 125
頭蓋 8
スジホシムシ綱 92
スズコケムシ 72
ストロビラ 140
スポロブラスト 155
スポンジ 163

棲管 26, 83, 91, 110
制御系 89
生殖器 124
生殖群泳 81
生殖系 18, 123
生殖口 124
生殖腺 124
生殖巣 124
静水力学的骨格 74, 80, 144
生物規範工学 107
生物多様性保全 158
精包 111, 124

石管 21
脊索 6
脊索動物門 6
脊索幼生 72
脊柱 8
脊椎 7
脊椎動物亜門 7
世代交代 40, 130
石灰海綿綱 166
舌形亜綱 41
舌形動物門 41
節口綱 49
摂食 24
節足動物門 34
ゼフティゲン嚢 125
セメント腺 125
セルカリア 141
旋回病 155
線形動物門 64
前左右相称動物 133
前錐 147
前体 26, 113
センチュウ 64
線虫 64
蠕虫 75
蠕虫型幼生 145
蠕虫動物 69
蠕虫様 26, 37, 41, 91, 102, 110, 156
前庭 71
全等割 7
前頭器官 71
繊毛 25, 160
繊毛運動 79
繊毛環(繊毛冠) 129

双器 64
双器綱 66
造骨細胞 165
相似 3
増殖性腎臓病 155
双腺 66
双腺綱 66
相同 2
造雄腺 36
属 ii, 1
側極細胞 146
側系統群 5
側節足動物 55
足腺 129
側線系 93
側板 35, 40

組織 18
咀嚼器 129
嗉囊 25, 85

タ 行

ダイオウイカ 95
退化 3, 161
体外受精 124
胎殻 98
待機宿主 126
袋形動物門 63
体腔 5, 132
大孔 164
体腔管 56
体腔上皮 75
対向流システム 33
胎仔 135
体節 143
体節制 144
体節性 144
体内受精 124
体皮細胞 146
他家受精 124
多型現象 116, 153
タコ 97
多孔板 21
多細胞 i, 155, 168
多細胞動物 i, 65, 79, 120, 129, 145, 147, 155, 161, 163, 169
多足亜門 46
多体節性 144
多虫動物 114
手綱 85
脱皮動物 31, 69
多胚発生 116
多板綱 101
多毛綱 81
多様性 i, 1
タリア綱 17
単為生殖 124
単為発生 124
担顎動物門 122
単眼 35, 93
単系統群 5
単細胞 i, 120, 168
単細胞動物 3
単肢型 37, 46, 47
単肢動物 149
単生綱 141
単生殖巣綱 130

181

単性生殖　124
単体節性　144
単板綱　101
担卵肢　48
担輪子　29
担輪動物　69, 113, 136

稚貝　100
中隔接着斑　170
中クマムシ綱　53
中膠　132, 152, 159, 164, 167
虫室　115
中実胚　128
中実胞胚　152
中心細胞　147
中枢神経系　90
中生動物門　145
中体　26, 113
虫体　115
中腸腺　96
中胚葉　7, 132
チョウ　41
鳥綱　9
腸鰓綱　26
調整卵　28, 127
腸体腔　5, 133
鳥頭体　117
直泳動物門　145
直接発生　136
直達発生　136
珍渦虫動物　27
珍無腸動物門　27

ツノガイ　98

ディプルールラ　22, 137
滴虫型幼生　145
滴虫類　129
デゾール幼生　106
電気インパルス　89

同規体節制　75, 144
ドウケツエビ　166
頭甲綱　10
胴甲動物門　59
頭索動物亜門　17
頭糸　98
頭楯　40
動植物類　114
頭節　139
頭足綱　97
頭頂器官　71

動物　i
動物界　i, 1, 15, 149
動物門　i, 1
頭吻動物　63
動吻動物門　61
独立栄養　i
棘　20, 58, 60, 61, 63, 109, 125, 129, 150
トゲカワムシ　62
トリキメラ幼生　165
トリコプラックス　167
トルナリア幼生　22, 27, 137
トロコフォア　29, 136

ナ　行

内温動物　9
内顎綱　37
内肛動物　70
内骨格　8, 20, 74
内柱　6
内胚葉　7, 132
内分泌系　18, 89, 104
ナナフシ目　39
ナノテクノロジー　107
ナマコ綱　22
ナメクジ　99
ナメクジウオ綱　17
軟甲綱　42
軟骨魚綱　10
軟体動物門　95
軟胞子虫　155
軟胞子虫類　157

肉鰭綱　9
肉茎　109
二叉型　40
二軸相称　154, 159
ニジマス　156
2体節性　109
ニハイチュウ（二胚虫）　145
二胚虫綱　147
二胚動物門　145
二胚葉性　132, 152, 159
二枚貝綱　98
入水管　99
人間　3

ヌタウナギ綱　10

ネイチャー・テクノロジー　107

ネオピリナ　101
ねじれ　99
ねじれ戻り　99
熱水噴出口　84
ネフロン　9, 56
ネマトゲン　145
ネマトゾア　64
粘液胞子虫類　156
粘着管　118
粘膜　120

脳　8, 90
脳胞　18, 128
ノープリウス幼生　40, 137

ハ　行

歯　8, 58, 66, 78, 81
胚　128
バイオミメティクス　107
背甲　40
排出系　18, 56
背板　35, 40, 47
胚葉　7, 132
ハオリムシ動物門　84
ハオリムシ類　84
ハコクラゲ　154
箱虫綱　154
はしご状神経系　90
鉢虫綱　154
翅　37, 80
ハネコケムシ　1, 24
ハリガネムシ　67
パレンキメラ幼生　165
盤　23
盤割　98, 127
半規管　94
バンクロフト糸状虫　66
反口側　20
半索動物　26
汎節足動物　55
パンドラ幼生　72
盤胚　128

微顎動物門　122
尾極細胞　146
ヒギンズ幼生　60
ヒゲムシ類　84
尾剣　47
被甲　59, 129
飛行　80
尾腔綱　102

182　索引

被喉綱　116
被口綱　116
被甲動物門　59
皮鰓　24
尾索動物亜門　15
ヒザラガイ　101
尾状付属器　58
微小毛　139
皮中神経目　28
泌尿系　56
泌尿生殖系　124
ヒト　i, 1, 6, 24
ヒトデ綱　24
ヒドロ虫綱　153
被嚢類　15
非配偶子　146
ビピンナリア幼生　22
皮膚　120
皮膚呼吸　33, 121
被包　152
ヒメカドフシアリ　50
紐形動物門　105
ヒモムシ（紐虫）　105
表割　36, 54, 127
表胚　128
ヒラハコケムシ　114
ピリディウム幼生　106
ヒル　77
ヒルガタワムシ綱　131
ヒル綱　77
鰭　3, 10, 42, 98
貧毛綱　77

フィラメント　80
フィラリア　66
不快動物　44
不完全変態　37
複眼　35, 93
副感触手　81
腹足綱　99
腹板　35, 40, 47
腹毛動物門　118
袋形動物門　63
フサカツギ綱　26
不随意筋　80
跗節　37
付属肢　8, 16, 34, 40, 46, 47, 55, 60, 77, 144
斧足類　99
普通海綿綱　166
筆石綱　27
部分割　7

普遍性　1
ブラキオラリア　23
プラナリア　138
プラヌラ幼生　152
プリアプルス門　58
プレロセルコイド幼生　140
プロセルコイド幼生　140
プロティスタ界　i, 149
プロトニンフォン幼生　49
プロトロクラ幼生　106, 142
吻　26
文化財　158
分岐　3
分岐学　5
吻腔　105
吻鞘　125
分節化　76, 137
分類学　1, 107
分裂　124

閉殻筋　99
平滑筋　80
平衡石　94
平衡胞　28, 94
閉鎖循環系　30
平板動物門　167
柄部　70
ペラゴスフェラ幼生　91
変形体　148
扁形動物門　138
片節　139, 144
変態　37
扁平細胞　164
鞭毛運動　79
鞭毛室　165

ホウキムシ　110
箒虫動物門　110
胞子　155
放射型　5, 127
放射水管　152
放射相称　20
泡状組織　31
棒状体　139
放線胞子虫　156
包虫　140
胞嚢体　155
胞胚　128
胞胚腔　128
星口動物門　91
ホシムシ（星虫）　91
歩帯　21

歩帯溝　21
ボディプラン　4
哺乳綱　9
ボネリムシ　86
炎細胞　56, 111
ホメオボックス遺伝子　3
ホヤ綱　16
ポリプ　151
ポリポディウム　155
ホルモン　104

マ　行

巻貝　99
巻き込み　128
マツノザイセンチュウ　66
マルピーギ管　36, 56

ミオシン　80
ミクソゾア動物　155
ミドリシャミセンガイ　108
ミミズ　54, 75, 77
ミュラー幼生　142
ミラシジウム　141

無顎上綱　9
ムカデ　46
ムカデエビ綱　42
無関節綱　109
無鰓類　9
無触手綱　160
無針綱　107
無性生殖　123
無脊椎動物　8
無体腔　70, 105, 118
無体腔動物　133
無腸形動物　27
無腸形動物門　28, 139
無腸目　28, 139

メイオベントス　59
メカジャ（女冠者）　108
免疫系　18
免疫担当細胞　30

毛顎動物門　31
目　i, 1
モクヨクカイメン　163
モザイク卵　127
モネラ界　149

ヤ 行

ヤスデ 46
ヤツメウナギ 10
ヤムシ 31
矢虫綱 32
ヤモリ 107

有性生殖 124
遊泳 80
有顎上綱 9
有関節綱 109
有棘動物 63
ユウコウジョウチュウ（有鉤条虫） 138
遊在亜門 22
有櫛動物門 159
有鬚動物 83
有触手綱 161
有針綱 107
有爪動物門 53
有頭動物 10
有毒動物 44
有吻袋虫亜門 63
有柄亜門 22
有棒状体亜門 139
有毛細胞 94

有輪動物門 72
ユムシ 85
ユムシ動物 85

幼形綱 17
幼若ホルモン 104
幼生 135
幼虫 37, 47, 67, 104, 136, 140, 146
羊膜類 9
葉裂 128
翼鰓綱 26

ラ 行

裸喉綱 116
らせん型 5, 127
らせん卵割動物 69
卵割 5, 127
卵割腔 128
卵形嚢 94
卵室 116, 124
卵包 77

菱形動物門 145
両生綱 9
輪形動物門 129
リンパ系 18, 30

輪毛器 129
輪毛動物 129

類線形動物門 67

裂体腔 5, 133
レディア 141
レネット 56, 65

ロイコン型 164
濾過食性 9, 16, 25, 98
六脚亜門 36
六鉤幼虫 140
六放海綿綱 166
泘胞 29
ロリケイト幼生 58
ロンボゲン 146

ワ 行

矮雄 73, 86
若虫 37
ワムシ（輪虫） 129
腕骨 109
腕足動物門 108
腕動物門 113

著者略歴

馬渡峻輔（まわたり・しゅんすけ）

1946 年	東京都に生まれる
1974 年	北海道大学大学院理学研究科博士課程修了
1980 年	日本大学医学部講師
1982 年	北海道大学理学部助教授，同教授（88 年）
1994 年	北海道大学大学院理学研究科教授
2007 年	北海道大学総合博物館館長
現　在	北海道大学名誉教授
	理学博士
著　書	『動物分類学の論理』東京大学出版会，1994
	『動物の自然史』（編著）北海道大学出版会，1995
	『バイオディバーシティ・シリーズ　全 7 巻』（監修・編集）裳華房，1996－2008
	『21 世紀・新しい「いのち」像』（編著）北海道大学出版会，2000
	『動物分類学 30 講』朝倉書店，2006

図説生物学 30 講〔環境編〕3
動物の多様性 30 講　　　　　　　定価はカバーに表示

2013 年 5 月 25 日　初版第 1 刷

著　者　馬　渡　峻　輔
発行者　朝　倉　邦　造
発行所　株式会社　朝　倉　書　店

東京都新宿区新小川町 6-29
郵便番号　162-8707
電　話　03（3260）0141
FAX　03（3260）0180
http://www.asakura.co.jp

〈検印省略〉

Ⓒ 2013 〈無断複写・転載を禁ず〉　　新日本印刷・渡辺製本

ISBN 978-4-254-17723-7　C 3345　　Printed in Japan

JCOPY　〈（社）出版者著作権管理機構　委託出版物〉

本書の無断複写は著作権法上での例外を除き禁じられています．複写される場合は，そのつど事前に，（社）出版者著作権管理機構（電話 03-3513-6969，FAX 03-3513-6979，e-mail: info@jcopy.or.jp）の許諾を得てください．

シリーズ《図説生物学 30 講》

B5判　各巻180ページ前後

◇本シリーズでは，生物学の全体像を〔動物編〕，〔植物編〕，〔環境編〕の 3 編に分けて，30 講形式でみわたせるよう簡潔に解説
◇生物にかかわるさまざまなテーマを，豊富な図を用いてわかりやすく解説
◇各講末に Tea Time を設けて，興味深いトピックスを紹介

〔動物編〕

- **生命のしくみ 30 講**　　　石原勝敏 著　184 頁　本体 3300 円
- **動物分類学 30 講**　　　馬渡峻輔 著　192 頁　本体 3400 円
- **発生の生物学 30 講**　　　石原勝敏 著　216 頁　本体 4300 円

〔植物編〕

- **植物と菌類 30 講**　　　岩槻邦男 著　168 頁　本体 2900 円
- **植物の利用 30 講**　　　岩槻邦男 著　208 頁　本体 3500 円
- **植物の栄養 30 講**　　　平澤栄次 著　192 頁　本体 3500 円
- **光合成と呼吸 30 講**　　　大森正之 著　152 頁　本体 2900 円
- **代謝と生合成 30 講**　　　芦原 坦・加藤美砂子 著　176 頁　本体 3400 円

〔環境編〕

- **環境と植生 30 講**　　　服部 保 著　168 頁　本体 3400 円
- **系統と進化 30 講**　　　岩槻邦男 著　216 頁　本体 3500 円
- **動物の多様性 30 講**　　　馬渡峻輔 著　192 頁

上記価格（税別）は 2013 年 4 月現在